本书编委会

主　编：

夏先玉　尹舒冉　兰茗新

副主编：

唐偲祺　周诗玲　申淑杰　杨　赟

参　编：

罗　香　贾昕杰　段　怡　李宝红　许　倩
卓仁前　张　璐　贾文杰　湛　杨

前　言

党的二十大报告指出："加快发展物联网，建设高效顺畅的流通体系，降低物流成本。加快发展数字经济，促进数字经济和实体经济深度融合，打造具有国际竞争力的数字产业集群。"物联网作为信息技术的典型代表，正处于新一轮生态布局的战略机遇期，在全球范围内物联网平台、窄带物联网网络、智能传感器等新技术、新网络、新产品逐步推广，物联网呈现加速发展的态势。国务院颁布的《"十三五"国家信息化规划》中，多次提及物联网，提出要在基础设施、芯片、行业应用、创新等方面全面发展物联网。《"十四五"国家信息化规划》中也多次提及物联网，并提出"推动物联网全面发展"。以工业和信息化部、财政部为主的各部委也在积极推动物联网政策出台，提出了发展基础设施、技术创新、案例征集、财政支持、专项资金等一系列举措。本书基于这样的时代背景，结合物联网专业领域的入门学习需求，对物联网技术的起源、发展及其典型应用领域、关键技术、基础技术进行详细介绍。读者通过本书的阅读，能快速了解物联网及其行业的相关技术。

1. 本书内容

本书提供了从物联网整体介绍到物联网工具使用过程中所需要的各种知识，共分为4篇，整体结构如下。

第1篇物联网产业及其发展：主要介绍物联网的概念及其基本体系结构，同时介绍物联网的发展历程和未来发展趋势，让读者快速且全面地了解物联网的相关知识，为以后的物联网学习打下基础。

第2篇物联网行业应用：主要从物联网在智能家居、智慧农业、智慧交通和智慧医疗几个典型的应用行业入手，详细介绍物联网技术及其应用情况，让读者在具体的实际应用案例中，学习和了解物联网的相关技术知识。

第3篇物联网关键技术：主要介绍物联网领域应用广泛的数据库技术、单片机技术、嵌入式技术等，让读者了解物联网开发中需要用到的一些关键技术，为后续深入学习打下基础。

第4篇物联网相关技术：介绍了物联网工作领域中涉及的PCB设计与开发技术、LabVIEW数据采集技术、Proteus仿真测试技术、弱电工程安装技术、Axure RP前端设计技术、Arduino物联网开发技术、Visual Studio物联网开发技术、Java物联网开发技术、Android物联网开发技术等，带领读者全面地了解物联网行业不同的工作岗位需要用到的相关技术。读者阅读本篇后，能全面了解各种技术的不同要求，并结合自己的工作实际，选择将来深入学习的技术方向。

2. 本书特点

（1）落实课程思政，引领专业。本书在章节学习前，均有引出该章节学习内容的课程案例，让读者不仅可以学习专业知识，而且可以拥有正确的学习态度和树立正确的学习目标，从而构建正确的人生观、世界观和价值观。

(2) 由浅入深,循序渐进。本书以零基础入门读者和物联网、人工智能等相关专业的学生为对象,从物联网的发展历程、基本结构和未来发展入手,全面呈现物联网的全貌和现状,让读者在阅读以后,能快速了解物联网的整体特点。

(3) 内容丰富,技术实用。本书通过介绍物联网的核心技术和基础技术,让读者快速了解物联网行业所涉及的相关技术,了解物联网从底层硬件到上位机开发过程中,所涉及的各种实用技能,从而有针对性地确定自己未来的学习方向和目标。

(4) 情景设计,贴近实际。本书的章节设计全部加入了真实的应用场景,从一个物联网"小白"的角度,带领读者一起从零基础开始进入物联网领域学习,贴近真实学习过程。

(5) 章节练习,复习和检测。本书每个章后都设计了练习题,便于读者阅读后,进行自我复习和检测,掌握自身学习的状况。

本书由重庆建筑科技职业学院夏先玉、重庆城市管理职业学院尹舒冉和重庆启点数字经济研究院兰茗新担任主编。夏先玉主要编写第 1 章、第 9～12 章,尹舒冉主要编写第 2 章、第 4 章、第 6～8 章;重庆轻工职业学院周诗玲主要编写第 3 章;重庆建筑科技职业学院唐偲祺主要编写第 5 章;重庆建筑科技职业学院申淑杰主要编写第 13 章;重庆城市职业学院罗香、重庆建筑科技职业学院贾昕杰、段怡、李宝红、许倩、卓仁前、张璐、贾文杰、湛杨均参与了全书不同章节的审核和校对工作。

本书的编写历时 3 年,其间物联网的发展日新月异,为了与最新物联网前沿知识进行对接,编委团队多次进行整体框架的重构,但受限于自身知识水平,始终难以尽善尽美。本书在团队成员的共同努力下,几经修改终于成稿。感谢参与本书编写的所有老师,大家在编写过程中相互促进,共同成长。

由于编者水平有限,书中若有疏漏之处,敬请各位读者提出批评指正。书中引用了部分网络资源和数据,如有侵权,请联系作者删除。

编　者

2024 年 4 月

目 录

第 1 篇　物联网产业及其发展

第 1 章　认识物联网 ……………………………………………………… 3
1.1　物联网就在我们身边 ………………………………………………… 4
1.2　物联网的发展历程 …………………………………………………… 8
1.3　物联网的基本特征 …………………………………………………… 10
1.4　物联网的基本功能 …………………………………………………… 11
1.5　物联网产业发展现状 ………………………………………………… 12
1.6　我国物联网行业岗位需求 …………………………………………… 15

第 2 篇　物联网行业应用

第 2 章　智能家居中的物联网系统结构 ………………………………… 21
2.1　认识智能家居 ………………………………………………………… 22
2.2　智能家居系统 ………………………………………………………… 24
2.3　物联网系统结构 ……………………………………………………… 25

第 3 章　智慧农业中的物联网传感器技术 ……………………………… 30
3.1　认识智慧农业 ………………………………………………………… 31
3.2　物联网在智慧农业中的应用 ………………………………………… 33
3.3　传感器的基本原理 …………………………………………………… 47
3.4　传感器的接口 ………………………………………………………… 51
3.5　传感器输出信号的类型 ……………………………………………… 55
3.6　传感器信号的采集 …………………………………………………… 57
3.7　传感器通信协议 ……………………………………………………… 59
3.8　传感器 AT 指令 ……………………………………………………… 61

第 4 章　智慧交通中的自动识别技术 …………………………………… 65
4.1　认识智慧交通 ………………………………………………………… 66
4.2　智慧交通中的自动识别场景 ………………………………………… 67
4.3　自动识别技术 ………………………………………………………… 72

第5章 智慧医疗中的物联网通信技术 …… 95
5.1 智慧医疗与未来医院 …… 96
5.2 通信技术 …… 101

第3篇 物联网关键技术

第6章 数据库技术及其应用 …… 121
6.1 认识数据库技术 …… 122
6.2 常用数据库及特点 …… 126
6.3 MySQL数据库基础 …… 127
6.4 数据库技术在物联网中的应用 …… 133

第7章 单片机技术及其应用 …… 147
7.1 认识单片机 …… 148
7.2 单片机的结构 …… 152
7.3 常见的单片机型号及其特点 …… 152
7.4 单片机的编程语言 …… 155
7.5 单片机的开发工具 …… 156
7.6 单片机的性能指标 …… 158
7.7 单片机技术在物联网中的应用 …… 159

第8章 嵌入式技术及其应用 …… 162
8.1 认识嵌入式系统 …… 163
8.2 嵌入式处理器 …… 167
8.3 嵌入式系统的关键技术 …… 170
8.4 嵌入式技术在物联网中的应用 …… 173

第9章 物联网其他关键技术 …… 175
9.1 大数据处理和分析技术 …… 176
9.2 安全与隐私保护技术 …… 179
9.3 标准化技术与协同技术 …… 180
9.4 应用开发与服务支撑技术 …… 181
9.5 中间件技术 …… 183

第4篇 物联网相关技术

第10章 底层硬件设计与开发 …… 189
10.1 PCB设计与开发技术 …… 191

10.2　LabVIEW 数据采集技术 …………………………………………………… 196

第 11 章　下位机部署及运维 ……………………………………………………… 202

11.1　认识 Proteus 仿真技术 ……………………………………………………… 203
11.2　弱电工程安装技术 …………………………………………………………… 211

第 12 章　上位机设计与开发 ……………………………………………………… 217

12.1　基于 Axure 的物联网原型开发技术 ………………………………………… 220
12.2　基于 Arduino 的物联网开发技术 …………………………………………… 224
12.3　基于 Visual Studio 的物联网开发技术 ……………………………………… 228
12.4　基于 Java 的物联网开发技术 ………………………………………………… 229
12.5　基于 Android 的物联网开发技术 …………………………………………… 232
12.6　基于鸿蒙的物联网开发技术 ………………………………………………… 233
12.7　Docker 容器技术 ……………………………………………………………… 235
12.8　虚拟机技术 …………………………………………………………………… 238

第 13 章　物联网商务运营与管理技术 …………………………………………… 241

13.1　认识产品经理岗位技能 ……………………………………………………… 242
13.2　认识项目经理岗位技能 ……………………………………………………… 245

参考文献 ………………………………………………………………………………… 250

第1篇

物联网产业及其发展

随着计算机技术、网络技术、信息技术的不断发展,物联网技术在早期的射频识别技术和无线传感网络技术的基础上不断纵深拓展,逐步发展成为融合了电子信息技术、计算机网络技术、计算机技术、云计算技术、大数据技术、人工智能技术的多领域、跨专业的复合型技术体系。物联网将为信息产业开辟经济增长新空间、产业投资新方向和信息消费新市场。

国务院正式发布的《"十四五"数字经济发展规划》(国发〔2021〕29号)中指出:"到2025年,数字经济迈向全面扩展期,数字经济核心产业增加值占GDP比重达到10%。"在该规划中,国家对作为未来数字经济重要底座支撑的物联网新型基础设施建设,作出了重点布局。

在"十四五"期间,伴随国家政策的大力支持以及技术的逐渐成熟,物联网产业发展的驱动力越发强劲,发展势头越来越好。物联网建设和发展开始进入了产业系统平台开发和产业应用创新阶段,各领域也在纷纷研究开发、探索试验,抢占物联网建设和数字经济发展新高地。当前,物联网产业已然上升为国家重点发展战略之一,在国家产业经济中的重要性不言而喻。

本篇重点介绍物联网的基本概念、物联网的发展历史沿革、当前国内外物联网产业发展现状、我国物联网产业岗位需求,最后介绍物联网与"互联网+"之间的结合形式,让物联网技术为万众创新、大众创业提供思想灵感和技术支持。

本篇内容提要:
- 物联网的演变与概念。
- 物联网的基本特征。
- 物联网的基本功能。
- 物联网相关概念的解读。
- 我国物联网产业发展现状。
- 我国物联网产业岗位需求。
- 物联网与大众创新。

第 1 章

认识物联网

学习目标

- 熟悉物联网的含义和作用。
- 掌握物联网的系统结构。
- 了解物联网的发展历史。
- 了解我国物联网的发展现状。
- 了解我国物联网产业的岗位需求。
- 能用创新的思维学习物联网技术。

学习重难点

重点：全面认识物联网。
难点：创新思维与物联网技术的结合。

课程案例

"物超人"时代，万物互联启新篇

移动物联网，即基于蜂窝移动通信网络的物联网技术和应用，是我国新型基础设施的重要组成部分。近年来，我国移动物联网发展的政策环境持续优化，移动物联网综合生态体系加快构建。

2017年，工业和信息化部印发《关于全面推进移动物联网（NB-IoT）建设发展的通知》，首次提出移动物联网网络建设和用户发展的量化指标。2020年，工业和信息化部印发《关于深入推进移动物联网全面发展的通知》，明确要求加快移动物联网网络建设、加强移动物联网标准和技术研究等。

数据显示，截至2022年8月底，窄带物联网、4G、5G基站总数分别达到75.5万个、593.7万个、210.2万个，多网协同发展、城乡普遍覆盖、重点场景深度覆盖的网络基础设施格局已形成。目前，我国移动物联网连接数占全球比例已经超过70%。

中国信息通信研究院院长余晓晖介绍，目前，我国已建成全球最大的移动物联网络，实现高中低速协同组网的良好局面。截至2022年8月末，我国移动物联网连接数达到16.98亿，在连接规模和"物超人"比例上远远高于美国、日本、韩国、德国等世界主要发达国家。此外，在技术创新方面，自2015年以来，我国一直是全球移动物联网技术创新的主要贡献者。在生态建设方面，我国移动物联网产业规模不断壮大，产业供给能力显著提升，芯片、模组、终端出货量等方面全球领先。

余晓晖认为,实现"物超人"标志着我国正引领全球移动物联网生态体系发展,意味着移动物联网迎来规模化爆发的重要时间节点,进入"迈向百亿物联"的新时代,开启信息通信业高质量发展的新征程,意味着移动物联网的价值将不断凸显,开始成为推动经济社会数字化转型的重要引擎。

(资料来源:刘坤."物超人"时代,万物互联启新篇[N].光明日报,2022-10-27(15).)

知识点导图

学习情景

小龙是一名高三学生,高考填报志愿前,他和家人一起讨论到底要选择什么专业,小龙在计算机应用技术和物联网应用技术两个专业之间犹豫。计算机应用技术是目前比较成熟的专业,程序员是这个专业对口的工作,小龙的父母很希望小龙学计算机应用技术专业。但是小龙听说物联网是当前信息技术的第三次浪潮,未来发展前景非常好,于是想选择物联网应用技术这个专业,但是他又不太了解什么是物联网,不知道物联网能做什么?学习了本篇内容以后请你来帮助他找到答案吧!

知识学习

1.1 物联网就在我们身边

1.1.1 室内导航系统

周末,小龙和同学一起到商场购物,由于商场特别大,很难找到网上预订的餐厅。一连问了好几个人,都摇头说不知道。这时,小龙发现在每个楼层扶手电梯的入口处,都有一个电子导航屏,上面显示出该商场所有楼层的商家信息,还能智能导航。通过这个系统,小龙和同学很快就找到了网上预约的餐厅。这个系统就是一个借助于物联网技术、网络通信技术的室内导航系统,如图1-1所示。

室内导航系统是一种基于电子地图的软件系统,用于在大型室内场所(如商场、医院、动车站、机场等)提供导航服务。室内导航系统通过获取建筑物的地图数据和用户的实时位置信息来实现导航。它可以使用Wi-Fi热点、蓝牙信标等无线通信技术来定位用户的位置,并通过算法计算出最佳路径,引导用户到达目的地,其室内导航组网图如图1-2所示。

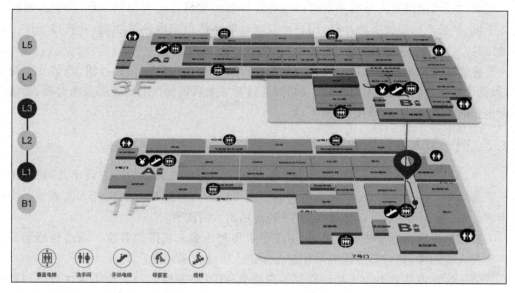

图 1-1　商场内部导航系统

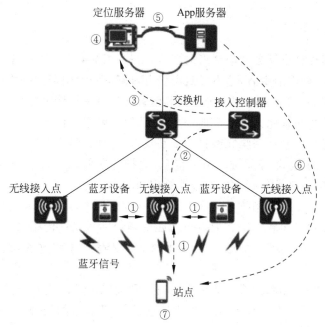

图 1-2　室内导航组网图

物联网技术中的室内定位技术如 Wi-Fi 定位、蓝牙信标定位等可以用于确定用户在室内的准确位置。通过与室内地图的结合,系统可以为用户提供准确的室内导航服务,帮助用户找到目的地。

通过物联网云平台,室内导航系统可以实现与云端的数据交互和存储。系统可以将用户的室内位置信息、导航请求等数据上传到云端进行处理和分析,以提供更智能的导航服务。同时,通过云计算的弹性扩展能力,系统可以应对大量用户的并发请求。

物联网技术使得室内导航系统可以与各种智能终端设备进行协同工作。例如，通过与智能手机、平板电脑等设备的连接，用户可以随时随地使用室内导航功能，并获得个性化的导航体验。

通过物联网技术收集到的室内导航数据可以用于分析用户的行为习惯、流量分布等信息，以优化导航算法，提升用户体验。同时，通过对导航系统的性能监控和数据分析，还能及时发现和解决系统存在的问题。

1.1.2 图书馆人脸识别系统

周末，小龙来到图书馆，热情的图书馆老师在给小龙办理阅读卡时告诉小龙，请他抬头看一下摄像头。一分钟后，图书馆老师告诉小龙可以从入口闸机处刷脸进入图书馆了。每次借书时，只需要刷脸就可以办理借阅手续，不用出示阅读卡。

人脸识别系统通过物联网技术，可以实时采集和传输人脸图像数据。通过传感器和摄像头捕捉人脸图像，并将其传输到系统后台做进一步分析和处理。

借助于物联网技术中的人脸识别算法和模型，可以对采集到的人脸图像进行识别和验证。通过与系统后台的人脸数据库进行比对，可以准确地识别出个体身份，并实现门禁控制、身份验证等功能。

1.1.3 食品溯源系统

阳澄湖大闸蟹受到全国各地消费者的喜爱，价格一路飙升。经常有其他地区的养殖蟹冒充阳澄湖大闸蟹，欺骗消费者，这也导致消费者对阳澄湖大闸蟹的品质提出了质疑。为了保护阳澄湖大闸蟹的品牌，阳澄湖大闸蟹的养殖者就为每一只螃蟹加上了防伪标签，通过标签上的食品溯源系统来确保大闸蟹产地和身份，从而保障企业信誉。

食品溯源系统是一套利用物联网自动识别技术，帮助食品企业监控和记录食品种植（养殖）、加工、包装、检测、运输等关键环节的信息，并把这些信息通过互联网、终端查询机、电话、短信等途径实时呈现给消费者的综合性管理和服务平台。

食品溯源系统运用物联网技术实现了对食品生产、加工、运输等环节的数据进行实时采集和传输。通过在食品包装上安装RFID（无线射频识别）标签、传感器等设备，可以收集到食品的温度、湿度、生产日期等关键信息，并通过无线通信技术将这些数据传输到溯源系统中进行存储和管理。

物联网技术使得食品溯源系统能够实时监控和追踪食品的生产、仓储、物流等全过程。通过与GPS（全球卫星定位系统）、GIS（地理信息系统）等技术的结合，系统可以准确掌握食品的位置和状态，确保食品在供应链中的安全和可控。

1.1.4 无人售卖系统

在商场里逛街、吃饭、购物时，可以见到无人售货机。我们只需要用手机扫一扫，就可以购买想要的商品，甚至连"小面"都可以由无人售卖机实现销售。

无人售卖系统是一种自动化的销售方式，通过无人值守的设备或终端，实现商品的自动售卖。这种系统通常包括自动售货机、无人便利店等形式。

利用物联网技术，无人售卖系统中的各种设备（如自动售货机、传感器等）能够互相连接并与云端进行通信。通过物联网云平台,运营者可以实时监控设备状态、销售数据并进行远程管理。

在无人支付应用上,物联网技术使得无人售卖系统可以与消费者进行智能互动,如通过触摸屏、语音识别等技术提供个性化的服务和推荐。同时,物联网支付解决方案,如 NFC(近距离无线通信)支付、二维码支付等,可以为消费者提供便捷、安全的支付方式。

1.1.5 定位系统

1. 北斗定位系统

北斗定位系统是中国自主研发的全球卫星导航系统,具有全天候、全天时、高精度定位、导航和授时服务的特点。北斗定位系统的组成包括空间段、地面段和用户段三部分。空间段由若干地球静止轨道卫星、倾斜地球同步轨道卫星和中圆地球轨道卫星等组成,地面段包括主控站、时间同步/注入站和监测站等若干地面站,用户段包括北斗兼容其他卫星导航系统的芯片、模块、天线等基础产品,以及终端产品、应用系统与应用服务等。

在车辆管理方面,北斗定位系统的应用包括车辆跟踪、路况预测、智能调度等方面。通过实时监测车辆位置和行驶轨迹,可以实现对车辆的精确控制和调度,提高运输效率。同时,结合大数据和人工智能技术,可以预测路况、优化路线等,为物流行业提供更高效的服务。

在智能驾驶方面,随着自动驾驶技术的不断发展,高精度定位已成为实现自动驾驶的重要技术手段之一。北斗定位系统能够提供高精度、高可靠性的定位服务,为智能驾驶提供有力支持。

在海洋渔业方面,渔船可以通过北斗定位系统实现精确导航和位置监控,从而提高捕捞效率和安全性。此外,北斗定位系统还可以与海洋环境监测、海洋灾害预警等领域相结合,为海洋资源的可持续开发利用提供技术支持。

2. GPS 定位系统

GPS 是一种由卫星定位技术构成的全球定位系统,它可以通过接收卫星发出的信号确定用户的位置。GPS 系统可以用于航空、海运、陆地运输、汽车导航、定位和定位服务等多种用途,其工作原理如图 1-3 所示。

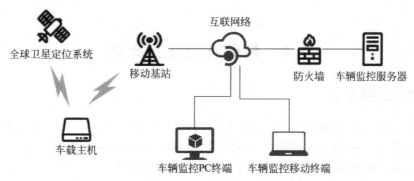

图 1-3　GPS 工作原理示意图

物联网技术使得 GPS 定位系统中的各种设备(如卫星、接收器、传感器等)能够互相连接并与云端进行通信。通过物联网平台,可以实时监控设备的工作状态、位置信息以及进行远程管理。

GPS 定位系统需要实时采集和传输卫星信号和定位数据。物联网技术中的无线通信技术(如 4G、5G、LoRa 等)可以用于实现数据的可靠传输,确保定位的准确性和实时性。

通过物联网技术收集到的大量 GPS 定位数据可以进行处理和分析。云计算和大数据技术可以用于存储、处理和分析这些数据,提取有价值的信息,如用户行为模式、交通流量分布等,为智慧交通、城市规划等领域提供支持。

1.1.6 星链系统

星链系统是由 SpaceX 公司推出的卫星互联网计划,旨在建设由数千颗卫星组成的低轨卫星网络,以覆盖全球各地的互联网接入需求。这个计划采用了分层网络架构,由位于低地球轨道的卫星组成星座,各星座之间形成星座网格,使得整个星链网络覆盖面更大。星链计划需使用一万颗卫星才能实现全球互联网覆盖。这些卫星搭载了高性能光学通信设备和太阳能板以提供能源,并能够实现地球和卫星之间的高速数据传输。星链的作用包括解决互联网接入不足的挑战、增强全球通信能力以及为军事用途提供支持,如图 1-4 所示。

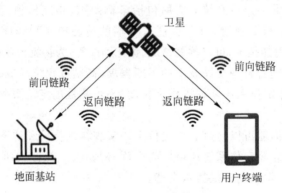

图 1-4　星链通信模式

星链系统通过发射大量卫星形成覆盖全球的通信网络,实现物联网设备与卫星之间的连接和通信。这种连接使得物联网设备能够在全球范围内传输数据,无论地理位置如何偏远。

1.2　物联网的发展历程

1.2.1　物联网的概念

物联网(internet of things,IoT)是指通过射频识别、红外感应器、全球定位系统、激光扫描器等信息传感设备,按约定的协议,把任何物品与互联网相连接,进行信息交换和通信,以实现对物品的智能化识别、定位、跟踪、监控和管理的一种网络。

简单来说,物联网就是把所有的物体连接起来相互作用,形成一个互联互通的网络。这个网络可以实现任何时间、任何地点,人、机、物的互联互通。在这个网络中,每个物体都有一个唯一的标识符,可以与其他物体进行通信和交换信息。

物联网的核心和基础仍然是互联网,是在互联网基础上的延伸和扩展的网络。其用户端延伸和扩展到了任何物品与物品之间进行信息交换和通信,也就是物物相通。因此,物联网被称为继计算机、互联网之后世界信息产业发展的第三次浪潮。

物联网的概念强调了物体之间的连接和交互,使得物体具备了更大的智能化和自主性。这意味着物联网不仅可以应用于智能家居、智慧交通等个人领域,也可以应用于工业制造、物流管理、能源管理等领域,实现更加高效、便捷、安全的生产和管理方式。同时,物联网也为人们提供了更便捷的服务,例如通过智能家居系统实现远程控制、通过智能手环监测健康状况等。

1.2.2 物联网的发展阶段

(1) 萌芽期(1991—2004年):1991年,美国麻省理工学院的 Kevin Ashton 教授首次提出物联网的概念。1995年,比尔盖茨在其《未来之路》一书中也提到了物联网的构想,但当时并未引起广泛关注。1999年,美国麻省理工学院再次定义了物联网,将其描述为通过 RFID 和条码等信息传感设备与互联网连接,实现智能化识别和管理的网络。2003年,美国《技术评论》将传感网络技术列为改变未来人们生活的十大技术之首。2004年,"物联网"这个术语开始普及,并在媒体上广泛传播。

(2) 初步发展期(2005—2008年):2005年11月17日,国际电信联盟(ITU)发布了《ITU互联网报告2005:物联网》,提出了"无所不在的'物联网'通信时代即将来临"的观点,标志着物联网进入初步发展阶段。在这个阶段,物联网的概念逐渐深入人心,RFID、传感器、纳米技术、智能嵌入等技术也得到了更广泛的应用。

(3) 高速发展期(2009年至今):在2009年,美国政府和欧盟执委会都提出了与物联网相关的战略和行动计划,物联网开始受到全球范围内的关注。中国也开始在物联网领域进行战略部署。自那时起,物联网在各个垂直领域得到了广泛的应用,带来了技术和数字化创新,包括智能手机、可穿戴设备、智能家居、智慧城市、智慧农业等。

1.2.3 我国物联网的发展历程

1. 发展历程

我国物联网的发展历程可以大致划分为以下几个阶段。

(1) 起步阶段:在2009年之前,物联网的概念和技术开始在中国受到关注。政府、学术界和产业界开始研究物联网的潜力和应用。一些早期的物联网项目和研究开始启动,为后续的物联网发展奠定了基础。

(2) 试点阶段:2009—2013年,中国政府在物联网领域开展了一系列的试点项目。这些试点项目主要集中在智慧城市、智慧交通、智能电网等领域。通过试点项目的实施,物联网技术在各个领域的应用效果和潜力得到了验证和展示,为后续的物联网应用推广奠定了基础。

(3) 快速发展阶段:从2013年开始,中国物联网进入了快速发展阶段。政府加大了对物联网技术的支持和投入,推动了物联网在各个行业的应用和发展。同时,中国的互联网巨头和科技企业也纷纷进入物联网领域,推出了各种物联网产品和服务。在这个阶段,物联网技术不断创新和突破,物联网产业链逐渐完善,物联网应用场景也越来越丰富。

2. 呈现特点

目前,我国物联网的发展现状呈现出以下特点。

(1) 政策支持力度加大:中国政府将物联网列为战略性新兴产业,出台了一系列政策来支持物联网的发展(见图1-5)。包括设立专项基金、建立研发机构、推动产业集聚等。这些政策不仅提供了资金和资源支持,还为物联网技术创新和应用推广创造了良好的环境和条件。

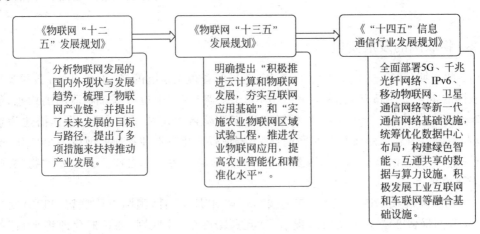

图1-5 我国物联网相关政策

(2) 技术创新不断涌现:我国物联网技术在感知层、网络层和应用层等方面都取得了显著的进展。例如,NB-IoT技术的重大突破解决了物联网技术此前无法进行长距离、大规模广泛部署的技术空白,提高了我国通信技术的发展与应用水平。此外,人工智能、云计算、大数据等技术的不断发展也为物联网的创新应用提供了强大的支持。

(3) 应用场景越来越丰富:物联网已经渗透到我们生活的各个方面,包括智能家居、智慧交通、智慧农业、智慧医疗等各个领域。通过物联网技术,我们可以实现更加智能化、高效化、便捷化的生活方式和工作方式。同时,物联网在工业制造、物流管理、能源管理等领域也发挥着越来越重要的作用,提高了生产效率和管理水平。

(4) 产业链不断完善:我国已经初步形成了完整的物联网产业链,包括硬件制造、软件开发、应用服务等各个环节。一些领军企业已经在物联网领域取得了重要的突破和进展,为后续的物联网发展提供了强大的支撑和引领。

1.3 物联网的基本特征

从物联网的概念不难看出,物联网具有全面感知性、可靠传输性、智能处理性、数量规模性和实时通信性五个特征。

1. 全面感知性

利用RFID、传感器、定位器和二维码等手段随时随地对物体进行信息采集和获取。感知包括传感器的信息采集、协同处理、智能组网,甚至信息服务,以达到控制、指挥的目的。

2. 可靠传输性

可靠传输性是指通过各种电信网络和互联网融合,对接收到的感知信息进行实时远程传送,实现信息的交互和共享,并进行各种有效的处理。在这一过程中,通常需要用到现有的电信运行网络,包括无线和有线网络。由于传感器网络是一个局部的无线网,因而无线移动通信网、5G网络是作为承载物联网的一个有力的支撑。

3. 智能处理性

智能处理性是指利用云计算、模糊识别等各种智能计算技术,对随时接收到的跨地域、跨行业、跨部门的海量数据和信息进行分析处理,提升对物理世界、经济社会各种活动和变化的洞察力,实现智能化的决策和控制。

4. 数量规模性

物联网可以实现物与物、物与人之间的通信网络,人们借助于这个网络,可以实时监测和远程控制数量众多的终端设备。因此,也只有当接入物联网的设备具备了一定的规模,才能使物联网系统的智能终端发挥更重要的作用。

5. 实时通信性

通过嵌入或附着在物品上的感知器件或外部信息获取技术,每隔一定的时间就可以获取物品的状态信息,包括静止或运动、光线强或弱、速度快或慢等情况,也可以实时对其进行控制和操作,如自动报警、自动避障、道路监控、环境监测、食品溯源等。

1.4 物联网的基本功能

1. 在线监测

物联网业务一般以集中监测为主、控制为辅。物联网可以通过传感器、移动终端等设备,对物体进行实时监测,获取物体的状态、位置、温度、湿度等信息,并将这些信息传输到云端进行处理和分析。

2. 定位追溯

物联网可以通过GPS、无线通信技术等手段,对物体进行精确定位和追溯。这个功能在物流、仓储等领域非常有用,可以帮助企业实现对物品的全程追踪和管理。

3. 报警联动

物联网可以通过传感器等设备,对物体的状态进行监测,一旦发现异常情况,就可以触发报警系统,及时提醒用户采取相应措施。同时,物联网还可以与其他系统进行联动,例如,与消防系统、安防系统等进行联动,提高安全性和应急处理能力。

4. 指挥调度

物联网可以通过云端平台,对物体进行远程指挥和调度。例如在智慧交通领域,可以通过物联网技术对交通信号灯进行控制,实现交通流量的优化和调度。

5. 预案管理

物联网可以根据预先设定的规章或法规,对物体产生的事件进行自动处置。例如在智能家居领域,可以通过物联网技术对家庭安全进行监控和预警,一旦发生异常情况,就可以自动启动应急预案,保障家庭安全。

6. 安全隐私

由于物联网涉及大量的个人隐私和企业机密,因此必须提供相应的安全保障机制,包括数据加密、访问控制、安全审计等。

7. 远程维保

物联网技术可以提供远程维保服务,帮助企业实现对设备的远程监测和维护,提高设备的运行效率和使用寿命。

1.5 物联网产业发展现状

1.5.1 全球加速物联网布局,制定国家发展战略

为了促进科技发展,寻找经济新的增长点,各国政府开始重视下一代信息技术规划,物联网成为新增长点的不二选择。美国、欧盟、中国等经济体都将物联网发展上升为国家发展战略。

1. 美国的物联网战略

美国的一些大型科技公司和研究机构在物联网技术研发方面投入了大量资源和精力,取得了显著的进展和成果。这些技术创新包括传感器技术、无线通信技术、云计算技术、人工智能技术等方面的突破和创新。

美国在物联网应用推广方面也取得了重要的进展。美国的一些行业领袖和大型企业已经开始将物联网技术应用于各个领域,包括智能家居、智慧交通、智慧农业、智慧医疗等。这些应用不仅提高了生产效率和生活质量,还为美国的经济增长和社会发展带来了巨大的潜力。

美国已经初步形成了完整的物联网产业链,包括硬件制造、软件开发、应用服务等各个环节。这些产业链的完善为物联网的快速发展提供了强大的支撑和引领。

美国也在积极寻求与其他国家和地区的合作,共同推动物联网的发展。例如,美国与欧洲、亚洲等区域的国家和地区建立了多个物联网合作项目和联盟,共同推动物联网标准的制定和应用推广。

2. 欧盟的物联网战略

欧盟强调要避免分裂和促进共通性的技术和标准来发展物联网,提出了欧洲产业数字化新措施,其中包括建构物联网的单一市场,强力发展物联网生态系统,以及深化以人为中心的物联网。

欧盟物联网发展的重点领域包括智慧农业、智慧城市、智慧产业、逆向物流(废弃产品回收,或电商货品退换修服务)、智慧水资源管理和智能电网等。欧盟希望通过在这些领域的发展,推动物联网技术在各个领域的应用和推广。

欧盟在 2015 年 10 月发布"物联网大规模试点计划书"征求提案作业,广泛向全球征求各种物联网产业的好点子,以落实各物联网重点领域的发展。这反映出欧盟在物联网发展上持开放态度,积极寻求全球合作。欧盟在物联网发展中强调以人为本,追求的是让物联网技术服务于人,提高人们的生活质量。这也是欧盟物联网发展战略中的重要理念。

欧盟的物联网战略体现了其在科技创新和产业发展上的远见和决心。欧盟希望通过推

动物联网的发展,带动欧洲经济的创新和发展,提升欧洲在全球科技竞争中的地位。

3. 中国的物联网战略

中国正在加快物联网技术研发和标准制定,通过在芯片、通信协议、网络管理、协同处理、智能计算等领域开展技术攻关,提升关键核心技术水平。加强物联网技术标准的研究和制定,推动与国际标准的接轨,提升中国在国际物联网领域的话语权。于此同时,中国不断加强物联网基础设施建设,包括感知、传输、处理、存储、安全等关键环节,提升物联网接入能力和覆盖范围。大力推动物联网与5G、人工智能、区块链、大数据等技术的深度融合,提升物联网的智能化水平。鼓励物联网在智慧城市、智能家居、工业4.0、智慧医疗、智慧交通等领域的广泛应用,推动物联网与实体经济深度融合。培育物联网产业生态,打造一批具有示范带动作用的物联网建设主体和运营主体,形成可复制、可推广的物联网应用模式。此外,中国还注重加强物联网安全保障,加强物联网技术、网络、终端、应用等安全防护能力建设。不断提升物联网产业链供应链韧性,加强数据安全保护,有效防范、化解安全风险隐患。

总体而言,中国发展物联网产业的战略是全面的、系统的,旨在通过技术创新、基础设施建设、应用领域拓展和安全保障等方面的努力,推动物联网产业的快速发展,为经济社会发展注入新的动力。

1.5.2 国际企业抢占市场,全球物联网规模超千亿

物联网引领的新型信息化与传统领域走向深度融合,国际企业巨头纷纷抢夺物联网市场。包括Google在内的互联网厂商,IBM、思科在内的设备制造商和方案解决商以及AT&T、Verizon、中国移动、中国电信等在内的电信运营企业纷纷加速了物联网的战略布局,以期在未来的物联网领域占领市场主导。

IBM不仅成立了物联网事业部,还投入了大量资金,在慕尼黑成立了Watson(沃森)物联网全球总部。Watson是IBM的认知计算机,凭借Watson强大的人工智能,IBM向物联网领域进军。

2016年,日本软银(SoftBank)斥资234亿英镑(约合3200亿元人民币)收购英国芯片设计公司ARM。软银CEO孙正义表示在未来20年将新增1万亿台物联网设备,他预计物联网的繁荣将重新定义所有行业。

据Machina Research统计数据显示,全球物联网市场规模超过万亿元人民币。2010—2018年全球物联网设备连接数高速增长,由2010年的20亿个增长至2018年的91亿个,预计2025年全球物联网设备(包括蜂窝及非蜂窝)联网数量将达到252亿个。

1.5.3 我国加快产业布局,形成物联网产业闭环发展

我国物联网产业链已形成闭环式发展,初步形成以应用解决方案为核心,由应用解决方案、传感感知技术、通信技术和运算处理技术四个关键环节构成的物联网产业链,如图1-6所示。

一个产业的发展往往需要经历关键技术应用阶段、规模应用阶段和普遍应用阶段三个阶段,目前我国物联网产业正处于关键技术应用向规模应用发展的阶段。在智能家居、智慧医疗、智慧交通等少数领域,开始向普遍应用阶段发展。

关键应用阶段是指以相关行业的领先企业为龙头,探索在工业信息化、农业信息化和社

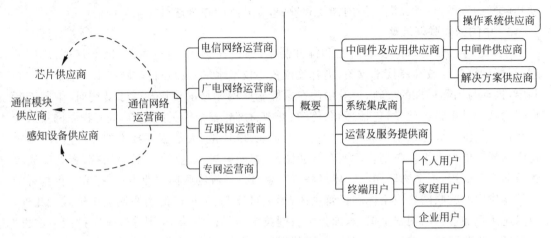

图 1-6 我国物联网产业构成图

会信息化中的关键应用,以应用创新拉动技术创新,初步形成合理的产业格局和产业价值链,如表 1-1 所示。物联网领先企业引领物联网关键应用的产业化突破是这个阶段的关键,这个阶段的成功与否对物联网产业发展的前途至关重要。当前我国以华为、中国电信、阿里巴巴为龙头的物联网企业,在物联网的芯片技术、网络通信技术、物联网平台技术等方面取得了大量技术突破。

表 1-1 关键应用阶段龙头企业举例

企 业 名 称	基 本 信 息
阿里云(阿里巴巴集团控股有限公司)	阿里云创立于 2009 年,是阿里巴巴集团旗下的云计算品牌
华为 HUAWEI(华为投资控股有限公司)	华为创建于 1987 年,是全球前沿的 ICT 基础设施和智能终端提供商
中移物联网 OneNET(中移物联网有限公司)	中国移动旗下专业化经营物联网的全资子公司,为中小企业客户物联网应用需求提供数据展现、数据分析和应用生成服务
中国联通物联网(中国联合网络通信集团有限公司)	成立于 2014 年,前身为中国联通物联网运营支撑中心,中国联通集团旗下物联网非连接业务(应用、部件等)和对外合资合作的统一平台,专注于成为全球专业的物联网服务提供商
天翼物联(中国电信集团有限公司)	成立于 2009 年,中国电信旗下从事物联网业务的专业公司,打造集约统一、能力开放、持续迭代的智能物联网平台,致力于提供差异化、个性化和敏捷化的 AIoT 平台+应用服务
百度智能云(百度在线网络技术(北京)有限公司)	百度智能云于 2015 年推出,国内知名云计算品牌,致力于为企业和研发者提供全球先进的人工智能、大数据和云计算服务及易用的开发工具
中兴 ZTE(中兴通讯股份有限公司)	中兴通讯成立于 1985 年,是全球领先的综合通信信息解决方案提供商,专注 5G 无线、核心网、承载、接入、芯片等领域,为全球电信运营商、政企客户和消费者提供创新的技术和产品解决方案
小米 IoT(小米科技有限责任公司)	小米面向智能家居、智能家电、健康可穿戴、出行车载等领域,提供开放合作平台

续表

企业名称	基本信息
海尔智家 U-home（青岛海尔智能家电科技有限公司）	海尔智家成立于 2006 年，海尔集团旗下知名智能家居品牌
卡奥斯 COSMOPlat（卡奥斯物联科技股份有限公司）	卡奥斯创建于 2017 年，是海尔集团打造的跨行业领域工业互联网品牌

规模应用阶段是指物联网关键技术和应用在各个行业和领域开始得到大量推广和部署，使得该项关键技术的成本下降，性价比优势凸显，刺激新的市场需求，促使该项关键技术的应用规模得到进一步扩大，逐步形成围绕该项技术的新产业生态体系。

普遍应用阶段是指该产业的关键技术得到突破，深入社会应用的各个行业和各个环节，得到社会普遍应用的阶段。这一阶段的实现意味着该产业生态的全面建立和正常运行。目前我国物联网主要在智能仓储、智慧物流、智能家庭、智慧医疗、智能电力、智慧交通、智慧农业和军事应用等领域开始得到广泛应用。

1.5.4 我国多措并举，加快物联网产业发展

我国加快物联网产业发展主要采取了以下措施：一是加强科技创新，着力突破核心芯片、智能传感器等关键核心技术，提升产业核心竞争力；二是以应用促发展，加快部署车联网、工业互联网等领域，强化产需对接，实现规模发展；三是深化机制改革，加快政策与制度创新，营造良好生态环境，统筹协调中央及地方资源，促进物联网应用落地和集聚发展；四是推进信息基础设施建设，加快布局物联网、人工智能、5G 商用网络，促进传统产业的数字化转型，并不断培育经济发展新动能；五是夯实安全基础，加快构建物联网安全保障体系，增强物联网基础设施、重大系统、重要信息的安全保障能力，构建泛在安全的物联网。

目前，我国在工业、医疗、交通、金融以及安防等物联网应用方面都得到了相应的发展。

1.6 我国物联网行业岗位需求

物联网行业的快速发展带来了大量的就业机会。据 2020 年 4 月人力资源和社会保障部发布的《新职业——物联网工程技术员就业景气现状分析报告》显示，未来五年物联网行业人才需求缺口总量超过 1600 万人。随着物联网技术的普及和应用，越来越多的企业开始关注物联网技术的应用，并加大对物联网相关岗位的招聘力度。目前，我国物联网相关岗位的数量在快速增长，涵盖了硬件开发、软件开发、系统集成、数据分析等多个领域。

物联网相关岗位对人才的技能要求较高。这些岗位需要具备电子技术、通信技术、计算机技术、软件开发等多个领域的知识和技能。此外，还需要具备一定的实践经验和项目经验，能够独立完成物联网系统的设计和开发工作。

物联网相关岗位呈现出多元化的发展趋势。由于物联网应用涉及多个行业领域，如智能家居、智慧交通、智慧医疗等，因此具备跨界背景和多元化技能的人才更受欢迎。这类人才不仅需要掌握物联网技术，还要了解相关行业的业务流程和需求，能够为客户提供个性化

的解决方案。

据统计,2023年,我国IoT连接设备数已达到122.5亿台,物联网市场规模从2019年的17556亿元增长至36330亿元。预计未来几年,物联网市场将继续保持高速增长。

物联网相关岗位的就业前景广阔。随着物联网技术的不断发展和应用领域的不断拓展,物联网相关岗位的需求将会更加旺盛。预计未来几年,我国物联网行业的人才需求量将达到千万人以上,这也为该类人才提供了更好的职业发展机会。

【工作任务1】 生活中物联网应用调研

调研一下你生活的环境,看看都有哪些物联网的具体应用。同时思考一下你未来打算从事物联网行业哪些方面的具体工作,为你的物联网学习确定一个明确的目标,并制订一个详细的学习计划吧!

练习题

一、单选题

1. 下列选项中准确地定义了物联网的描述是（　　）。
   A. 通过互联网连接的设备网络　　B. 通过蓝牙连接的设备网络
   C. 通过电缆连接的设备网络　　D. 通过卫星连接的设备网络
2. 下列不是物联网的核心技术的是（　　）。
   A. 传感器技术　　B. 云计算技术　　C. 人工智能技术　　D. 3D打印技术
3. 下列不是物联网的应用领域的是（　　）。
   A. 智能家居　　B. 智慧交通　　C. 智慧农业　　D. 智能核能
4. 下列不属于物联网设备的是（　　）。
   A. 智能手表　　　　　　　　B. 智能冰箱
   C. 智能灯泡　　　　　　　　D. 智能电视机顶盒
   E. 智能电线
5. 下列不属于物联网发展面临的挑战是（　　）。
   A. 数据安全和隐私保护　　　B. 设备互操作性和标准化
   C. 网络连接可靠性和稳定性　D. 设备维护和更新成本
   E. 设备颜色和外观设计多样性

二、多选题

1. 下列属于物联网的基本特征的是（　　）。
   A. 设备之间的互联互通　　　B. 数据的实时传输和处理
   C. 设备拥有独立的计算能力　D. 设备的智能化和自治性
   E. 设备的颜色和外观设计多样性
2. 物联网的核心技术有（　　）。
   A. 传感器技术　　B. 云计算技术　　C. 人工智能技术　　D. 区块链技术
   E. 虚拟现实技术
3. 物联网主要应用领域有（　　）。
   A. 智能家居和智慧城市　　　B. 智慧交通和智能物流

C. 智能工业和智能制造 D. 智慧医疗和智能健康
E. 智能教育和智能娱乐
4. 描述了物联网带来的好处的有（　　）。
A. 提高生产效率和服务质量 B. 实现资源的优化配置和节约利用
C. 加强环境保护和可持续发展 D. 减少就业机会和增加社会负担
E. 增加设备维护和更新成本
5. 物联网面临的安全挑战是（　　）。
A. 数据隐私保护和加密需求 B. 设备的安全接入和认证机制
C. 防止恶意攻击和病毒传播的需求 D. 确保设备之间互联互通的需求
E. 降低设备维护和更新成本的需求

三、判断题

1. 物联网是指通过互联网连接的设备网络。（　　）
2. 物联网设备只能传输数据，不能进行数据处理和分析。（　　）
3. 物联网只应用于智能家居领域，不涉及其他行业。（　　）
4. 物联网设备的安全性和隐私保护不是物联网发展的重要考虑因素。（　　）
5. 物联网设备的智能化和自治性是指设备可以自主决策和执行任务，不需要人类的干预。（　　）

第 2 篇

物联网行业应用

随着新一代信息技术、网络技术及人工智能技术的快速发展,物联网正在以前所未有的广度与各行各业进行着深度的技术融合和应用创新。目前,在国计民生的各个领域都能看到物联网应用的典型案例:智慧物流中货物的自动识别与分拣系统、智慧交通中的智能公交系统、智能安防中的远程监控系统、智慧能源中的远程监测与智能巡检系统、智慧医疗中的健康监测与预警系统、智能建筑中的自动节能系统、智能制造中的智能工厂系统、智能家居中的远程家电控制系统、智能零售中的无人售卖系统和智慧农业中的远程田间管理系统等。物联网技术与各个行业的深度融合,在不断滋生新技术和新应用的同时,也极大地提升了我们生产和生活的便捷性、高效性。

本篇从智能家居、智慧农业、智慧交通和智慧医疗四个方面,介绍物联网的系统结构、传感技术、自动识别技术、通信技术等知识。让读者对物联网在典型行业的发展现状和应用具有整体认知。

本篇内容提要:
- 智能家居中的物联网系统结构。
- 智慧农业中的物联网传感技术。
- 智慧交通中的物联网自动识别技术。
- 智慧医疗中的物联网通信技术。

第 2 章

智能家居中的物联网系统结构

学习目标

- 全面了解我国智能家居的现状和发展趋势。
- 掌握物联网的系统结构。
- 了解智能家居场景中物联网的具体系统结构。
- 学习使用 VISO 工具,绘制物联网系统拓扑图。

学习重难点

重点:学习物联网的系统结构。

难点:分析真实场景中物联网的系统结构,并能进行简单系统设计。

课程案例

加强智能家居适老化改造 构建智能服务型社会

智能时代,美好幸福生活"一个都不能少"。随着社会老龄化程度进一步加深,居家智能设备"适老化"是一个避不开的话题。全国人大代表、美的集团家用空调创新研究院主任李金波2022年全国两会携五份建议上会,其中包括加强智能家居适老化改造的相关思考和建议。

2020年第七次全国人口普查结果显示,我国60岁及以上人口为26402万人,占18.70%(其中,65岁及以上人口为19064万人,占13.5%),与2010年相比,60岁及以上人口的比重上升5.44个百分点。数据表明,人口老龄化程度进一步加深,而与不断增长的老年人口数量相反,许多老年人不会使用智能产品,无法享受智能化服务带来的便利,使老年人"数字鸿沟"问题日益凸显。

李金波认为,促进智慧老龄化的发展,将有助于提升老年人生命福祉,创造巨大的经济社会发展空间。"未来老龄化程度将进一步加深,企业应重视在老龄产业方面的技术创新、服务更新,为老年消费者提供适老便捷、安全健康的产品以及精细化的服务,更好地满足市场需求。"

关爱老年人,加强智能家居适老化,共同提升老年人智慧养老的幸福感、获得感和安全感是全社会的共同责任。"要充分考虑老人的需求,不仅要开发无感化智能产品,更要提供老年人专属服务,同时让更多企业参与进来,共同构建智能服务型社会。"李金波表示。

(资料来源:张佳丽.加强智能家居适老化改造 构建智能服务型社会[N].人民邮电报,2022-03-09(3).)

知识点导图

学习情景

小龙大学毕业后成功入职到一家智能家居生产与销售公司,该公司主要联合全屋定制企业一起,设计适合用户需求的智能家居产品,并进行安装调试。小龙接到一个有新生宝宝家庭的全屋设计订单,需要为该客户设计适合他们需求的智能家居系统,配置合适的硬件设备,实现远程移动终端的控制。请你帮助小龙,分析该客户的需求,并设计出适合他们的智能家居物联网系统,绘制设备部署图,并编制好设备报价清单,为该客户的需求提供一个合理的方案。

知识学习

2.1 认识智能家居

2.1.1 智能家居的概念

智能家居也称为家庭自动化,是以住宅为平台,利用综合布线技术、网络通信技术、安全防范技术、自动控制技术、音视频技术将家居生活有关的设施集成,构建高效的住宅设施与家庭日程事务的管理系统,提升家居安全性、便利性、舒适性、艺术性,并实现环保节能的居住环境。

简单来说,智能家居是将家中的各种设备,如照明、音响、空调、通风机、报警器、电动窗帘、传感器以及各种其他家电通过专用的网络连接在一起,从而实现自动控制、远程控制、语音控制和一键控制等功能,提升家居生活的便利性、舒适性和安全性。

智能家居系统可以通过监测家居环境的温度、湿度、亮度、是否有人活动、声音大小、振动等信息,自动控制空调、灯光、影音系统等设备的工作;还可以通过智能音箱等语音接口实现人机对话,通过语音控制相应设备;还可以通过手机App、网页等方式远程控制家中的设备。家中设备运行情况、实时画面、抓拍画面及报警等信息可以通过手机App等方式反馈到用户手机上,让用户无论在哪里都可以对家中的情况了如指掌。

2.1.2 我国智能家居发展现状

近年来,我国智能家居市场日新月异。物联网、人工智能等先进技术的深度融合应用,推动了智能家居产品的快速迭代和功能升级,如智能音箱、智能安防等设备已经深入人们的生活。市场规模持续扩大,消费者对智能家居的接受度和需求度也在逐年提升。跨界合作成为常态，传统家电企业、互联网企业、通信企业等共同构建起了丰富的智能家居生态。在政策支持和市场需求的双重驱动下，我国智能家居行业正朝着全屋智能化、场景化、绿色化的方向发展，展现出巨大的发展潜力。

我国智能家居相关企业数量约为 122.22 万家。其中，广东、山东、江苏、陕西、浙江等省份的智能家居企业数量位居前列，均超过 40000 家。根据中商产业研究院发布的《2023—2028 年中国智能家电产业前景预测与战略投资机会洞察报告》，2022 年智能家电市场规模约为 6552 亿元，同比增长 13.75%。分析师预测，2023 年智能家电市场规模将达 7304 亿元，而 2024 年则有望达到 8100 亿元。

2.1.3 智能家居的起源

智能家居的起源可以追溯到 20 世纪 80 年代，当时美国联合科技公司将建筑设备信息化、整合化概念应用于美国康涅狄格州哈特佛市的都市大厦(City Place Building)，出现了首栋的"智能型建筑"，从此揭开了全世界争相建造智能家居的序幕。而智能家居的概念最早出现于美国，以住宅为平台，兼备建筑、网络通信、信息家电、设备自动化，集系统、结构、服务、管理于一体的高效、舒适、安全、便利、环保的居住环境。智能家居经历了多年的发展，已经成为现代家居生活的重要组成部分。

2.1.4 我国智能家居的发展

我国智能家居的发展大概可分为形成概念期、蓄势发力期、市场摸索期、厂商关注期、技术沉淀期、生态圈构建期、快速发展期，如图 2-1 所示。

图 2-1 智能家居的发展时期

1. 形成概念期（2000 年以前）

2000 年以前，可以称为智能家居概念形成期，零星的概念与相关产品开始出现；后来无疾而终的微软维纳斯计划在此时提出，比尔·盖茨之家的智能化是当时最为广泛的应用案例，这一阶段是智能家居概念的形成期，关于住宅的智能化控制系统还没有形成。

2. 蓄势待发期（2000—2005 年）

2000—2005 年，很多后来耳熟能详的国外智能化产品通过代理与国内经销渠道进入国内市场，此时也成为智能家居的蓄势待发期。这一阶段的标志性事件是国内首个以智能家居为应用概念的楼盘项目深圳红树西岸的出现，项目开发商百仕达地产更是用了前后 8 年的时间对其精心打磨。

3. 市场摸索期（2005—2008 年）

智能家居的概念渐热，智能家居领域的国内生产制造企业开始出现了第一波浪潮，家庭安防、智能灯控系统、影音中控、家庭背景音乐细分市场逐步形成并发展。同时，关注智能家居的系统集成商群体逐步形成并出现。回顾过往，这或许可以称得上是智能家居在国内发展历程中第一个激动人心的创业浪潮。略显残酷的是,如星星之火般刚刚出现的第一批集成商需要充当的是野蛮成长过程中的"小白鼠"。不无意外,受限于当时的技术条件与厂商实力,很多在这一时期崭露头角的国内品牌因为各种原因早已逐一淡出我们的视野。

4. 厂商关注期(2008—2012年)

2008—2012年,智能家居迎来了近十年来另一个重要的发展浪潮,家电企业、楼宇对讲企业、电气、安防类外资品牌纷纷着力于延伸智能家居产品线与新业务板块。很多以往如雷贯耳的品牌的出现,为依然坚守在智能家居市场上的先行者们增强了不少信心。

在这一密集发展的厂商关注期中,智能家居与影音集成的融合发展,为智能家居除在遥控灯光、电动窗帘、背景音乐等单系统应用以外,探寻到一个重要的应用立足点。在高端住宅项目中,智能家居集成业务落地生根,开始通过装饰设计渠道被部分业主所接受。

5. 技术沉淀期(2012—2014年)

随着物联网概念的兴起,传感器、控制技术、云计算、大数据、移动互联等基础应用不断发展。2012—2014年,以轻智能与智能单品厂商为代表的创新创业团队层出不穷。通过这一时期的技术沉淀期,喷涌而出的各种智能单品极大地降低了普通用户体验和使用智能家居的门槛。智能插座、手机遥控、智能灯泡开始以百余元的亲民价格出现,使得原本遥不可及的智能家居初体验第一次向普通消费者伸出了橄榄枝。而App和Wi-Fi模块一起连接起的不仅仅是传统家电的智能升级,更是一个全新互联网时代的序幕开启。

6. 生态圈构建期(2014—2016年)

2014—2016年,生态圈成为行业热词,互联网企业的全面关注,让更多巨头企业开始谋求生态圈构建。智能模块出货量增长,传统企业纷纷希望借由智能家居实现产品线升级。我们再谈智能家居,所频繁提及的也不再是原本那些植根于细分行业领域"业内有名,业外无名"的厂家。身边熟悉的手机、家电巨头让智能家居开始进入更多人的视野,我们不再因为影视作品中出现的智能家居产品镜头而激动不已,因为上至国家两会提案,下至街头巷尾随处可见的楼盘广告,都开始有了智能家居的身影。

7. 快速发展期(2017年至今)

随着近年来人工智能、大数据、5G、云计算等各类高端技术成熟产品的大面积落地,智能家居走入了快车道,它正在加速融入这些新技术,由被动转为主动,让智能家居产品有了"会思考""能决策"的大脑,实现真正的人机交互体验,语音交互代替传统的App与触摸控制,逐步实现自我学习与控制,视觉处理与手势识别将成为智能家居更强大的交互能力,并通过收集、分析用户行为数据为用户提供个性化生活服务,使家居生活安全、舒适、节能、高效、便捷。

2.2 智能家居系统

智能家居系统是一种基于先进技术实现的家庭智能化管理系统,通过综合布线技术、网络通信技术、安全防范技术、自动控制技术、音视频技术等将家居生活有关的设施集成,构建高效的住宅设施与家庭日程事务的管理系统,提升家居安全性、便利性、舒适性、艺术性,并实现环保节能的居住环境。

智能家居系统包括多个子系统,如智能安防系统、智能照明系统、智能家电系统、智能门窗遮阳系统、智能暖通环境系统等。这些子系统通过智能化控制和联动,实现了家居生活的自动化和智能化。

智能家居系统的优势在于它可以提供更加便捷、舒适、安全和环保的居住环境,让人们在家中享受更加智能化和高质量的生活体验。同时,智能家居系统还可以实现资源的共享和节约,降低能源消耗和浪费,对于推动可持续发展也具有积极的意义。

2.3 物联网系统结构

根据智能家居各个应用场景的系统拓扑结构图不难发现,所有的系统结构至少都包含了软件应用功能、网络通信功能和硬件设施设备功能。

由于物联网产生和发展的时间不长,目前对于物联网的体系构建还没有一个统一的标准。当前国际国内普遍认可的是层级式物联网架构体系,并据此对物联网系统进行相关的描述。目前国内对物联网的层级描述主要有两种方式:一种是以整体系统业务功能逻辑进行层级描述的,认为物联网是一个三层的体系结构;另一种是根据具体业务和应用的逻辑,提出物联网"六域模型"参考体系。

2.3.1 物联网三层体系结构

根据物联网的基本功能逻辑和数据传递的顺序,从下到上,物联网体系结构依次分为感知层、网络层和应用层,如图2-2所示。

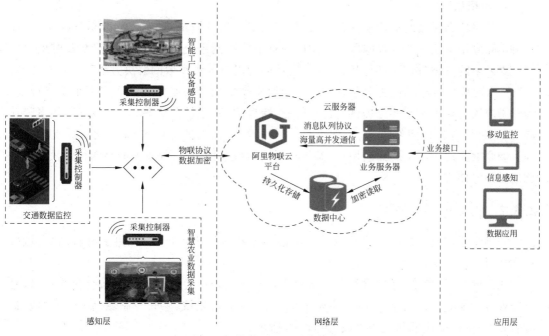

图2-2 物联网三层系统结构图

1. 感知层

感知层是物联网三层系统结构中最基础的一层，也是物联网最重要的一层。这一层的主要功能是实现对物体的识别，同时进行所有数据的全面采集，负责将基础数据收集后，通过网络，传输给上一级使用。

感知层运用场景广泛，主要是利用传感器等设备进行数据采集，感知层以传感技术和短距离无线通信技术为主。主要的传感技术有人脸识别技术、射频识别技术、传感器技术、条形码识别技术、GPS定位技术等。按照通信介质不同，分为无线网络通信技术和有线网络通信技术，例如 Wi-Fi、蓝牙技术属于无线网络通信技术，现场总线技术属于有线网络通信技术。具体的无线网络技术和有线网络技术将在后面的章节中详细讲解。

2. 网络层

网络层主要是利用各种移动网络等将感知层采集到的数据传送至应用层。所有底层感知设备采集到的数据均需要通过网络层方可传送到上一级管理系统。网络层传输的介质主要有面向公众的电网系统、电话系统、有线电视系统、互联网系统、移动通信系统以及其他专用网络系统。这些系统构成的网络通信平台为物联网的数据传输提供了良好的介质和基础。

根据不同的网络平台，网络通信将采用不同的网络传输协议、自组织通信方式等。常见的网络通信协议有 TCP/IP、IPX/SPX、NetBEUI 等。同时在网络传输过程中还涉及数据的临时保存和数据库管理等技术。目前主要的数据库技术包括关系型数据库（如 MySQL、Oracle、SQL Server）、NoSQL 数据库（如 MongoDB、Cassandra、Redis）、文档型数据库（如 CouchDB）和图形数据库（如 Neo4j）。

3. 应用层

当基层数据通过网络传输到上一级后，应用层对这些数据进行加工、分析和应用，从而解决实际应用场景中的各种问题。应用层是整个物联网系统的神经中枢，需要及时地对底层报送上来的各种"情况"进行及时"反应"，从而为用户提供高效的解决方法。

一个完整的物联网应用层包含物联网应用支撑子层和物联网应用子层两个功能板块。物联网应用支撑子层主要是提供支持跨行业、跨应用、跨系统的各种信息的通信、共享和功能协调，包括各种中间件技术、信息开发平台技术、云计算平台技术、虚拟化服务支撑技术等。物联网应用子层主要面向用户，需要与不同的行业相结合，提供面向终端行业领域的系统研发和整体方案。

2.3.2 物联网"六域模型"

我国物联网技术标准工作组从物联网的业务和应用逻辑出发，提出了物联网"六域模型"参考体系。

物联网"六域模型"通过将纷繁复杂的物联网行业应用关联要素进行系统化梳理，以系统级业务功能划分作为主要原则，设定了用户域、目标对象域、感知控制域、服务提供域、运维管控域、资源交换域共六个大域，如图 2-3 所示。

域和域之间按照业务逻辑建立网络化连接，从而形成单个物联网行业生态体系。单个物联网行业生态体系再通过各自的资源交换域形成跨行业跨领域之间的协同体系。

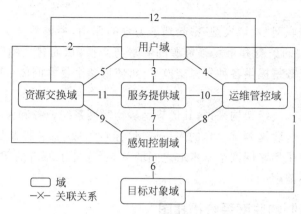

图 2-3　物联网"六域模型"参考架构体系

1. 用户域

一个物联网系统需要明确它为谁提供解决方案,该系统的用户是谁?用户有什么样的需求?需要明确地描绘出用户画像。因此,物联网第一个业务领域就是通过定义用户域来厘清用户所针对的物理世界的感知和控制两个大类的需求是什么,为后续物联网的功能开发提供集成和功能范围。

2. 目标对象域

第一个业务领域明确了用户需求,该需求便映射出了物理对象以及所需的信息参数。用户的需求一定会具体落实到对某个实体和相关信息的采集。因此,第二个业务领域就是要确定到底要获取的信息、采集数据的对象是什么?有哪些?它们都在哪里?

3. 感知控制域

确定了要感知的目标对象以后,就需要进一步确定这些对象需要用什么样的设备来获得数据,因此第三个业务领域就是对目标对象进行感知和数据获取。感知控制域类似于三层系统结构中的感知层,但六域模型中的这个该域更加完整地定义了底层实际场景中获取对象信息的感知控制系统。比如,要获得室内温湿度数据,则要明确需要用什么样的传感器,布置在室内的什么位置。

4. 服务提供域

大量的感知设备与具体采集物理对象绑定后,系统会源源不断地上传数据。这些数据具有异构性、差异性和非标化的特点,如何对这些信息进行清洗、加工、处理、存储,以及如何实现系统分析与服务集成,就是服务提供业务领域中需要解决的问题了。例如在智能健康监控系统中,对人体的体重、血压、温度等数据进行实时获取以后,需要有一个专门的健康管理系统对这些数据进行整体分析,才能为用户提供更科学的健康指导服务。

5. 运维管控域

这一业务领域主要分为两个层次:一是技术层面的运行,即对系统运营商的运维管理控制。当物联网涉及各行各业,体系越来越庞大时,大量信息都是依靠设备获取,因而设备系统的准确性、可靠度以及安全性对信息的质量至关重要。所以,当大量设备广泛运用时,就需要技术层面的安全保障;二是法律法规层面管控。物联网作用于实体对象,存在大量法律法规对实体对象的管理和约束,因此物联网的管理必须合法合规。

6. 资源交换域

资源交换域在物联网"六域模型"中起到了关键的作用,主要涉及实现单个物联网应用系统与外部系统之间的信息和市场等资源的共享与交换,从而建立物联网闭环商业模式。资源交换域的主要任务是提供各种资源交换平台,使得整个物联网体系框架形成闭环,辅助其他各域的正常流转。

"六域模型"相较于层级架构来说,其优势是从物联网系统业务和应用层面,更为全面而又逻辑清晰地刻画了物联网领域。它的用户域、目标对象域、感知控制域、服务提供域四个域从逻辑上重新定位了物联网四个基本域之间的关系,弥补了原有的层级架构存在的覆盖不全面及分层逻辑不清晰的缺点。

【工作任务 2】 绘制物联网系统拓扑图

学习了物联网的系统结构以后,请你调研周边应用到的物联网系统,并为其绘制一个系统拓扑图吧!你也可以将你创新设计的物联网功能用系统拓扑图的方式绘制出来,讲给大家听。

练习题

一、单选题

1. 物联网系统结构中的主要负责数据的采集和识别的是(　　)。
   A. 应用层　　　　B. 平台层　　　　C. 网络层　　　　D. 感知层
2. 在物联网系统结构中,负责实现感知数据和控制信息的通信功能的是(　　)。
   A. 应用层　　　　B. 平台层　　　　C. 网络层　　　　D. 感知层
3. 物联网系统结构中,负责处理网络层传输而来的数据,并为各种应用提供支撑的是(　　)。
   A. 应用层　　　　B. 平台层　　　　C. 网络层　　　　D. 感知层
4. 智能家居系统中实现家庭设备的自动化控制和联动的技术是(　　)。
   A. 互联网　　　　B. 物联网　　　　C. 人工智能　　　　D. 大数据
5. 智能家居系统中的智能照明子系统可以根据用户的习惯和活动情况自动调节灯光,实现该功能的技术是(　　)。
   A. 红外感应　　　B. 声音识别　　　C. 智能传感器　　　D. 手动控制

二、多选题

1. 智能家居系统可以实现的功能有(　　)。
   A. 自动化控制家电　　　　　　　B. 实时监控家庭安全
   C. 调节室内环境温度　　　　　　D. 提供娱乐和信息服务
2. 智能家居系统中的智能安防子系统通常包括的设备有(　　)。
   A. 门磁传感器　　B. 烟雾报警器　　C. 智能门锁　　　D. 智能音响
3. 智能家居的优势包括(　　)。
   A. 提高生活便利性　　　　　　　B. 增强家庭安全性
   C. 降低能源消耗　　　　　　　　D. 减少环境污染
4. 物联网系统结构包括(　　)。
   A. 感知层　　　　B. 应用层　　　　C. 传输层　　　　D. 平台层

5. 物联网系统中常用的无线通信技术有（　　）。
   A. Wi-Fi B. Bluetooth
   C. 4G/5G 移动通信 D. 以太网

三、判断题
1. 物联网系统结构的感知层主要负责数据的传输和通信。（　　）
2. 平台层是物联网系统结构的核心，负责数据的存储、分析和处理。（　　）
3. 物联网系统结构中的应用层可以直接与感知层进行交互。（　　）
4. 网络层在物联网系统结构中只负责传输感知数据，不负责传输控制信息。（　　）
5. 物联网系统结构中的各个层次之间是相互独立的，没有关联。（　　）

四、简答题
简述物联网技术在智能家居领域的应用，并说明其如何提升家庭生活的便利性和舒适性。

第 3 章

智慧农业中的物联网传感器技术

学习目标

- 了解智慧农业及其发展趋势。
- 熟悉传感器的基本原理。
- 了解智慧农业中的传感器设备。
- 了解传感器设备部署的方法。

学习重难点

重点：典型传感器的部署方法。
难点：传感器工作的基本原理。

课程案例

科技助农，更多乡亲挑上"金扁担"

智慧农业是我国农业现代化的重要内容。近年来，各地区推动物联网、大数据、云平台等新技术与农业生产深度融合，为农业插上科技的翅膀。全国累计创建 9 个农业物联网示范省份、建设 100 个数字农业试点项目，苹果、大豆等 8 个大类 15 个品种的全产业链大数据建设试点稳步推进。

不光靠数字赋能，现代农业发展离不开种子。希望的田野里，一粒粒好种子帮助农民增产增收。"'拿比特'西瓜，皮薄肉软，甜度高，广受市场欢迎。"前阵子，浙江省嘉兴市秀洲区新塍镇思古桥村西瓜种植户张利民种植的西瓜新品种，在竞争中脱颖而出，订单不断。"如今，选好种、用好种，已经成了乡亲们的共识。"

"依靠科技创新，打好种业翻身仗，我国种业已进入以自主创新为驱动力的发展新阶段。"农业农村部科技发展中心主任杨礼胜说，我国农业科技整体研发实力进入世界前列，节水抗旱小麦、超级稻、白羽肉鸡等标志性成果层出不穷，主要农作物良种基本实现全覆盖，农作物种源自给率超过 95%。近 10 年，全国审定、登记农作物品种 3.9 万个，农业植物新品种权申请量连续 5 年居世界第一。

农产品产得优还要销得好。在山东省烟台市福山区张格庄镇，樱桃产业接通了数字供应链。"科技连通产销两端，才下枝头、就到舌尖，樱桃成了网红产品。"果农杨钧翔说，果园 90% 的大樱桃进行线上销售，销往北京、上海、广州、深圳等城市，最快 24 小时就能送到。"我们在电商平台开设网店，销量年均涨幅接近 20%，种植规模从最初的 5 亩增长到

100亩。"

搭上科技快车,乡村产业融合发展如火如荼。目前我国各类涉农电商超过3万家,农村网络零售额2万多亿元,农产品网络零售额4200多亿元。农村一、二、三产业融合发展,跨界配置农业和现代产业要素,累计创建140个优势特色产业集群、250个国家现代农业产业园、1300多个农业产业强镇、3600多个"一村一品"示范村镇。

"推动农业高质高效,应更加重视依靠科技进步,用现代物质技术装备破除水土资源禀赋的约束。"下一步还要深入推进农业科技创新,把"藏粮于地、藏粮于技"真正落实到位,开展农业关键核心技术攻关,培育具有国际竞争力的种业龙头企业。强化大中型、智能化、复合型农业机械的研发应用,加强农作物病虫害防控,创新农技推广服务方式,让更多乡亲挑上"金扁担",过上富裕富足的好日子。

(资料来源:常钦.更多乡亲挑上"金扁担"[N].人民日报,2022-08-24(6).)

知识点导图

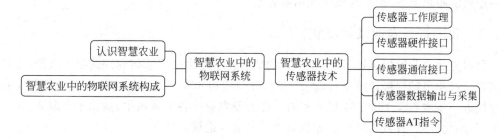

学习情景

小龙在公司逐步熟悉了物联网的硬件设备,并能进行简单的物联网系统的设计和部署了。最近公司接到一个新任务,要用物联网技术为农业生产提供有效的管理手段和方法。于是,小龙找到老家从事蔬菜大棚种植的朋友学习和了解农业的相关业务知识。我们跟着小龙一起来学习物联网技术在农业中是如何运用的吧!

知识学习

3.1 认识智慧农业

3.1.1 智慧农业的含义

1. 定义

智慧农业是农业生产的高级阶段,集新兴的互联网、移动互联网、云计算和物联网技术为一体,依托部署在农业生产现场的各种传感节点(环境温湿度、土壤水分、二氧化碳、图像等)和无线通信网络,实现农业生产环境的智能感知、智能预警、智能决策、智能分析、专家在线指导,为农业生产提供精准化种植、可视化管理、智能化决策。智慧农业的核心在于实现农业生产全过程的数字化、自动化和智能化管理,从而提高农业生产效益、降低生产成本、减少对自然生态环境的影响,促进农业可持续发展和农村现代化。

2. 特点

(1) 数据化管理:利用物联网、云计算、大数据等技术,实现农业生产信息化、数据化管理,实时监测农作物生长、病虫害情况、气象变化等数据。

(2) 精准农业:通过分析农田土壤、作物营养需求等信息,采用精准施肥、精准灌溉、精准喷药等技术,提高作物产量、降低生产成本。

(3) 智慧农机:应用无人驾驶、自动化等技术,提高农机作业效率和农民劳动生产力。例如智能收割机、自动驾驶拖拉机等。

(4) 绿色生产:采用无污染、无化学农药、无公害的生产方式,保护环境、提高产品质量和附加值。例如有机农业、生态农业等。

(5) 农业供应链管理:建立数字化、智能化的农业供应链平台,实现农产品的全程跟踪、溯源管理,提高农产品质量和食品安全。

(6) 定制化服务:根据农民和市场需求,政府提供农业生产咨询、技术培训、产品销售等一系列定制化服务,帮助农民实现增收致富。

3.1.2 我国智慧农业发展现状

我国智慧农业发展迅速,取得了一定的成就。根据中商产业研究院的报告数据,近年来我国智慧农业市场规模持续增长,2022年行业规模达868.63亿元,2023年我国智慧农业市场规模进一步增长至1050.54亿元左右。在智慧农业的各个领域中,数据平台服务、无人机植保、精细化养殖、农机自动驾驶等都取得了显著的进展。

①数据平台服务在农业生产中的应用逐渐普及,为农业生产提供了便捷、高效的管理工具;②无人机植保技术得到广泛应用,通过无人机进行植保作业,不仅提高了作业效率,还能减少农药使用量和人力成本;③精细化养殖技术在畜牧业中得到推广,提高了畜禽养殖的产量和效益,例如,通过智能传感器对畜禽舍环境进行实时监测和调节,提供舒适的生活环境;利用智能饲喂系统实现精准投喂,提高饲料利用率等;④农机自动驾驶技术在农业生产中的应用也取得重要突破,提高了农机的作业效率和安全性,例如,通过北斗导航系统和传感器技术实现农机的自动导航和作业,降低了人工作业的强度和成本。

我国智慧农业呈现出良好的发展势头,但仍然存在一些挑战和问题。例如,智慧农业技术的研发和推广需要更多的资金支持、农业生产者的技术应用能力和素质需要提升、智慧农业的标准和规范需要进一步完善等。

3.1.3 智慧农业给三农经济带来的好处

1. 提高农业生产效率

通过应用物联网、大数据、云计算、人工智能等技术手段,实现农业生产的自动化和智能化,优化农业生产流程,从而提高农业生产效率。

2. 降低农业生产成本

智慧农业通过降低能源、物资、劳动力等生产成本,提高农业资源利用效率,减少浪费和污染,从而降低农业生产成本。

3. 促进农业可持续发展

智慧农业推广绿色生产理念,通过减少化肥、农药和水资源的污染和浪费,实现农业生态环境的保护和修复,从而促进农业可持续发展。

4. 提高农产品质量和安全

通过精准施肥、精准灌溉、精准防病等手段,提高作物品质和安全性,减少农业生产中的安全风险,增加产品附加值和市场竞争力。

5. 推动农业产业升级

智慧农业推动农业产业链各环节的协同发展,促进农业产业升级,打造农业新业态和新模式,带动农业经济的转型和升级。

6. 提高农民收入水平

智慧农业的应用使得农业生产更加高效,从而提高了农民的收入水平。同时,智慧农业也带动了农村电商、乡村旅游等产业的发展,为农民提供了更多的增收渠道。

7. 促进农村经济发展

智慧农业的发展推动了农村经济的转型升级,提高了农村经济的整体效益和竞争力。同时,智慧农业也带动了农村基础设施建设和公共服务水平的提升,为农村经济发展提供了更好的环境和条件。

3.2 物联网在智慧农业中的应用

物联网技术与农业结合的应用场景非常广泛。越来越多的地区采用智慧温室大棚控制系统种植各类蔬菜,以保证一年四季都有丰富的蔬菜瓜果,满足老百姓菜篮子的需求;在畜牧业的养殖上,大量的养殖场采用智能养殖管理系统帮助提升牲畜养殖的科学性,提高存栏率和出栏质量;在水产养殖方面,利用精细化的水产养殖管理系统进行科学鱼类养殖,为各种不同的鱼类养殖提供精准的水质监测和管理,提升鱼类养殖的存活率,减少因气候突变带来的经济损失。接下来,我们就一起来深入了解物联网技术在这些领域的具体应用。

3.2.1 智慧温室大棚控制系统

1. 智慧温室大棚控制系统及其作用

智慧温室大棚控制系统是一种集成了智能化控制、环境传感、数据采集和管理等多种功能的设备管理系统,主要应用于现代化的温室种植、养殖等农业生产领域,其解决方案如图 3-1 所示。主要作用体现在以下几个方面。

(1)自动化和智能化管理:该系统可以通过传感器监测温室大棚内的环境参数,如温度、湿度、光照度、二氧化碳浓度等,并根据设定值自动调节温室内的环境,如通过加热、通风、灌溉等方式保持温室大棚内环境的稳定和适宜,实现自动化和智能化管理。

(2)提高作物产量和质量:智慧温室大棚控制系统可以根据不同作物的生长需求,精确地控制温室内的环境条件,如温度、湿度、光照度等,从而提供最适宜的生长环境,促进作物的生长发育,提高作物的产量和质量。

(3)节约资源和降低成本:该系统可以实时监测和调节温室大棚内的水、肥、药等使用情况,避免浪费和污染,从而节约资源。同时,通过自动化和智能化的管理,可以减少人力成

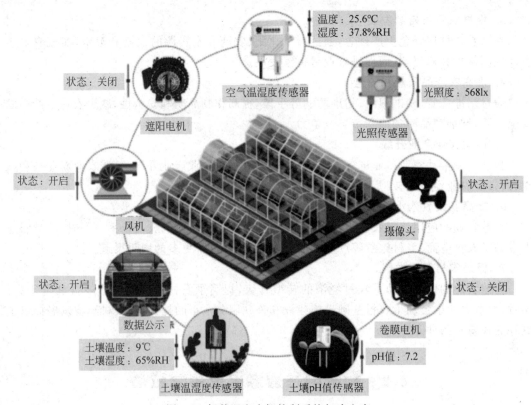

图 3-1 智慧温室大棚控制系统解决方案

本,降低生产成本。

(4) 减少病虫害的发生:智慧温室大棚控制系统可以通过智能灌溉系统和水肥一体化技术,减少因传统漫灌方式导致的病虫害通过水土传播,从而降低病虫害的发生率。

(5) 数据记录和分析:该系统可以实时记录温室大棚内各项参数的变化,包括温度、湿度、二氧化碳浓度、光照强度等,以实现数据分析,制定更科学的管理方案。同时,通过手机App或计算机,用户可以随时随地查看温室大棚的实时数据和历史数据,以便及时了解和掌握温室大棚的运行情况。

(6) 预警和提示功能:当环境超出设定的范围或设备出现故障时,智慧温室大棚控制系统可以通过声光报警等方式进行提示,方便管理员及时采取措施来修正问题。

2. 智慧温室大棚系统功能分析

智慧温室大棚系统符合物联网三层系统结构的逻辑体系,其系统结构如图 3-2 所示。①感知层主要负责传感器对大棚内的环境进行感知和监测,同时便于系统后台对灌溉设施、通风设施、灯光设施等终端负载的控制。②网络层主要负责数据的上传和下达,由于智能大棚往往场地较大,范围较广,因此采用的网络主要是有线网络和无线网络相结合的网络通信方式。在大棚内部,用有线网络的方式进行设备组网和数据采集;在各个大棚与中央控制系统之间,采用无线路由的方式,进行网络数据的远程传输和控制。③在应用层,主要是基于智慧温室大棚开发的各种终端应用程序和管理系统,方便农技人员对温室大棚自动化或半自动化的辅助管理。目前随着信息技术、物联网技术的不断发展,智慧温室大棚管理系统的功能将越来越完善,设备功耗和成本将越来越低。

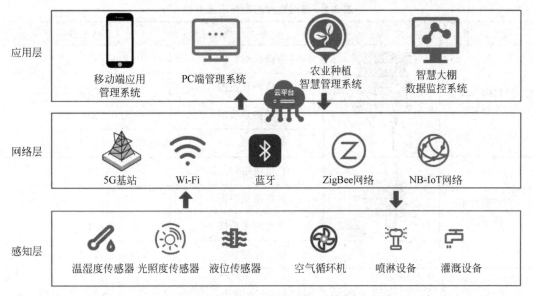

图 3-2 智慧温室大棚系统结构图

3. 智慧温室大棚感知层设备选型

选择智慧温室大棚感知层设备时,需要根据实际需求和预算进行选择,并确保所选设备的精度、可靠性、易于安装和维护、兼容性以及成本效益等方面都符合要求。智慧温室大棚常用传感器及其功能见表 3-1。

表 3-1 智慧温室大棚常用传感器及其功能

常用传感器	功 能
温湿度传感器	用于监测温室大棚内的温度和湿度,确保作物在适宜的环境中生长
光照传感器	用于监测温室大棚内的光照强度和光周期,以控制补光系统或遮阳系统的开关
土壤温湿度传感器	用于监测土壤的温度和湿度,以确保作物根系健康生长
二氧化碳传感器	用于监测温室大棚内的二氧化碳浓度,以确保作物正常进行光合作用
图像传感器	用于监测作物的生长状况、病虫害情况等,以便及时采取措施

选择这些设备时,需考虑四方面的指标:一是所选设备的精度和可靠性必须高,以确保数据的准确性和稳定性;二是所选设备应易于安装和维护,以降低使用成本和提高效率;三是所选设备应与其他系统兼容,以实现数据的共享和传输;四是所选设备的成本效益应合理,以降低投资风险。

1)智慧温室大棚传感设备

(1)温湿度传感器

温湿度传感器是一种能够同时测量温度和湿度的传感器,其外形及参数如表 3-2 所示。这种传感器多以温湿度一体式的探头作为测温元件,将温度和湿度信号采集出来,经过一系列处理后,转换成与温度和湿度呈线性关系的电流信号或电压信号输出。这些输出信号可以直接显示温湿度的读数,也可以通过连接其他设备,如数据采集器、计算机等,进行远程监控和数据记录。

表 3-2 温湿度传感器外形及参数

名　称	外　形	参　数	内　容
室内温湿度传感器		直流供电	9～24V DC
		温度测量范围	－40～80℃
		湿度测量范围	0～100%RH
		输出信号	RS-485（Modbus 协议）
室外温湿度传感器		直流供电	10～30V DC
		温度测量范围	－40～120℃
		湿度测量范围	0～99%RH
		输出信号	RS-485（Modbus 协议）

温湿度传感器广泛应用于各种需要精确测量温度和湿度的场合，如仓库、档案馆、温室大棚、生产车间等。通过使用温湿度传感器，可以实时监测环境的温度和湿度变化，确保存储的物品、生产设备等处于适宜的环境条件下，从而延长使用寿命、提高生产效率。

（2）二氧化碳传感器

二氧化碳传感器是一种用于检测二氧化碳浓度的设备。该传感器可广泛应用于各种需要检测二氧化碳浓度的场合，如温室大棚、室内空气质量监控、工业过程及安全防护监控、畜牧业生产过程以及小型气象站等。在农业生产中，使用二氧化碳传感器可以帮助农民或温室大棚的管理者控制温室内的二氧化碳浓度，从而优化作物生长环境，提高作物产量和质量。二氧化碳传感器外形及参数如表 3-3 所示。

表 3-3 二氧化碳传感器外形及参数

外　形	参　数	内　容
	直流供电	9～30V DC
	测量范围	0～5000ppm[①]
	测量精度	±3%FS
	输出信号	RS-485/4～20mA/0～5V/0～10V

（3）光照度传感器

光照度传感器是一种将光照度大小转换成电信号的设备，输出数值计量单位为 lx（勒克斯）。这种传感器可以检测光照强度并转化为电信号，从而实现对光照强度的测量和控制。在温室大棚等农业生产环境中，光照度传感器可以帮助农民或温室大棚的管理者实时监测和控制温室内的光照强度，配合采光设备，为农作物提供适宜的光照环境，促进作物的光合作用和生长发育，从而提高作物产量和质量。同时，光照度传感器还可以应用于自动控制系统中，实现温室环境的自动调节和优化。光照度传感器外形及参数如表 3-4 所示。

---

① 1ppm＝10^{-6}，后同。

表3-4 光照度传感器外形及参数

外 形	参 数	内 容
	直流供电	12～24V DC
	测量范围	0～200000lx
	测量精度	微光精度0.054lx
	输出信号	RS-485（Modbus 协议）

（4）风速风向传感器

风速风向传感器是一种可以测量风速和风向的设备。这种传感器通常由感应元件和转换器组成，感应元件用于测量风速和风向，转换器则将感应元件测量到的物理量转换成电信号输出。根据工作原理的差异，风速传感器可分为机械式风速传感器、超声波式风速传感器。该传感器可广泛应用于气象、农业、船舶等领域，可长期在室外使用。其外形及参数如表3-5所示。

表3-5 风速风向传感器外形及参数

外 形	参 数	内 容
	直流供电	10～30V DC
	测量范围	风向：8个指示方向（或360°）；风速：0～60m/s
	参数设置	用串口调试助手通过 RS-485 接口进行配置
	通信接口	RS-485（Modbus 协议）；波特率：2400b/s、4800b/s、9600b/s

（5）压电雨量传感器

压电雨量传感器是一种用于测量降雨量的传感器，它采用压电效应原理来测量雨滴对传感器的冲击力，从而计算出降雨量。该传感器由上盖、外壳和下盖组成，内部装有压电片和电路板，可以固定在外径50mm立柱上。

雨滴降落在压电片上时，产生一个电荷，该电荷经放大器放大后输出一个电压信号。输出电压信号的大小与雨滴的重量成正比，因此可以通过测量输出电压信号来计算降雨量。

压电雨量传感器具有高灵敏度、高分辨率、高精度、抗干扰能力强等特点，广泛应用于气象、水文、农业等领域进行降雨量的测量和研究。该传感器还可以与数据采集器、计算机等设备连接，实现数据的自动采集、存储和分析。压电雨量传感器外形及参数如表3-6所示。

表3-6 压电雨量传感器外形及参数

外 形	参 数	内 容
	直流供电	12V DC
	通信协议	Modbus 协议
	信号输出类型	RS-485
	测量范围	0～4mm/min

(6) 土壤综合传感器

土壤综合传感器是一种集多功能于一体的传感器,可以测量土壤的温度、湿度、pH 值、电导率、盐分以及氮磷钾等参数。这种传感器通常采用了先进的电子技术和传感技术,以实现对土壤环境的多方位监测。该传感器具有体积小巧化设计、测量精度高、响应速度快、互换性好、密封性好、防水等级高等优点,可直接埋入土壤中使用,且不受腐蚀。因此,土壤综合传感器被广泛应用于农业、环保、科研等领域。土壤综合传感器外形及参数如表 3-7 所示。

表 3-7 土壤综合传感器外形及参数

外形	参数	内容
	直流供电	9~24V DC
	通信协议	Modbus 协议
	信号输出类型	RS-485
	数据刷新时间	≤1s

(7) 果实成长传感器

果实成长传感器是一种可以测量植物果实或茎干生长变化的传感器。其测量原理是利用高精度的位移传感器移动的距离来测量植物果实或茎干的生长变化情况。该传感器可以记录水果或者植物茎干整个生长周期的大小变化,并可以连接传输设备,远程实时查看植物根茎生长数据。此外,果实成长传感器还适合测量各种大小的植物,对植物无伤害,线性优异,材质精良。果实成长传感器外形及参数如表 3-8 所示。

表 3-8 果实成长传感器外形及参数

外形	参数	内容
	直流供电	5~30V DC
	通信协议	Modbus 协议
	信号输出类型	RS-485
	精度	0.05mm

2) 智慧温室大棚负载设备

(1) 智能灌溉电磁阀

智能灌溉电磁阀是一种用于农田灌溉系统的自动化控制设备。它的作用是根据土壤湿度、作物需水量等因素,自动控制电磁阀的开关,从而实现对农田灌溉系统的智能控制。智能灌溉电磁阀可以与传感器、控制器等设备配合使用,实现自动化监测和控制,提高灌溉效率和节约水资源。

智能灌溉电磁阀的工作原理是通过电磁力作用控制阀门的开关。当电磁铁通电时,阀门打开,灌溉水进入农田;当电磁铁断电时,阀门关闭,灌溉水停止流动。智能灌溉电磁阀可以根据实际需要调整阀门的开启程度和开启时间,实现对灌溉水的精确控制。灌溉电磁阀外形及参数如表 3-9 所示。

表 3-9 灌溉电磁阀外形及参数

外　形	参　数	内　容
	直流供电	12～24V DC
	交流供电	24V AC/220V AC

（2）定时喷淋控制器

定时喷淋控制器是一种用于控制灌溉系统的设备，它可以根据预设的时间表自动开启或关闭灌溉系统，实现对植物的定时喷淋。这种控制器通常具有多个设置选项，例如设置每天的喷淋时间、喷淋时长、喷淋频率等，用户可以根据植物的需要和天气条件进行灵活调整。

定时喷淋控制器的工作原理是通过内置的计时器和电路控制电磁阀的开关，从而实现定时喷淋。用户可以通过控制器上的按钮或者手机 App 等方式进行设置和调整。一些高端的定时喷淋控制器还具有自动感应功能，可以根据环境湿度、土壤湿度等因素自动调节喷淋的频率和时间，实现更加智能化的控制。定时喷淋控制器外形及参数如表 3-10 所示。

表 3-10 定时喷淋控制器外形及参数

外　形	参　数	内　容
	直流供电	9V DC
	工作水压	0.02～0.8MPa
	工作温度	1～45℃

3.2.2 智能牲畜养殖系统

我国是畜牧业大国，如何进行规模化和智能化的牲畜养殖，提高牲畜的存栏量，降低饲养过程的人力成本，一直是困扰农技人员的一个问题。在本节中，我们一起来学习和了解物联网技术如何帮助饲养主进行精准的饲养管理，以减少人工管理成本。

1. 智能牲畜养殖系统及其作用

智能牲畜养殖系统是利用物联网技术实现对畜牧业成本、销售、服务、流通一体化管理的系统。通过智能终端采集设备、手持设备等，将各个养殖场、牧场的环境数据、牲畜生长等数据自动上传到云数据中心进行处理，由后台终端进行自动化的养殖场环境管理、牲口投料管理等，如图 3-3 所示。

智能牲畜养殖系统可以对养殖场的空气温湿度、光照度、二氧化碳浓度、硫化氢、氨气、溶氧量、pH 值、水温、氨氮等各项环境参数进行实时采集，无线传输至监控服务器，管理者可随时通过计算机或智能手机了解养殖场的实时状况，并根据养殖现场内外环境因子的变化情况，将命令下发到现场执行设备，保证养殖场动物处于一个良好的生长环境，提升动物的产量和质量。

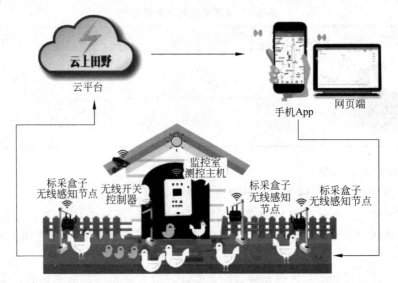

图 3-3 智能牲畜养殖系统解决方案（一）

2. 智能牲畜养殖系统功能分析

从物联网的三层系统结构来看，智能牲畜养殖系统的感知层主要是采集养殖场的各种环境数据、动物的位置定位数据等，同时根据后台系统发送的指令，控制终端的各种设施设备；网络层则是负责构建网络，向云平台传输感知层的相关数据，同时接收云平台下发的相关指令，并发送指令到感知层的设备；应用层为管理系统，用于实现数据的汇总、分析和管理。

从系统的功能角度来看，智能牲畜养殖系统主要由畜禽养殖智能控制系统、畜禽养殖智能监测系统和畜禽养殖视频监控系统三个功能板块构成。

1) 畜禽养殖智能控制系统

实现养殖舍内环境（包括光照度、温度、湿度等）的集中、远程、联动控制。控制层主要包括温度控制、湿度控制、通风控制、光照控制以及定时喂食、喂水。

2) 畜禽养殖智能监测系统

通过传感器、音频、视频和远程传输技术在线采集养殖场环境信息（二氧化碳、氨气、硫化氢、空气温湿度、噪声、粉尘等）和畜禽的生长行为（进食、饮水、排泄等），实时监测设施内的养殖环境信息，及时预警异常情况，减少损失。

3) 畜禽养殖视频监控系统

通过该系统在养殖区域内设置可移动监控设备，可实现现场环境实时查看；远程实时监控；视频信息回看、传输和存储，及时发现养殖过程中遇到的问题，查找分析原因，确保安全生产，如图 3-4 所示。

3. 智能牲畜养殖系统感知层设备选型

智能牲畜养殖系统中，通过传感器等设备，可以实时监测牲畜的健康状况、行为、位置以及养殖环境等信息（其常用感知层设备功能见表 3-11）。例如，通过智能项圈可以实时监测牲畜的活动量和位置；红外传感器可以检测牲畜的行为；重量传感器可以监测牲畜的体重变化；环境传感器可以监测舍内的温度、湿度等环境参数。

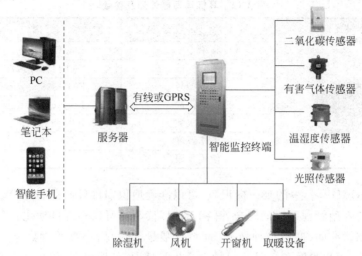

图 3-4 智能牲畜养殖系统解决方案(二)

表 3-11 智能牲畜养殖系统常用感知层设备

设备名称	设备功能
耳标 RFID 读写器	耳标 RFID 读写器是一种常用的牲畜身份识别设备,可以实现自动化管理、跟踪和记录牲畜的信息。在选择耳标 RFID 读写器时,需要考虑其读写距离、识别速度、抗干扰能力等因素
智能项圈	智能项圈可以实时监测牲畜的健康状况、活动量、位置等信息,并通过无线通信技术将数据发送到管理系统。在选择智能项圈时,需要考虑其续航时间、定位精度、数据传输速度等因素
红外传感器	红外传感器可以用于检测牲畜的行为和位置,例如检测牲畜是否在食槽前、是否躺卧等。在选择红外传感器时,需要考虑其检测距离、分辨率、抗干扰能力等因素
重量传感器	重量传感器可以用于实时监测牲畜的体重变化,从而评估其生长情况和健康状况。在选择重量传感器时,需要考虑其量程、精度、稳定性等因素
环境传感器	环境传感器可以监测牲畜舍内的温度、湿度、氨气浓度等环境参数,以确保牲畜处于舒适和健康的环境中。在选择环境传感器时,需要考虑其测量范围、精度、稳定性等因素
视频监控摄像头	视频监控摄像头可以实时监测牲畜的行为和健康状况,以及监控舍内的安全情况。在选择视频监控摄像头时,需要考虑其分辨率、视角、夜视能力等因素

这些感知层设备将实时监测到的数据传输到管理系统,进行数据分析和处理。通过对数据的分析,可以评估牲畜的生长情况、健康状况,预测疾病发生的风险,并制定相应的管理措施。

1) 智能牲畜养殖系统传感设备

(1) 耳标 RFID 读写器

耳标 RFID 读写器是一种用于识别牲畜身份的设备,其工作原理是通过无线射频识别技术对佩戴在牲畜耳朵上的耳标进行读写操作,从而实现自动化管理、跟踪和记录牲畜的信息。耳标读写器外形及参数见表 3-12。

表 3-12 耳标读写器外形及参数

外形	参数	内容
	频率	134.2kHz
	国际标准	ISO 11784/11785 FDX-B
	芯片型号	EM 4305
	读取距离	1～90cm（与读写器有关）
	读取次数	100000 次
	工作温度	－25～70℃
	使用年限	10 年

通过读取 RFID 耳标中的唯一标识码，可以准确地识别每只牲畜的身份，避免混淆或错误识别。通过与养殖管理系统的配合，耳标 RFID 读写器可以实现自动化管理，如自动记录每只牲畜的进出栏时间、疫苗接种情况、饲料投喂量等信息，提高管理效率。通过对 RFID 耳标的读写操作，可以追踪和记录每只牲畜的生长情况、健康状况、繁殖记录等信息，为养殖管理提供数据支持。通过实时监测和记录每只牲畜的位置和活动情况，可以及时发现异常情况，如被盗或丢失，并采取相应的管理措施。通过对 RFID 耳标中存储的数据进行分析，可以评估牲畜的生长情况、健康状况和繁殖能力，优化养殖方案，提高养殖效益和经济效益。

(2) 氨气浓度传感器

氨气浓度传感器是一种用于检测空气中氨气浓度的传感器。氨气是一种常见的有害气体，通常产生于畜牧业和农业生产等环境中，对人类和动物的健康产生危害。因此，氨气浓度传感器被广泛应用于这些行业中，以监测和控制氨气的浓度。

氨气浓度传感器的工作原理是通过化学或物理反应来检测氨气的浓度。当氨气进入传感器时，传感器内部的反应物质会与氨气发生反应，产生电信号。这个电信号的大小与氨气的浓度成正比，因此可以通过测量电信号的大小来确定氨气的浓度。

在畜牧业中，氨气浓度传感器被用于监测畜禽舍内的氨气浓度，以确保畜禽的健康生长。在农业生产中，氨气浓度传感器被用于监测肥料和堆肥中的氨气浓度，以控制肥料的使用和堆肥的发酵过程。此外，氨气浓度传感器也可以应用于环境监测和工业生产等领域。氨气浓度传感器外形及参数如表 3-13 所示。

表 3-13 氨气浓度传感器外形及参数

外形	参数	内容
	直流供电	12～24V DC
	测量范围	0～100ppm
	分辨率	0.1ppm
	测量精度	±3％FS

(3) 硫化氢浓度传感器

硫化氢是一种常见的有害气体，具有刺激性和毒性。牲畜长期处于高浓度硫化氢的环境中，会引起呕吐、恶心、腹泻等症状；长期处于低浓度硫化氢环境中，会变得怕光、丧失食欲、神经质。合适的硫化氢浓度对于养猪场的发病率控制有着一定的影响。

硫化氢浓度传感器是一种用于检测硫化氢气体的传感器，其工作原理是通过化学反应或电化学反应来检测硫化氢的浓度。当硫化氢进入传感器时，传感器内部的敏感材料会与硫化氢发生反应，产生电信号。这个电信号的大小与硫化氢的浓度成正比，因此可以通过测量电信号的大小来确定硫化氢的浓度。硫化氢浓度传感器外形及参数如表3-14所示。

表3-14 硫化氢浓度传感器外形及参数

外　形	参　数	内　容
	直流供电	12～24V DC
	测量范围	0～100ppm/0～1000ppm
	输出方式	RS-485/0～5V/0～10V/4～20mA
	波特率	2400b/s、4800b/s、9600b/s

（4）畜牧定位传感器

畜牧定位传感器是一种用于畜牧业中的定位追踪设备，通常被安装在牲畜身上，可以实时监测牲畜的位置和移动轨迹，并将数据传输到管理系统进行进一步处理和分析。这种传感器一般采用GPS或其他无线通信技术，能够实现高精度的定位和追踪。在畜牧业中，畜牧定位传感器通过实时监测牲畜的位置和移动轨迹，可以及时发现牲畜走失、被盗等情况，并采取相应的管理措施。同时，也可以追踪牲畜的活动情况，评估其健康状况和生长情况，优化养殖方案。通过对牲畜的移动轨迹进行监测和分析，可以评估草原的利用情况，制订合理的放牧计划和草原管理策略，避免过度放牧和草原退化。

畜牧定位传感器外形及参数如表3-15所示。

表3-15 畜牧定位传感器外形及参数

外　形	参　数	内　容
	供电	内置锂电池
	上报间隔	定位信息 24h/次
	通信方式	NB-IoT网络
	GPS定位误差	≤10m
	工作温度	−20～50℃

2）智能牲畜养殖系统负载设备

智能牲畜养殖系统的负载设备需要具备智能化、自动化、可调节等特点，以适应不同养殖规模和养殖环境的需求，提高养殖效益和经济效益（见表3-16）。

这些负载设备需要与智能牲畜养殖系统的感知层、传输层和应用层相互配合，实现自动化管理、数据采集和分析、预警和防控等功能。例如，饲喂机和饮水器需要根据感知层采集的牲畜体重、活动量等数据，自动调整投喂量和饮水量；环境调控设备需要根据感知层采集的环境参数数据，自动调节通风、加热、降温等设备的工作状态；粪便清理设备需要根据养殖规模和舍内清洁状况，自动调整清理频率和清理方式。

表 3-16　智能牲畜养殖系统负载设备及其功能

设备名称	设备功能
饲喂机	根据牲畜的不同生长阶段和营养需求，自动投喂相应的饲料，并记录投喂量、投喂时间等信息
饮水器	为牲畜提供清洁的饮用水，并记录饮水量、饮水时间等信息
环境调控设备	包括通风设备、加热设备、降温设备等，用于调节牲畜舍内的温度、湿度、空气质量等环境参数，确保牲畜处于舒适、健康的环境中
粪便清理设备	自动清理牲畜粪便，保持舍内清洁卫生，减少疾病的发生
体重监测设备	定期监测牲畜的体重，评估其生长情况，并根据体重变化调整饲料投喂量和养殖方案

3.2.3　智慧渔业养殖系统

1. 智慧渔业养殖系统及其作用

智慧渔业养殖系统是一种集成了先进传感器、物联网、云计算、大数据和人工智能等技术的渔业养殖管理系统，如图 3-5 所示。其作用主要体现在以下几个方面。

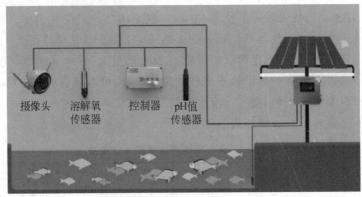

图 3-5　智慧渔业养殖系统解决方案

（1）提高养殖效率：智慧渔业养殖系统可以实时监测养殖环境的核心指标，如溶解氧、氨氮、pH 值、水温等，并根据这些数据自动调节增氧机、投饵机等设备的工作状态，从而实现精准养殖。这不仅可以减少饲料浪费和水资源消耗，还可以避免养殖环境恶化引起的疾病和死亡，提高养殖效率。

（2）降低养殖成本：通过对养殖环境的实时监测和智能控制，智慧渔业养殖系统可以减少人力投入，避免不必要的能源浪费和设备损耗，从而降低养殖成本。此外，系统还可以根据市场需求和价格变化，自动调整养殖品种和养殖密度，最大化经济效益。

（3）提高产品品质：智慧渔业养殖系统可以根据养殖对象的生长阶段和健康状况，自动调整饲料配方和投喂量，确保养殖对象获得均衡的营养。同时，通过对养殖环境的智能调控，可以避免疾病的发生和传播，提高产品的品质和安全性。

（4）促进可持续发展：智慧渔业养殖系统可以对养殖废水进行处理和再利用，减少对环境的污染。同时，通过对养殖环境和生态系统的监测和保护，可以促进渔业的可持续发展。

（5）提高管理水平：智慧渔业养殖系统可以将养殖数据进行实时传输和分析，帮助管理者及时掌握养殖情况并制定相应策略。此外，通过远程监控和故障诊断功能，可以降低管理难度和提高管理效率。

2. 智慧渔业养殖系统功能分析

（1）感知层方面：在智慧渔业养殖系统中，感知层主要由各种传感器组成，用于实时监测养殖环境的核心指标，如溶解氧、氨氮、pH值、水温等。这些传感器可以实时采集养殖环境的数据，并将数据传输到传输层进行进一步处理。

（2）传输层方面：在物联网三层结构中，传输层主要负责数据的传输和通信。在智慧渔业养殖系统中，传输层通常采用无线通信技术，如 ZigBee（双向无线通信技术）、LoRa（远距离无线电）、NB-IoT（窄带物联网）等，将感知层采集的数据传输到应用层进行进一步处理和分析。此外，传输层还需要确保数据的可靠性和安全性，采用加密和认证等技术保护数据的隐私和安全。

（3）应用层方面：应用层是智慧渔业养殖系统的核心，主要负责数据的处理、分析和应用。在应用层中，可以对感知层采集的数据进行实时分析和处理，如通过数据挖掘和机器学习等技术预测养殖对象的生长情况、疾病发生的风险等。同时，应用层还可以根据分析结果自动调整养殖环境参数、饲料投喂量等，实现自动化管理和精准养殖。此外，应用层还可以提供远程监控和故障诊断功能，帮助管理者及时掌握养殖情况并制定相应策略。

（4）智慧渔业养殖系统整体功能：智慧渔业养殖系统拓扑图如图 3-6 所示。通过感知层实时监测养殖环境的核心指标，并通过传输层将数据传输到应用层进行实时分析和处理。

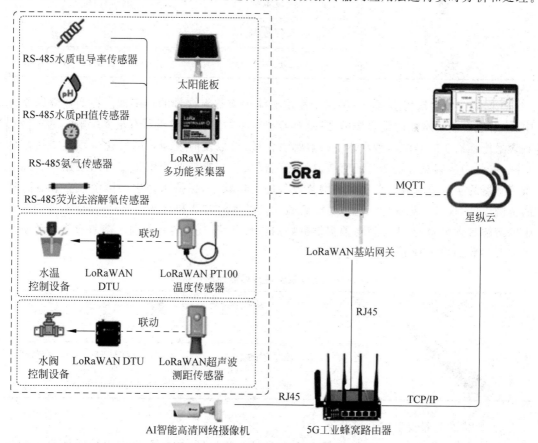

图 3-6　智慧渔业养殖系统拓扑图

当某个指标超过预设阈值时,系统可以通过短信、电话等方式向管理者发送预警信息,以便及时采取措施避免损失。

3. 智慧渔业养殖系统感知层设备选型

智慧渔业养殖系统的感知层,除了跟其他智慧农业系统一样需要检测养殖水域的环境数据以外,重点是通过传感器检测水质的 pH 值、溶解氧的含量、氨氮含量。将检测数据传回管理终端,由终端下发指令,控制感知层的执行器,进行泼药、打氧、新水注入等操作。因此主要需要用到的设备是 pH 值传感器、溶解氧含量传感器等。主要用到的负载为鱼塘增氧机、鱼塘打药机。

1)智慧渔业养殖系统传感设备

(1) pH 值传感器:一种用来检测被测物中氢离子浓度并转换成相应的可用输出信号的传感器,通常由化学部分和信号传输部分组成。在智慧渔业养殖系统中,pH 值传感器可以实时监测养殖水体的酸碱度,并将数据传输到应用层进行分析和处理,实现自动化管理、提供数据支持和决策建议等。

pH 值传感器外形及参数如表 3-17 所示。

表 3-17 pH 值传感器外形及参数

外 形	参 数	内 容
	测量范围	0～14pH
	温度范围	0～100℃
	连接形式	电缆直接引出

(2)溶解氧含量传感器:一种用于测量液体中溶解氧含量的传感器。在渔业养殖系统中,溶解氧含量是水质的重要指标之一,对养殖对象的生长和健康具有重要影响。通过溶解氧含量传感器实时监测养殖水体中的溶解氧含量,可以及时发现溶解氧含量不足或过高的情况,避免因溶解氧含量不合适而造成的养殖损失。智慧渔业养殖系统可以根据溶解氧含量传感器的实时监测数据自动调节增氧设备的工作状态,保持水体中的溶解氧含量在合适的范围内,实现自动化管理。通过对溶解氧含量的实时监测和自动调节,可以保持养殖水体中的溶解氧含量稳定,为养殖对象提供良好的生长环境,提高养殖效益。溶解氧含量传感器外形及参数如表 3-18 所示。

表 3-18 溶解氧含量传感器外形及参数

外 形	参 数	内 容
	直流供电	9～24V DC
	测量范围	0～20mg/L(0%～200%饱和度)
	通信接口	RS-485(Modbus 协议)

2)智慧渔业养殖系统负载设备

(1)鱼塘增氧机:一种常被应用于渔业养殖业的机器,它的主要作用是增加水中的氧气含量以确保水中的鱼类不会缺氧,同时抑制水中厌氧菌的生长,防止池水变质威胁鱼类生存环境。增氧机一般是靠其自带的空气泵将空气打入水中,以此来实现增加水中氧气含量的目的。鱼塘使用增氧机可以改善水质条件,防止鱼浮头,提高放养密度,增加养殖对象的摄食强度,促进生长,充分达到养殖增产增收的目的。鱼塘增氧机外形及参数如表3-19所示。

表3-19　鱼塘增氧机外形及参数

外　形	参　数	内　容
	供电	220V/380V AV
	扬程范围	4.5～8m
	流量范围	25～60m³/h

（2）鱼塘打药机：一种用于渔业养殖的设备,主要作用是向鱼塘中喷洒药物,以预防和治疗鱼类的疾病。鱼塘打药机通常由药箱、泵、喷嘴和控制系统等组成。使用时,将药物加入药箱中,启动泵和喷嘴,通过控制系统调节药物的喷洒量和喷洒范围,将药物均匀地喷洒到鱼塘中。鱼塘打药机外形及参数如表3-20所示。

表3-20　鱼塘打药机外形及参数

外　形	参　数	内　容
	喷洒射程	7～10m
	旋转角度	110°
	外置配件	充电器

3.3　传感器的基本原理

传感器技术与计算机技术、通信技术一起被称为信息技术的三大支柱。从物联网角度看,传感器技术是衡量一个国家信息化程度的主要标志。目前,传感器技术已成为我国国民经济不可或缺的一部分。传感器在工业部门的应用普及率已成为衡量一个国家工业体系智能化、数字化、网络化的主要标志。

早在20世纪60年代,我国就开始对传感器技术进行研究。目前,我国传感器技术已经在多个领域取得了重要进展。例如,在智能制造领域,传感器技术被广泛应用于自动化生产线和工业机器人等场景中,提高了生产效率和产品质量。在智慧城市建设领域,传感器技术被用于城市环境监测、交通拥堵治理等方面,提升了城市管理的智能化水平。

3.3.1　传感器的概念及原理

传感器是一种检测装置,能感受到被测量的信息,并能将感受到的信息按一定规律变换成为电信号或其他所需形式的信息输出,以满足信息的传输、处理、存储、显示、记录和控制等要求。

传感器是传感系统的一个组成部分,它是被测量信号输入的第一道关口,是实现自动检测和自动控制的首要环节。

《传感器通用术语》(GB 7665—2005)对传感器的定义是:能感受规定的被测量并按照一定的规律转换成可用信号的器件或装置,通常由敏感元件和转换元件组成。

国际电工委员会(IEC)的定义为:传感器是测量系统中的一种前置部件,它将输入变量转换成可供测量的信号。传感器一般由敏感元件、转换元件、转换电路和辅助电源四部分组成。

传感器的基本原理可以总结为三个主要步骤:敏感元件感受被测量、转换元件将感受的信息转换成电信号,以及转换电路对电信号进行放大、调制等处理,传感器基本构成如图 3-7 所示。

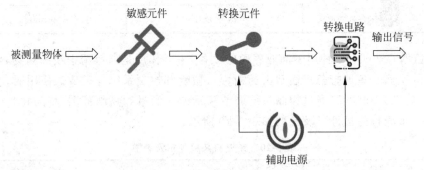

图 3-7　传感器基本构成

传感器的核心部分是敏感元件,它能感受到被测量的变化。这些被测量可以是物理量(如光强、温度、压力等)、化学量(如浓度、湿度等)或生物量(如生物反应等)。敏感元件通常由特定的材料制成,其物理或化学性质会随着被测量的变化而发生相应的变化。

敏感元件感受到被测量后,需要通过转换元件将其转换成电信号。这个过程通常是物理或化学效应引起的电学量(如电压、电流、电阻等)的变化。例如,在光敏传感器中,光敏电阻的光电效应会导致其电阻值发生变化;在热敏传感器中,热敏电阻的热电效应会引起其电阻值的变化。

转换元件输出的电信号通常比较微弱,需要经过转换电路进行放大、调制等处理,以便后续处理和分析。转换电路通常由放大器、滤波器、调制器等电子元件组成,其作用是将转换元件输出的电信号转换成适合后续处理的信号。

在检测过程中,传感器被称为发送器、接收器或探头。当输出的数据为规定的标准信号时,传感器又被称为变送器。

传感器具有微型化、数字化、智能化、多功能化、系统化、网络化等特点。它是实现自动检测和自动控制的首要环节。传感器的存在和发展让物体有了"触觉""味觉"和"嗅觉"等感官,让物体慢慢变得"活"了起来。

3.3.2　传感器的分类

1. 按供电类型分

按照传感器是否需要外部供电来分,传感器可分为有源传感器和无源传感器。

（1）有源传感器：有源传感器需要外部电源供电，才能正常工作。这些传感器的工作原理通常是基于电学效应、磁学效应或热学效应等，需要通过外部电源提供能量来驱动敏感元件和转换元件。例如，热电偶温度传感器需要通过外部电源提供电流来产生热电势，进而测量温度。

（2）无源传感器：无源传感器不需要外部电源供电，其工作原理通常是基于物理效应或化学效应等自身产生的能量来驱动敏感元件和转换元件。例如，压阻式压力传感器利用压敏电阻材料的压阻效应，在被测压力作用下产生电阻变化，进而测量压力。无源传感器具有结构简单、体积小、成本低等优点，但其灵敏度和精度通常较低。

2. 按感知功能分

按感知功能分类，传感器可分为光敏传感器、声敏传感器、气敏传感器、力敏传感器、磁敏传感器、温度传感器和湿度传感器等多种类型。这些传感器通过感知不同的物理量或化学量，并将其转换成电信号，从而实现对外部环境的感知和测量（见表3-21）。

表3-21 按感知功能分类的传感器

类 型	功 能
光敏传感器	光敏传感器能够感受光线的强度、颜色等特征，常用于测量光照强度、颜色识别等
声敏传感器	声敏传感器能够感受声音大小、频率等特征，常用于语音识别、噪声检测等
气敏传感器	气敏传感器能够检测气体的种类、浓度等特征，常用于环境监测、工业安全等领域
力敏传感器	力敏传感器能够感受力的大小、方向等特征，常用于测量重量、触觉反馈等
磁敏传感器	磁敏传感器能够检测磁场的强度、方向等特征，常用于电子罗盘、电机控制等
温度传感器	温度传感器能够感受温度的变化，常用于测量物体或环境的温度
湿度传感器	湿度传感器能够检测环境的湿度水平，常用于气象监测、室内环境控制等

3. 按用途分

按用途分类，传感器可分为压力传感器、位置传感器、速度传感器、温度传感器、湿度传感器、图像传感器和生物传感器等多种类型。这些传感器为各种应用提供了关键的环境信息和数据，推动了现代科技和工业的发展（见表3-22）。

表3-22 按用途分类的传感器

类 型	功 能
压力传感器	用于测量气体或液体的压力，常用于工业自动化、汽车、医疗等领域。例如，在汽车中，压力传感器可用于检测气缸压力、刹车系统压力等
位置传感器	用于检测物体的位置或位移，常用于机械、汽车、航空航天等领域。例如，在机械中，位置传感器可用于检测机械臂的位置、工件的位置等
速度传感器	用于测量物体的速度或转速，常用于电机控制、汽车、风电等领域。例如，在电机控制中，速度传感器可用于检测电机的转速，以实现闭环控制
温度传感器	用于测量物体或环境的温度，常用于气象、医疗、食品等领域。例如，在气象监测中，温度传感器可用于测量大气温度、水温等
湿度传感器	用于检测环境的湿度水平，常用于气象、农业、室内环境控制等领域。例如，在农业中，湿度传感器可用于监测土壤湿度，以实现精确灌溉

续表

类 型	功 能
图像传感器	用于将光信号转换成电信号,实现图像捕捉和识别,常用于数码相机、手机摄像头、安防监控等领域
生物传感器	用于检测生物体内的化学物质、生理参数等,常用于医疗、食品、环境监测等领域。例如,在医疗领域,生物传感器可用于检测血糖、血氧饱和度等生理参数

4. 按传感器的内部构成分

按传感器的内部构成分类,传感器可以分为结构性传感器、物性型传感器和复合型传感器三种类型。这些传感器在内部构成上有所不同,但都是将被测量的变化转换为电信号输出,实现对外部环境的感知和测量。

(1) 结构性传感器:它是利用物理学规律的传感器,其结构参数(如材料的形状、尺寸等)都与被测量有关。例如,电阻应变式传感器,其通过弹性敏感元件将被测量的变化转换为电阻值的变化。

(2) 物性型传感器:它是利用某些功能材料本身物理化学性质的变化来实现测量的传感器。这些传感器的敏感元件直接用具有某一物理性质的材料构成,其工作原理是基于各种物理效应(如压电效应、热电效应等)或化学效应。

(3) 复合型传感器:它是由两种或两种以上的敏感元件或转换元件组合而成的传感器。这些传感器的输出通常是多个被测量的函数,因此可以实现多参数的测量。

5. 按传感器工作原理分

按传感器工作原理分类,传感器可以分为电阻式传感器、电容式传感器、电感式传感器、压电式传感器、光电式传感器等多种类型(见表 3-23)。

表 3-23 按功能分类的传感器

类 型	功 能
电阻式传感器	将被测量(如位移、形变、力等)的变化转换为电阻值的变化,再通过测量电路将电阻值的变化转换为电压或电流输出。电阻应变计、热电阻、光敏电阻等都属于电阻式传感器
电容式传感器	将被测量的变化转换为电容值的变化,再通过测量电路将电容值的变化转换为电压或电流输出。电容式传感器常用于测量位移、压力、液位等
电感式传感器	将被测量的变化转换为电感值的变化,再通过测量电路将电感值的变化转换为电压或电流输出。电感式传感器常用于测量位移、振动、磁场等
压电式传感器	利用压电效应将被测量的压力转换为电荷或电压输出。压电式传感器常用于测量加速度、压力和力等
光电式传感器	将被测量的光信号转换为电信号输出。光电式传感器包括光敏电阻、光电池、光电二极管、光电三极管等,常用于光强、颜色、距离等测量

6. 按传感器输出信号类型分

按传感器输出信号类型分类,传感器可以分为模拟传感器、数字传感器和开关传感器三种类型。

(1) 模拟传感器:输出信号为连续变化的模拟量,如电压、电流等。模拟传感器的输出信号与被测量之间存在连续的函数关系,因此可以实现高精度的测量。

（2）数字传感器：输出信号为离散的数字量，如二进制码、脉冲信号等。数字传感器的输出信号易于处理、存储和传输，因此广泛应用于计算机控制系统中。

（3）开关传感器：输出信号为开关量，即只有两种状态（开或关）的输出信号。开关传感器常用于检测物体的存在与否、位置是否到达等简单的二元判断。

3.4 传感器的接口

传感器的接口是指各种类型传感器与计算机或其他设备之间的物理连接方式。由于传感器的类型多样，使用传感器的设备也各不相同。根据不同的接入设备，传感器硬件接口也各不相同。

3.4.1 D型接口

D型接口也称为DB接口或D-Sub接口，是一种用于连接电子设备（如计算机与外设）的接口标准（见图3-8）。因形状类似于英文字母D，故得名D型接口。按照接口数量细分为A型（15针）、B型（25针）、C型（37针）、D型（50针）、E型（9针）等。常见的计算机并口即为DB25针的连接器，而串口则应为DE9针连接器。由于早期计算机的串口与并口都是使用DB25针连接器，而人们已习惯把字母B与D合在一起记下来，当作D型接口的共同名字，以至于后来计算机串口改用9针接口以后，人们更多地使用DB9而不是DE9来称呼9针的接口。

3.4.2 USB接口

USB（universal serial bus，通用串行总线）接口是一种用于计算机与外部设备之间进行数据传输和通信的接口标准。USB接口（见图3-9）具有即插即用、传输速率高、扩展性强等特点，被广泛应用于各种计算机外部设备，如鼠标、键盘、打印机、扫描仪、数码相机等。

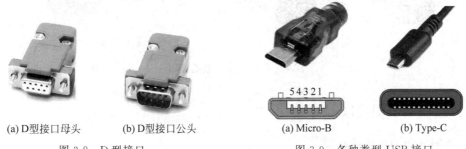

(a) D型接口母头　　(b) D型接口公头　　　　(a) Micro-B　　(b) Type-C

图3-8　D型接口　　　　　　　　　图3-9　各种类型USB接口

USB接口采用四线制，包括电源线、地线以及两条数据线，通过不同的传输协议实现设备与计算机之间的数据传输。USB接口支持热插拔，可以在计算机运行时动态添加或移除设备，非常方便。

USB接口有不同的版本和速度等级，如USB 1.0、USB 2.0、USB 3.0等。其中，USB 2.0的传输速率达到了480Mb/s，USB 3.0的传输速率则更高，达到了5Gb/s。此外，USB Type-C接口的出现，进一步提高了USB接口的传输速度和扩展能力，成为现代电子设备中最为重要的接口之一。

USB 接口还具有供电功能,可以为连接的设备提供电力,因此一些小型设备可以直接通过 USB 接口进行充电,而无须额外的电源适配器。

3.4.3 航空插头型接口

航空插头数据接口是一种具有防水、防尘、抗振等特性的连接器,广泛应用于航空、航天、国防等高端领域,以及工业、医疗、能源等行业中。该接口采用插拔式结构,可以方便地连接和断开电路,实现数据传输和信号控制。

航空插头数据接口的设计和制造需要遵循严格的标准和规范,以确保其在极端环境下的性能和可靠性。其结构一般由插头和插座两部分组成,插头具有凸起的针脚,插座则有相应的插孔,通过针脚和插孔的对接实现电路连接。航空插头主要有螺纹连接方式(图 3-10(a))、卡扣连接方式(见图 3-10(b))、插拔连接方式(见图 3-10(c))、机柜连接方式(见图 3-10(d))。

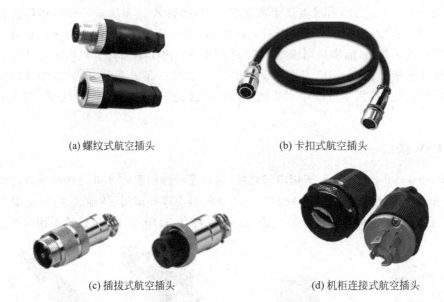

(a) 螺纹式航空插头　　(b) 卡扣式航空插头

(c) 插拔式航空插头　　(d) 机柜连接式航空插头

图 3-10　航空插头数据接口

3.4.4 接线端子型接口

1. 不同线制的传感器接口

根据传感器连接的信号线数量不同,可以分为两线制传感器(见图 3-11(a))、三线制传感器(见图 3-11(b))和四线制传感器(见图 3-11(c))。其接口采用的都是电线端子作为信号线接入端口。

1) 两线制传感器及其接口连接方法

两线制传感器是指只有正、负极两条信号线的传感器,一根是电源线,另一根是信号线。接线时,只需要将电源线接到电源上,信号线接到相应的输入端口即可,如图 3-12 所示。

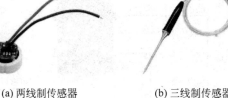

(a) 两线制传感器　　　　(b) 三线制传感器　　　　(c) 四线制传感器

图 3-11　不同线制传感器

需要注意的是，两线制传感器的电源和信号是共用一个线路的，因此需要注意电源的稳定性和信号的干扰问题。在接线时，建议使用屏蔽线，并将屏蔽层接地，以减少信号的干扰。

具体接线方法可能会因传感器型号和应用场景的不同而有所差异。因此，在实际接线时，建议参考传感器的说明书或者向专业人士咨询，确保接线正确、稳定、可靠。

2）三线制传感器及其接口连接方法

三线制传感器是指除了有正、负极电源线以外，还有一根用于输出信号的信号线的传感器。这种传感器通过正、负极与电源进行连通，使得该设备通电后通过信号线接入信号采集设备，从而向上一级设备发送传感数据，如图 3-13 所示。

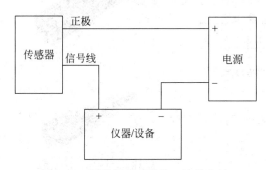

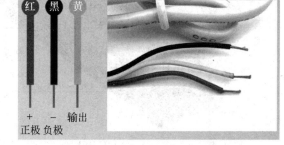

图 3-12　两线制传感器接口连接方法　　　图 3-13　三线制位移传感器接口连接

3）四线制传感器及其接口连接方法

四线制传感器有正、负极供电电源线和两条信号线。由正、负极电源线给该设备进行供电，再通过 A、B 两根信号线，将数据传入上级数据采集器，如图 3-14 所示。

2. 接线端子及规格型号

接线端子是用于实现电气连接的一种配件产品。随着电子行业的发展，接线端子的使用范围越来越大，而且种类越来越多，如图 3-15 所示。用得最广泛的接线端子除了 PCB 端子外，还有五金端子、螺帽端子、弹簧端子等。传感器进行接线时，为了保证绝缘性和电路导通性，需要在所有电线接口处使用接线端子。根据电线的粗细不同，接入的设备不同，有不同用处的接线端子。在传感器安装的过程中，还需要用到图 3-16 所示的各类接线连接头来延长信号线。

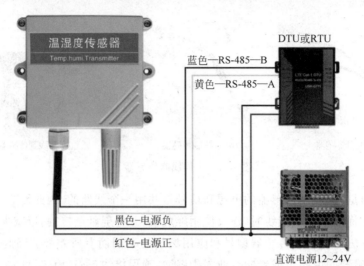

图 3-14 四线制传感器接口连接方法

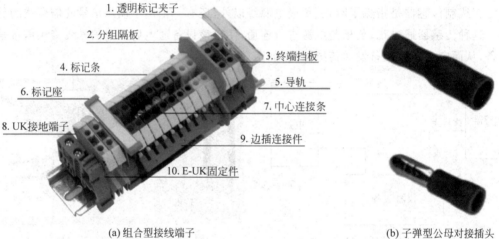

(a) 组合型接线端子　　　　　　　　　(b) 子弹型公母对接插头

图 3-15 接线端子

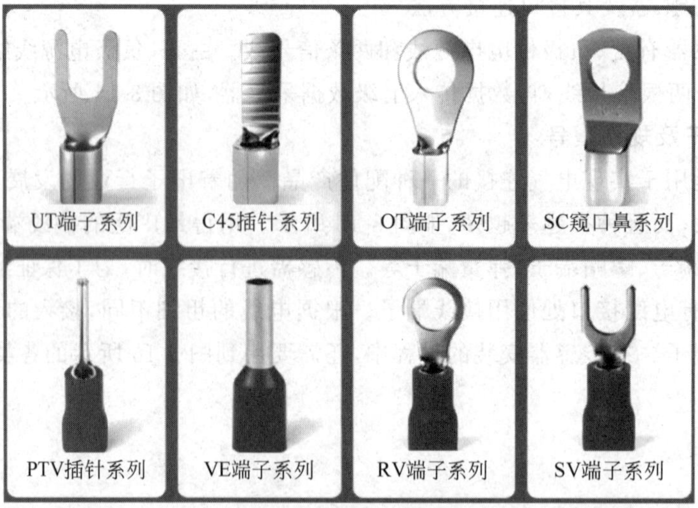

图 3-16 各种类型的接线连接头

3.5 传感器输出信号的类型

传感器采集的信号通过线路连接和数据传输,最终将在 PC 端或者移动端的控制界面进行上报和显示。由于不同类型的传感器输出的数据类型不同,因此在控制终端输出数据前,需要对不同的类型的传感器数据进行转换,让其最后产生的数据是能被人或计算机读懂和识别的数据。

3.5.1 模拟量传感器输出的数据

模拟量传感器发出的是连续信号,用电压、电流、电阻等表示被测参数的大小,因此模拟量传感器主要输出的信号形式为电压、电流和脉冲(频率)三种类型。温度传感器、压力传感器等都是常见的模拟量传感器。

1. 电压输出

电压输出一般指输出电压。工业现场常用的标准是 0～5V 或者 0～10V 的电压输出。通过 A/D 转换,将电压转换成数字信号,传输到后台。由于电压受电阻的影响较大,因此对于远距离传输而言,电压输出的结果偏差较大,因此长距离传输情况下一般不采用电压输出型的传感器。这种类型的传感器由于成本较低,市场使用量较大。

2. 电流输出

工业现场一般采用电流型输出,常用标准是 4～20mA 输出。相对电压型而言,4～20mA 的电流型信号抗干扰能力强,同时信号传输的距离相对较长。两线制和三线制的传感器主要输出的是电流信号。两线制传感器是用两根导线与外界设备相连。一根为正极电源线,另一根为信号线,输出电流信号;三线制的传感器用三根导线与外部设备连接,通常一根是设备的电源线,一根为信号线的 R+,另一根为信号线的 R-。输出电流数据的传感器设备往往还需要通过电流信号的转换,将电流信号转换为电压信号以后,才可以被数据采集设备采集并使用。

3. 脉冲(频率)输出

脉冲信号是一种离散信号,形状多种多样,与普通模拟信号(如正弦波)相比,波形之间在 X 轴不连续(波形与波形之间有明显的间隔),但具有一定的周期性。最常见的脉冲波是矩形波(也称方波),频率为 200～1000Hz。脉冲信号具有抗干扰能力强,传输距离远的优点。但在后端不能直接读取脉冲信号,通常需要转换成电压信号以后,才能被后端读取。

3.5.2 数字量传感器输出的数据

数字量的变化在时间上和数值(幅度)上都是不连续(或称为离散)的。通常把表示数字量的信号称为数字信号,并把工作在数字信号下的电路称为数字电路。十字路口的交通信号灯、数字式电子仪表、自动生产线上产品数量的统计等都是利用的数字信号。

与输出连续数据信号的模拟量传感器不同,数字传感器输出的信号都是由"0"和"1"构成的字符串。"0"表示低电平,"1"表示高电平。由"0"和"1"组成的字符串与数字量传感器检测到的测量值一一对应。在数字量传感器信号输出的形式中,主要有 RS-485 和 RS-232 两种形式的数字量数据格式。

1. RS-485 信号

在工业控制场合，RS-485 总线因其接口简单、组网方便、传输距离远等特点而得到广泛应用。RS-485 是美国电子工业协会（EIA）在 1983 年批准的平衡传输标准（balanced transmission standard），EIA 一开始将 RS（recommended standard）作为标准的前缀，后来为了便于识别标准的来源，已将 RS 改为 EIA/TIA。目前标准名称为 TIA-485，但工程师及应用指南仍继续使用 RS-485 来称呼此标准，如图 3-17 所示。

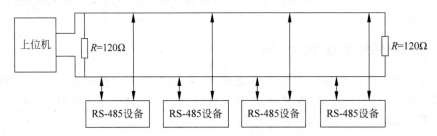

图 3-17　RS-485 主机—从机通信示意图

RS-485 仅是一个电气标准，描述了接口的物理层，如协议、时序、串行或并行数据以及链路全部由设计者或更高层协议定义。RS-485 定义的是使用平衡（也称作差分）多点传输线的驱动器（driver）和接收器（receiver）的电气特性。因此，RS-485 输出的信号格式也称为差分信号。

RS-485 的接口非常简单，与 RS-232 所使用的 MAX232 是类似的，只需要一个 RS-485 转换器，就可以直接与单片机的 UART 串口连接起来，并且使用完全相同的异步串行通信协议。但是由于 RS-485 是差分通信，接收数据和发送数据不能同时进行，即它是一种半双工通信。

RS-485 多采用两线制，屏蔽双绞线的方式进行传输。RS-485 最大的通信距离为 1200m，最大传输速率为 10Mb/s。传输速率与传输距离成反比，最大传输距离只能以 100kb/s 的传输速率达到。如果需要传输更长的距离，则需要增加 RS-485 中继器。在 RS-485 通信网络中，一般采用的是主从通信方式，最多支持 32 个节点。

在低速、短距离、无干扰的场合可以采用普通的双绞线；反之，在高速、长线传输时，则必须采用阻抗匹配（一般为 120Ω）的 RS-485 专用电缆，在干扰恶劣的环境下还应采用铠装型双绞屏蔽电缆。RS-485 接口不仅可以方便地实现两点之间数据传输，而且可以方便地用于多站之间的互联。

2. RS-232 信号

RS-232 是一个信号串行通信接口标准。RS-232 接口符合串行数据通信的接口标准，原始编号全称是 EIA-RS-232（简称 232，RS-232）。它被广泛用于计算机串行接口外设连接，如图 3-18 所示。RS-232 是现在主流的串行通信接口之一，是一种标准的串行物理接口，232 是标识号。每个 RS-232 接口都有两个物理连接器（插头），有 9 针和 25 针插头。其中，9 针插头使用较为常见，引脚 2 代表 RxD，引脚 3 代表 TxD，引脚 5 代表 GND。

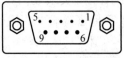
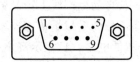

(a) DB9 母头（9 针）定义　　　　(b) DB9 公头（9 针）定义

图 3-18　RS-232 接口

RS-232 是半双工通信方式，由于干扰和导线电阻等原因，通信距离不远，低速时几十米是可以的，实际应用中一般在 15m 以内。

3.6 传感器信号的采集

当传感器采集到检测值以后，需要将数据上传到后台，这时就需要通过一个数据信号的采集器统一采集和管理这些传感器的信号，经过数据格式转换以后，再集中上传到后台。根据传感器输出数据的类型不同，传感器数据采集的设备也不一样，主要有数字量采集器和模拟量采集器。每个公司生产的采集器由于外部接口数量不同，功能设计也不同，因此型号也各异。这里以 ADAM-4017 和 ADAM-4150 两个设备进行说明。

3.6.1 ADAM-4017 模拟量采集器

ADAM-4017 是一款 8 路模拟量采集模块，属于研华 ADAM 系列数据采集模块。它支持 Modbus/RTU 协议，可以方便地与其他设备或系统进行通信和数据交换，如图 3-19 所示。

ADAM-4017 模拟量采集器具有以下特点。

(1) 8 路模拟量输入通道，可以同时采集多个模拟信号。

(2) 支持 Modbus/RTU 协议，方便与其他设备或系统进行通信和数据交换。

(3) 具有高精度、高稳定性和高可靠性，适用于各种工业控制和数据采集应用。

(4) 提供标准的接口和连接方式，方便安装和维护。

(5) 可以广泛应用于各种领域，如电力、能源、交通、环保等。

设备的供电电压为 24V，接入采集器的电源接口。温度信号线正极接入 VIN0＋，温度信号线负极接入 VIN0－，DATA＋和 DATA－接入 RS-485 转 RS-232 的转接头。通过 ADAM-4017 采集器，将传感器的模拟量数据转为 485 数字格式，并通过转接头，再转为 232 格式，最后接入计算机，实现计算机端与传感器的数据对接。

图 3-19　ADAM-4017 模拟量采集器

3.6.2 ADAM-4150 数字量采集器

ADAM-4150 是一款数字量采集模块，属于研华 ADAM 系列数据采集模块。它支持 Modbus/RTU 协议，可以与其他设备或系统进行通信和数据交换，如图 3-20 所示。ADAM-4150 数字量采集器主要有以下特点。

(1) 多通道输入：ADAM-4150 通常具有多个数字输入通道，可以同时采集多个数字信号。

(2) 光电隔离：该采集器提供光电隔离功能，可以有效隔离输入信号与采集器电路，从而增加系统的抗干扰能力和稳定性。

(3) 宽温运行：ADAM-4150 可以在较宽的温度范围内正

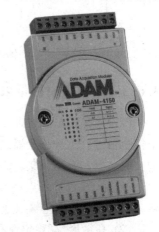

图 3-20　ADAM-4150 数字量采集器

常工作，适应各种工业环境。

(4) 高抗噪性：该采集器通常具有较高的抗噪性，能够承受一定程度的电磁干扰而不影响正常工作。

(5) 易于监测状态的 LED 指示灯：设备上通常配有 LED 指示灯，方便用户直观地了解采集器的工作状态。

(6) 宽电源输入范围：ADAM-4150 通常可以在较宽的电源输入范围内正常工作，增加了其应用的灵活性。

(7) 支持多种接口：ADAM-4150 可以与多种接口进行连接，如 RS-485、RS-232 等，方便与其他设备或系统进行集成。

在实际工程安装过程中，人体红外传感器的数据信号线接入 ADAM-4150 的 DIX 口，实现对该传感器数据的采集。LED 灯通过继电器与 ADAM-4150 连接。继电器的信号线接入 ADAM-4150 的 DOX 口，实现信号的输出，同时 ADAM-4150 的 D.GND 端口接回继电器电源负极。ADAM-4105 采集的数据通过 DATA+和 DATA-与 RS-458 转 RS-232 转接头相连，实现计算机与 ADAM-4150 之间的双向通信，如图 3-21 所示。

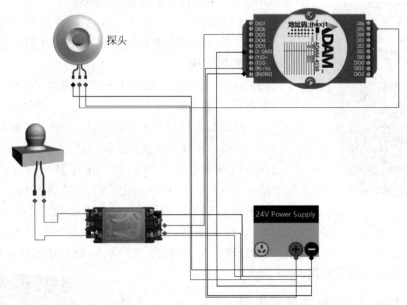

图 3-21　ADAM-4150 数字量采集器安装示意图

3.6.3　四输入模拟量采集器

四输入模拟量采集器是一种数据采集设备，具有四个模拟量输入通道，可以同时采集四个模拟信号。这种采集器通常用于工业控制、环境监测、科学研究等领域，实现对模拟信号的实时监测和数据采集，如图 3-22 所示。

四输入模拟量采集器具有以下特点。

(1) 四路模拟量输入通道，可以同时采集四个模拟信号。

(2) 高精度、高稳定性和高可靠性，适用于各种应用场景。

(3) 提供标准的接口和连接方式，方便安装和维护。

图 3-22　搭载 ZigBee 的四输入模拟量采集器模块

（4）可以与其他设备或系统进行通信和数据交换，实现实时监测和数据采集。

四输入模拟量采集器一共有四对数据接入口，可以同时采集四路模拟量传感器的值。通过搭载的 ZigBee 板上的 RS-232 接口，与计算机端连接，实现数据的采集。以光照度传感器的数据采集为例，讲解四输入模拟量采集器的具体使用方法，如图 3-23 所示。

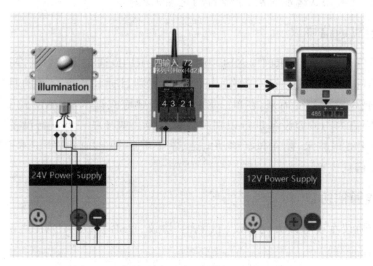

图 3-23　仿真平台上实现四输入设备的安装

3.7　传感器通信协议

通信协议是指双方实体完成通信或服务所必须遵循的规则和约定。协议定义了数据单元使用的格式，信息单元应该包含的信息与含义、连接方式、信息发送和接收的时序，从而确保网络中数据顺利地传送到确定的地方。通信协议具有层次性、可靠性和有效性的特点。在计算机通信中，通信协议用于实现计算机与网络连接之间的标准，网络如果没有统一的通信协议，计算机之间的信息传递就无法识别。可以将通信协议简单地理解为各计算机之间进行相互会话所使用的共同语言。

通信可以形象地比喻成两个人讲话：首先，你说的别人得能听懂；其次，双方约定信号的协议；最后，还需要你的语速别人能接受，双方满足时序要求。

通信协议主要由语法、语义和定时规则三个部分组成。语法是指如何通信，包括数据的格式、编码和信号等级（电平的高低）等；语义是指通信内容，包括数据内容、含义以及控制信息等；定时规则（时序）是指何时通信，明确通信的顺序、速率匹配和排序。

3.7.1 远距离蜂窝通信协议

远距离蜂窝通信协议主要是2/3/4/5G、NB-IoT等技术下的各电信运营商采用的制式协议。其中，NB-IoT是一种窄带物联网技术，具有广覆盖、低功耗、低成本和高容量的特点，被广泛应用于物联网领域，如智慧城市、智能抄表、智能停车、智慧农业等。

3.7.2 远距离非蜂窝通信协议

远距离非蜂窝通信协议主要有LoRa、SigFox和ZigBee等。LoRa是一种低功耗广域网协议，具有长距离、低功耗和低成本的特点，适用于物联网应用中的远程监测和控制。SigFox也是一种基于LPWAN的物联网通信协议，具有低功耗、低成本和广覆盖等特点，适用于各种物联网应用场景。ZigBee是基于IEEE 802.15.4标准的低速无线个人区域网络通信协议，被广泛应用在智能家居、工业自动化等领域。

3.7.3 近距离通信协议

近距离通信协议主要有RFID、NFC和蓝牙等。RFID通过无线射频方式进行非接触双向数据通信，对记录媒体进行读写操作，从而达到识别目标和数据交换的目的。NFC是由RFID及互联技术整合演变而来，在单一芯片上结合感应式读卡器、感应式卡片和点对点的功能，能在短距离内与兼容设备进行识别和数据交换。蓝牙是一种支持设备短距离通信（一般10m内）的无线电技术，能在包括移动电话、掌上电脑、无线耳机、笔记本电脑等众多设备之间进行无线信息交换。

3.7.4 有线通信协议

有线通信协议主要有以太网协议、TCP/IP协议、USB协议、HDMI协议和RS-232C协议等，具体见表3-24。

表3-24 有线通信协议类型

协议名称	功能
以太网协议	一种局域网协议标准，是有线通信中最常用的一种协议，采用CSMA/CD协议控制网络接口之间的冲突，实现有效的数据传输
TCP/IP协议	一种网络协议，是Internet使用的主要协议，用于实现在不同网络之间的数据传输，提供可靠的数据传输和通信服务
USB协议	一种用于在个人计算机和外部设备之间传输数据的通信协议，主要用于计算机和外部设备（如打印机、网络适配器、存储器等）之间的数据传输
HDMI协议	一种高清晰度多媒体界面传输协议，主要用于数字信号的传输，可以同时传输视频和音频信号，被广泛应用于高清电视、视频播放器、电视盒子等设备上
RS-232C协议	一种被广泛应用于串行通信中的协议标准，可以实现数据传输、控制设备等功能。它可以在不同的设备之间进行通信，例如计算机和串口打印机、数字万用表等设备

3.8 传感器AT指令

传感器AT指令是指在特定传感器模块或设备中使用的AT命令集,用于控制和配置该传感器的功能。这些AT指令可以通过串口通信等方式发送给传感器,以实现对传感器数据的采集、传输、设置等操作。

以ESP8266模块为例,该模块支持AT指令集,可以通过AT指令控制其Wi-Fi连接、数据传输等功能。例如,可以使用AT+CWMODE指令设置ESP8266的工作模式(STA模式、AP模式或STA+AP模式),使用AT+CWLAP指令列出当前环境下的无线路由器列表,使用AT+CWJAP指令连接指定的路由器等。

此外,传感器AT指令还可以用于物联网设备的远程监控和控制。通过向传感器发送AT指令,可以获取传感器采集的数据,并将其传输到远程服务器进行处理和分析。同时,也可以通过AT指令设置传感器的参数,实现对物联网设备的远程配置和控制。

通过AT指令,我们可以搜索和连接Wi-Fi网络、发送和接收Wi-Fi数据、查询Wi-Fi连接状态,同时,可以控制和配置各种传感器设备,例如设置温度传感器的采样频率、读取光照传感器的数值等。因此,AT指令在物联网、智能家居、工业自动化等领域被广泛应用。

以人体红外传感器(ITS-IOT-SOKIRA)为例,该设备为高稳定性被动红外探测器,设备为485输出,采用Modbus-RTU通信规约,格式如下:

> 初始结构≥4字节的时间
> 地址码=1字节
> 功能码=1字节
> 数据区=N字节
> 错误校验=16位CRC码
> 结束结构≥4字节的时间

其中,

地址码:变送器的地址,在通信网络中是唯一的(出厂默认0x01)。
功能码:主机所发指令功能指示,本传感器只用到功能码0x03(读取寄存器数据)。
数据区:数据区是具体通信数据,注意16bits数据高字节在前。
CRC码:二字节的校验码。

传感器设备的通信协议具体参数见表3-25和表3-26。在使用硬件设备的时候,需要通过查询该设备的使用手册来获得AT指令的具体格式。

表3-25 主机问询帧结构参数表

地址码	功能码	寄存器起始地址	寄存器长度	校验码低位	校验码高位
1字节	1字节	2字节	2字节	1字节	1字节

表3-26 从机应答帧结构参数表

地址码	功能码	有效字节数	数据一区	第二数据区	第N数据区	校验码
1字节	1字节	1字节	2字节	2字节	2字节	2字节

3.8.1 读取设备地址为 0x01 的温湿度传感器的值

1. 问询帧

问询帧是主机向从机发送相应的指令的信息编码,编码规则如表 3-27 所示。发送的指令为 AT010300000002C40B,其中地址码 0x01 就表示该传感器的通信地址。这条指令的意思,就是向地址为 0x01 的设备发送问询指令。当该地址的设备接收到这条指令后,将返回一条应答消息。

表 3-27 问询帧温湿度参数表

地址码	功能码	起始地址	数据长度	校验码低位	校验码高位
0x01	0x03	0x00 0x00	0x00 0x02	0xC4	0x0B

2. 应答帧

应答帧是从机向主机返回的信息的编码,具体编码规则如表 3-28 所示。当地址为 0x01 的设备接收到询问指令后,就需要将传感器获得的数据返回给主机,返回的数据就包含在返回的帧信息中。

表 3-28 应答帧温湿度参数表

地址码	功能码	有效字节数	湿度值	温度值	校验码低位	校验码高位
0x01	0x03	0x04	0x02 0x92	0x00 0x65	0x5A	0x3D

该应答帧中,根据帧格式可知,返回的温度的十六进制值为 0x00 0x65,根据进制转换将其计算为十进制数得到以下结果:

$$0065H(十六进制) = 101 \rightarrow 温度 = 10.1℃$$

同理,根据湿度的十六进制值 0x02 0x92,计算十进制结果为

$$0292H(十六进制) = 658 \rightarrow 湿度 = 65.8\%RH$$

根据这样的数据计算方式,计算机可以通过编程,实现传感器数据的自动获取和数据转换,从而采集到传感器的真实数据,用于上位机的各种实际运用之中。

3.8.2 读取设备地址为 0x01 的光照度传感器的值

1. 问询帧(0~65535 以 1lx 为单位读取)

当主机需要获得传感器设备的数据时,需要向传感器发送问询帧,以向光照传感器发送问询帧为例,具体问询帧结构如表 3-29 所示。其实主机向不同传感器发送的问询帧结构基本相同,只是由于传感器寄存器的地址不同,问询帧中的起始地址会发生变化,相应的校验码也会发生变化。

表 3-29 问询帧光照度参数表

地址码	功能码	起始地址	数据长度	校验码低位	校验码高位
0x01	0x03	0x00 0x06	0x00 0x01	0x64	0x0B

2. 应答帧

当传感器接收到主机发送的问询帧后,传感器也会以帧格式向主机返回数据,具体应答帧格式如表 3-30 所示。

表 3-30 应答帧光照度参数表

地址码	功能码	返回有效字节数	数据区	校验码低位	校验码高位
0x01	0x03	0x02	0x05 0x30	0xBB	0x00

该应答帧中,光照的十六进制数据为 0x05 0x30,根据不同的传感器设备,转换为十进制计算结果。该设备为 0～65535 量程变送器,单位为 1lx,计算得

$$0530H(十六进制) = 1328 \rightarrow 光照度 = 1328lx$$

【工作任务 3】 虚拟仿真平台模拟采集数据

在智慧温室大棚中,需要实时采集环境数据,通过智能终端,实现定时喷淋、精准施肥和定时遮光等操作。请你根据以上应用场景,选择合适的数据采集设备,搭建一个小型的智慧温室采集系统。

练习题

一、单选题

1. 下列不是传感器特点的是(　　)。
   A. 能够将非电信号转换为电信号　　B. 具有高精度和高灵敏度
   C. 可以直接测量任何物理量　　D. 具有较小的体积和重量
2. 不是常见的传感器类型的是(　　)。
   A. 温度传感器　　B. 湿度传感器　　C. 压力传感器　　D. 流量传感器
3. 可以测量物体重量的传感器是(　　)。
   A. 温度传感器　　B. 压力传感器　　C. 光照传感器　　D. 重量传感器
4. 不是传感器的应用领域的是(　　)。
   A. 工业自动化　　B. 智能家居　　C. 交通运输　　D. 农业生产
5. 不是传感器的基本组成部分的是(　　)。
   A. 敏感元件　　B. 转换元件　　C. 信号处理电路　　D. 电源电路

二、多选题

1. 属于传感器的应用领域的有(　　)。
   A. 环境监测　　B. 工业控制　　C. 汽车电子　　D. 娱乐游戏
2. 传感器的特点有(　　)。
   A. 能够将非电信号转换为电信号　　B. 具有高精度和高灵敏度
   C. 可以直接测量任何物理量　　D. 具有自适应性和可靠性
3. 可以测量物体位置的传感器有(　　)。
   A. 温度传感器　　B. 压力传感器　　C. 光电传感器　　D. 超声波传感器

4. 传感器的类型有（　　）。
   A. 生物传感器　　　B. 化学传感器　　　C. 流量传感器　　　D. 速度传感器
5. 影响传感器性能的因素有（　　）。
   A. 环境温度　　　　　　　　　　　　　B. 环境湿度
   C. 电源电压波动　　　　　　　　　　　D. 被测物体的材料特性

三、填空题

1. 传感器输出的信号通常是_____信号，需要经过放大和处理才能被采集和使用。
2. 传感器输出的信号可以是连续的，也可以是离散的，其中离散信号也被称为_____信号。
3. 为了保证传感器信号的稳定性和精度，通常需要对传感器进行_____和校准。
4. 传感器的灵敏度是指输出信号与输入信号之间的比例关系，通常用_____表示。
5. 传感器的分辨率是指传感器能够检测到的最小变化量，通常用_____表示。

四、实操题

请根据表 3-31 中传感器设置的 AT 指令，对温湿度传感器、光照度传感器、大气压传感器进行配置，使得温湿度传感器地址为 01，光照度传感器地址为 02，大气压力传感器地址为 03，所有传感器的波特率都设置为 9600b/s，写出配置的指令即可。

表 3-31　AT 指令表

地址问询码	FF 03 07 D0 00 01 91 59
地址应答码	01 03 02 00 01 79 84
地址修改码	01 06 07 D0 00 02 08 86
地址应答码	01 06 07 D0 00 02 08 86
波特率问询码	FF 03 07 D1 00 01 C0 99
波特率应答码	01 03 02 00 01 79 84
波特率修改码	01 06 07 D1 00 02 59 46
波特率应答码	01 06 07 D1 00 02 59 46
光照度问询码	01 03 00 06 00 01 64 0B
光照度应答码	01 03 02 05 30 BB 00 设备为 0~65535 量程变送器单位为 1lx 0530H（十六进制）=1328→光照度=1328lx 01 03 02 02 D2 39 79 第 4/5 字节为数据区
波特率（00 为 2400b/s，01 为 4800b/s，02 为 9600b/s）	

第 4 章

智慧交通中的自动识别技术

学习目标

- 了解智慧交通及其优势。
- 掌握智慧交通的 ETC 技术、智能收费技术、智能抓拍技术等。
- 熟悉自动识别技术的概念和分类。
- 掌握条形码识别技术的原理和应用。
- 掌握射频识别的原理和应用。
- 了解其他自动识别技术。

学习重难点

重点：自动识别技术在智慧交通领域中的应用。

难点：条形码识别技术的分类、射频识别技术的原理。

课程案例

智慧交通解决出行"老大难"问题

"十四五"时期是加快交通强国建设的关键阶段，更是智慧交通的跨越发展期。"十四五"规划明确提出要加强泛在感知、终端联网、智能调度体系建设；发展自动驾驶和车路协同的出行服务；推广公路智能管理、交通信号联动、公交优先通行控制等重点内容。我们不仅需要智慧的车，更需要聪明的路。路口拥堵怎么办？或是担心路边停车不方便怎么办？解决这些出行"老大难"问题，正是智慧交通的"拿手好戏"！

智慧交管是智慧交通的重要组成部分，更是实现智慧城市的关键。当前，智慧交管风口已至，政府和企业都在提前谋划、提早布局，以创新科技为杠杆，发挥数据要素价值，加快建设交通基础设施，推动智慧交通、数字经济发展。

河北衡水坚持把推进智慧交管工程建设作为构建"安全畅达、宜行宜居"城市交通环境的重要支撑点和关键转折点，紧紧围绕"智慧畅行"建设理念，全方位、立体化推动公安交管由数字化向智慧化转型，在疏堵保畅、精细管理、科学服务等方面取得成效。据统计，在非恶劣天气或寄宿制学校放假日，衡水主城区道路日均拥堵指数由 1.31 降至 1.19，早晚高峰拥堵指数由 1.47 降至 1.25，重点路口车辆通行速度平均提升 30% 以上。

云南昆明建成应用"智慧交管·昆明大脑"平台，主城区在用信号灯联网率从 28% 提升至 86.1%，在 176 个路段推行分时段"绿波"协调控制，在 525 个路口推行自适应感应控制，日均车速提升了7.1%,拥堵指数下降了4.2%,高峰时段平均车速提升了5.3%,平均拥堵指数下降了3.2%。

河北保定是京津冀协同发展的关键节点城市。保定以"全国一流、全省领先"为目标,以智能信息化建设为主导,以信息资源整合应用为重点,按照"总体规划、分步实施"的原则,携手企业打造河北省首个智慧交通项目——保定AI智慧交管大脑。目前保定市区高峰通行拥堵指数已下降了4.6%,平均车速提升了11.6%,单个路口车流量通行效率提升了5.3%以上。应用动态干线协调控制的四条主干道,车辆行程时间平均缩短约20%,车速平均提高约每小时6.5km。

百度董事长兼首席执行官李彦宏谈到,所谓智慧高速,多数是在原来基础上赋予新基建的能力。他认为,智慧高速是一个抓手和工具,能够通过新兴的技术和手段解决道路拥堵、事故高发、出行不便等问题,且需要不断完善和提高;同时,"车联网""物联网""数字孪生"等先进技术的融合将打造出新时代的智慧高速,最终使交通运行高效、安全、绿色,从根本上解决出行难题。

(资料来源:赵乐瑄,李跐,吴皓琨.智慧交通解决出行"老大难"问题[N].人民邮电报,2022-04-01(5).)

知识点导图

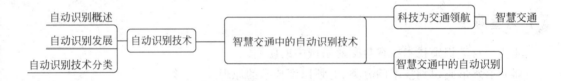

学习情景

小龙经常去逛超市,现在的超市很多都是自助结账。小龙在使用自助结账机器时,发现机器的扫描区有很多红外光线,小龙很好奇,这个红色的光线为什么可以扫描商品包装袋上的条形码呢?商品包装袋上面的条形码为什么是矩形的黑白相间的条纹,而且粗细长短各不相同呢?小龙很想知道这些问题的答案。学习了本章,你就能从中找到这些问题的答案。

知识学习

4.1 认识智慧交通

智慧交通系统是一种基于现代电子信息技术面向交通运输的综合性服务系统。该系统旨在通过集成物联网、云计算、人工智能、自动控制、移动互联网等先进技术,实现交通信息的全面感知、互联互通、智能分析和优化决策,以提升交通效率、减少拥堵和事故、改善交通安全、降低能耗和污染,以及提高运输服务质量。

1. 智慧交通发展的三个阶段

(1)交通信息化。此阶段主要依赖传统的信息技术和感知技术,如闭路电视监控系统、电子收费系统等,实现交通信息的采集、传输和处理。

(2) 交通智能化。在信息化的基础上，通过应用大数据、云计算、人工智能等先进技术，使交通系统具有自我学习、自我适应和自我优化的能力。

(3) 交通智慧化。智慧交通不仅要求单个系统的智能化，更强调整个交通系统的协同和智慧，实现全局优化和决策。

2. 智慧交通系统的功能

(1) 智能信号灯控制：通过分析实时交通流量数据，智能调整信号灯配时，以缓解交通拥堵。

(2) 智能停车：智能停车系统通过传感器和移动设备，实时监测停车位的使用情况，引导驾驶员寻找空车位，减少寻找车位的时间和交通拥堵。

(3) 自动驾驶汽车：通过集成了雷达、激光雷达（LiDAR）、GPS及机器视觉等技术的自动驾驶系统，实现汽车的自动驾驶，提高道路安全性和效率。

(4) 交通拥堵收费：拥堵收费系统通过对拥堵路段进行收费，引导驾驶员选择非拥堵路段，减少拥堵。

(5) 出行服务平台：通过整合各种交通方式的信息和服务，为出行者提供一站式、个性化的出行解决方案。

(6) 智能公交系统：通过实时监测公交车的位置和乘客数量，优化公交车线路和调度，提高公交服务效率。

(7) 交通安全预警系统：通过实时监测和分析交通事故风险，及时发出预警信息，减少交通事故的发生。

(8) 交通环保监测系统：通过监测和分析交通排放和噪声等数据，评估交通对环境的影响，为制定环保政策提供依据。

4.2 智慧交通中的自动识别场景

4.2.1 ETC

1. ETC概述

ETC(electronic toll collection)中文翻译是电子不停车收费(电子收费)系统，是高速公路或桥梁自动收费系统。通过车载电子标签与在收费站ETC车道上的微波天线进行专用短程通信，利用计算机联网技术与银行进行后台结算，实现车辆通过高速公路或桥梁收费站无须停车即可自动缴纳费用。ETC这种高效、便捷、安全的道路收费方式，可以大大提高道路通行效率，缓解交通拥堵。其具有自动化程度高、交易安全性高、交易速度快、适应性强、环保节能以及易于扩展和维护等特点。

ETC实现自动结算业务的基本流程如下。

(1) 安装车载电子标签：每辆车都会安装一个车载电子标签，这个标签通常被固定在车辆的挡风玻璃上。

(2) 进入ETC车道：当车辆接近收费站并准备进入ETC车道时，车载电子标签就会进入工作状态。

(3) 微波通信：车道上的微波天线会与车载电子标签进行通信。这个过程是通过专用短程通信技术实现的,微波天线会发出询问信号,车载电子标签在接收到这个信号后会进行响应。

(4) 数据交换：在微波通信的过程中,车载电子标签和微波天线会进行数据的交换。车载电子标签会把车辆的识别信息(如车牌号、车型等)发送给微波天线,微波天线在接收到这些信息后会进行验证。

(5) 后台结算：一旦微波天线验证了车载电子标签的信息,它就会通过计算机联网技术与银行进行后台结算处理。银行会根据车辆的行驶距离和收费标准来计算应缴纳的通行费,并从车主的账户中扣除相应的金额。

(6) 通过收费站：在完成后台结算后,车道上的栏杆会自动升起,允许车辆通过收费站。同时,车载电子标签会接收到一个确认信号,表示通行费已经被成功扣除。

2. ETC 的工作原理

ETC 主要由车辆自动识别系统、中心管理系统和其他辅助设施等组成。其中,车辆自动识别系统由车载单元(OBU)、路侧单元(RSU)、环路感应器等组成。OBU 中存有车辆的识别信息,一般安装于车辆前面的挡风玻璃上；RSU 安装于收费站旁边；环路感应器安装于车道地面下。中心管理系统有大型的数据库,用于存储大量注册车辆和用户的信息。当车辆通过收费站口时,环路感应器感知车辆,RSU 发出询问信号,OBU 作出响应,并进行双向通信和数据交换；中心管理系统获取车辆识别信息(如汽车 ID 号、车型等信息),并与数据库中相应信息进行比较判断,根据不同情况控制管理系统产生不同的动作,如计算机收费管理系统从该车的预付款项账户中扣除此次应交的过路费,或送出指令给其他辅助设施工作。

1) 车载单元

车载单元由基带数字模块(BDS)、射频模块(RFS)、电源控制模块、防拆卸模块、IC 卡读写接口、交易显示/提示模块、锂电池等模块组成,其外形如图 4-1 所示。

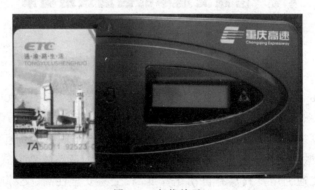

图 4-1　车载单元

2) 路侧单元

ETC 系统中,RSU 安装在路侧,采用 DSRC(专用短程通信技术)技术,与车载单元进行通信,实现车辆身份识别、电子扣费等功能。RSU 主要由交流电源模块、RSU 数字板、RSU 射频板、RSU 防雷板、RSU 天线辐射单元板(MCAB)五个模块组成。

3) 外设控制器

外设控制器作为前端控制设备,对系统中的 RSU、道闸、车辆检测器、声光报警装置、车道通行灯等交通外设提供接口和控制软件。可应用于ETC、自由流、停车场、道路采集点、轻轨等多种场景。

思考：你是否见过高速公路上的ETC,或者使用过ETC,你觉得ETC技术给我们交通带来了哪些便利,同时又存在什么问题?

4.2.2 智能停车场收费系统

1. 智能停车场收费系统概述

智能停车场收费系统是一种先进的、智能化的管理系统,它结合了自动识别、无线通信和数据处理等技术,为停车场管理提供了全面的解决方案。该系统通过计算机、网络设备、车道管理设备等搭建而成,旨在提高停车管理的效率和用户体验。

智能停车场收费系统的工作原理主要是通过采集记录车辆出入记录、场内位置等信息,实现车辆的自动识别和记录。当车辆进入停车场时,系统会自动扫描车牌,并将相关信息与数据库进行匹配,这样就不再需要人工记录车辆信息,提高了工作效率。此外,系统还可以通过无线通信技术实现实时数据传输和远程监控,管理员可以通过手机或计算机远程监控停车场的情况,包括剩余车位数量、停车时长等。同时,用户也可以通过手机应用程序查询停车场的实时信息,避免了找不到车位而浪费时间的情况。

2. 智能停车场收费系统的特点

(1) 自动化程度高:采用先进的自动化技术,如车牌识别、图像对比等,实现了车辆的自动识别和进出管理,大大减少了人工干预的程度,提高了管理效率。

(2) 收费模式多样化:支持多种收费模式,如按次收费、按时段收费、按车型收费等,还可以根据需要自定义收费规则,满足不同用户的需求。

(3) 防伪性能高:采用加密技术,确保停车卡的唯一性和安全性,有效防止了伪造和盗刷等行为。

(4) 严密的收费体系:采用计算机计费、收费,所有交易记录都存储在系统中,避免了财务漏洞,保障了停车场的收益。

(5) 人性化设计:配备了语音提示、求助对讲、中英文数字显示屏等人性化设备,方便用户使用。

(6) 安全性高:具备监控摄像头和图像对比功能,可以对进出车辆进行实时监控和异常行为检测,有效保障了停车场的安全。

(7) 扩展性强:采用模块化设计,可以根据需要进行功能扩展和系统升级,满足不同场所的需求。

3. 智能停车场收费系统分类

1) 不停车收费系统

这种系统能实现全自动电子收费,其工作原理是利用车辆识别技术与收费站的无线数据通信,进行数据交换,再通过计算机管理系统处理,来实现不停车收费功能,其具有便捷高效的特点。

2) 近距离无线通信

这种收费系统目前采用的是手机支付技术。其工作原理是通过手机将身份等信息提交给读卡器,再由读卡器将信息传递到管理控制系统。近距离无线通信也用在停车场系统的收费管理上,其刷卡距离比较短(几厘米内),且标准不统一,多应用于门禁系统、公交卡、购物等场景。

3) 无感支付系统

无感支付系统是通过微信、支付宝等第三方平台进行付费的一种支付方式。车辆进出停车场时,车牌识别设备自动识别车牌,随后就会自动从账号扣除费用,无须用手机扫码,节约时间的同时提高车辆通行效率。这种智能停车场收费系统已经在国内停车场广泛运用。

4.2.3 智能交通监控系统

1. 智能交通监控系统概述

智能交通监控系统是一种集成了先进信息技术和交通管理理念的系统,旨在提高道路交通的效率和安全性。该系统通过实时监控交通流量、车辆行驶状况、道路环境等信息,为交通管理者提供全面、准确的交通情报,帮助他们更好地管理交通。

智能交通监控系统的工作原理主要是通过各种传感器、摄像头等设备采集交通数据,然后通过数据处理和分析技术,提取出有用的交通信息。这些信息可以包括交通流量、车速、车辆类型、道路状况等,为交通管理者提供决策依据。同时,系统还可以通过通信技术将交通信息实时传输给相关部门和人员,以便他们能够及时做出反应和调整。

智能交通监控系统的优势在于提高交通管理的效率和安全性。通过对交通数据的实时监测和分析,交通管理者可以更好地掌握道路交通状况,预测和预防交通拥堵和事故的发生。同时,系统还可以为紧急救援车辆提供实时路况信息,帮助他们更快地到达目的地。此外,智能交通监控系统还可以提高道路使用的公平性,减少违规行为和交通拥堵现象的发生。

2. 智能交通监控系统的构成

智能交通监控系统主要由前端路口抓拍单元、前端路口管理传输单元和中心管理单元构成,主要的工作逻辑如图 4-2 所示。

图 4-2 智能交通监控系统

1) 前端路口抓拍单元

红灯信号检测单元和车辆检测单元在车辆闯红灯行为发生时产生触发信号,高清摄像机响应触发信号,采集车辆违章行为,记录图像数据和其他信息进行处理和上传。该单元可以清晰地拍摄两至三条车道的违章车辆。根据现场情况可以在每一个路口的一至四个方向安装抓拍单元。

2）前端路口管理传输单元

负责路口各个方向抓拍单元的管理、数据接收、存储与中心的信息传送,由工业控制主机、传输设备、线缆及防雷保护单元组成。在网络通信不便时,实现数据本地存储与本地下载,在网络通畅时可按照设定上传中心管理单元。

3）中心管理单元

由服务器、管理计算机、网络交换机、彩色激光打印机等硬件设备及中心通信、中心录入、电子网站管理等软件组成,完成路口图片的保存、违章车辆信息录入、网上处理、网上查询、违章图片打印、路口设备故障报告等功能。

3. 智能交通监控系统的功能

(1) 交通流量监测:通过安装传感器、摄像头等设备,系统可以实时监测城市道路上的交通流量,包括车流量、车速等数据,为交通管理部门提供决策依据。

(2) 交通信号控制:根据不同交通流量和交通需求,系统可以通过计算机控制信号灯的配时、周期等因素,实现交通信号的控制,以缓解交通拥堵和交通事故的发生。

(3) 紧急事件响应:当发生交通拥堵或交通事故时,系统可以自动调整信号灯,以缓解交通拥堵,并向相关部门提供紧急信息,以便及时响应。

(4) 公交优先控制:根据公共交通车辆的时间表,系统可以为其提供优先通行权,提高公共交通的效率。

(5) 车辆速度限制:通过雷达和摄像头等设备,系统可以检测行驶速度过快的车辆,并通过控制信号灯和声音等方式提醒车主减速,以避免事故的发生。

(6) 数据管理:通过大数据分析等技术手段,系统可以统计和分析城市交通数据,为交通管理部门提供合理的建议和决策建议。

(7) 车辆绿色通行:通过与车辆在线交换信息,系统可以对车辆的行驶方向和行驶速度进行精准控制,从而最大限度地减少行车阻力、节省燃油并带来更快、更绿色的出行体验。

(8) 违法抓拍:系统可以进行违法抓拍,包括闯红灯、不按车道行驶、违章变道、逆行等行为,提高道路安全性。

(9) 视频监控:系统可以进行视频监控,对道路情况进行实时查看,及时发现和处理问题。

4.2.4 智能交通信号灯系统

1. 智能交通信号灯系统概述

智能交通信号灯系统是一种通过智能技术来控制交通信号灯的控制系统。它通过感应车辆和行人的流量,自动调整信号灯的配时方案,以优化交通秩序,提高道路通行效率。

智能交通信号灯系统通常采用先进的传感器、计算机视觉和人工智能等技术来实现。它可以通过检测器检测车辆和行人的流量,并实时分析交通状况,自动调整信号灯的配时方案。此外,智能交通信号灯系统还可以根据预设的规则和算法,自动调整信号灯的灯光时序和配时方案,以适应不同的交通场景和需求。

2. 智能交通信号灯系统的发展趋势

未来智能交通信号灯系统的发展将更加智能化、集成化、节能环保、适应性强和云端化,为城市交通管理带来更多的便利和效益。

（1）智能化程度提高：随着人工智能技术的发展，智能交通信号灯系统将更加智能化，能够自动感知交通流量、车辆行驶状况等因素，并实时调整信号灯的配时方案，提高道路通行效率。

（2）集成化程度提高：智能交通信号灯系统将与智能停车系统、智能公交系统等其他智能化系统进行集成，实现多种功能的综合管理，提高城市交通管理的效率和质量。

（3）节能环保：随着对节能环保的重视，智能交通信号灯系统将采用更加节能环保的技术和设备，例如太阳能供电、节能型信号灯等，减少能源消耗和环境污染。

（4）适应性强：智能交通信号灯系统将具备更强的适应性，能够适应不同地区、不同交通状况的交通需求，提高道路交通的安全性和效率。

（5）云端化：随着云计算技术的发展，智能交通信号灯系统将实现云端化，能够实时接收和处理大量的交通数据，提供更加精准的交通管理和服务。

4.3 自动识别技术

4.3.1 自动识别技术概述

自动识别技术是一种应用广泛的技术，它通过一定的装置，自动获取被识别物品的相关信息，并提供给后台的计算机系统来完成相关后续处理。它以计算机、光、机、电、通信等多种技术为手段，实现自动识别和跟踪物体，获取相关数据，并进行处理。

自动识别技术可以应用于许多领域，如智能物流、智能制造、医疗保健、智慧城市等。在智能物流方面，自动识别技术可以快速准确地获取物品的信息，实现物品的自动化管理和跟踪，提高物流效率。在医疗保健方面，自动识别技术可以帮助医生快速准确地获取患者的病情信息，为诊断和治疗提供支持。在智慧城市方面，自动识别技术可以应用于交通管理、环境监测等领域，提高城市管理的效率和质量。

自动识别技术有多种类型，包括条形码识别、二维码识别、RFID识别等。条形码识别是一种常见的自动识别技术，它通过扫描条形码获取物品信息。二维码识别是一种相对新兴的自动识别技术，它通过扫描二维码获取物品信息。RFID识别是一种无线通信技术，它通过无线电波读取标签上的信息来获取物品信息。

4.3.2 自动识别技术的发展

1. 自动识别技术的现状

近年来，我国自动识别技术取得了长足的进步，广泛应用于各个行业领域。首先，政策环境对自动识别技术的发展起到了重要推动作用。我国政府高度重视自动识别技术的发展，制定了一系列鼓励创新的政策，为自动识别技术的研发和应用提供了有力支持。其次，市场需求也是推动自动识别技术发展的重要因素。随着经济的持续发展和产业升级，各行业对自动识别技术的需求不断增长。例如，物流、零售、医疗等领域对自动识别技术的需求尤为迫切，要求识别技术具备高精度、高速度和高可靠性。

在技术创新方面，国内自动识别技术不断取得突破。例如，二维码、RFID 等识别技术已广泛应用于各个领域，同时，基于深度学习的图像识别技术也在不断发展，进一步提高了识别精度和效率。

与国内相比，国外的自动识别技术发展较早。

在技术方面，国外自动识别技术不断推陈出新，研发出了一系列先进的识别系统和设备。例如，基于机器视觉的自动识别技术已应用于工业自动化领域，实现了生产线的自动化和智能化。

美国的一些大型科技公司和初创企业都在自动识别技术领域进行了大量的研究和投入，推动了该领域的技术创新。此外，美国政府十分重视自动识别技术的发展，通过制定相关政策和规范，促进该技术的研发和应用。同时，美国的一些高校和研究机构也在培养自动识别技术的专业人才，为未来的发展提供了强有力的人才保障。

日本在自动识别技术领域也有很高的发展水平。日本的制造业发达，对自动识别技术的需求强烈。因此，日本的自动识别技术主要应用于制造业，如汽车制造、电子产品制造等。通过自动识别技术，日本企业实现了生产线的自动化和精细化管理，提高了生产效率和质量。

在技术研发方面，日本的科研机构和企业在自动识别技术的算法、硬件设备等方面都取得了重要突破。同时，日本政府也通过提供资金支持、税收优惠等政策，鼓励企业和科研机构进行自动识别技术的研发和应用。

2. 自动识别技术的发展趋势

在深度学习驱动的识别精度提升方面，随着深度学习技术的不断进步，自动识别技术的识别精度将持续提高。通过训练深度神经网络，可以实现对更复杂模式的识别，提高自动识别的准确性。

在多元化数据处理能力提升方面，随着数据量的爆炸式增长，自动识别技术将更加注重处理各种类型的数据，包括结构化和非结构化数据。分布式计算等技术将被广泛应用，以提高处理速度和效率。

在跨模态识别技术的发展方面，未来的自动识别技术将更加注重跨模态识别，即能够同时处理图像、文本、语音等多种信息，实现更加智能化的识别。

在自适应学习能力方面，自动识别技术将更加注重自适应学习能力的提升，能通过不断学习和优化自身的算法，适应各种变化的环境和数据。

在更广泛的应用领域方面，随着技术的不断发展和成熟，自动识别技术将在更广泛的领域中得到应用，包括智慧城市、智慧交通、医疗健康等，实现更高效、便捷的服务和管理。

4.3.3 自动识别技术的分类

自动识别技术主要分为数据采集技术和特征提取技术两大类型。

数据采集技术是一种通过特定的识别装置，自动地获取并识别对象的相关信息，并将其提供给计算机以完成相关后续处理的技术。

特征提取技术是用于从所识别的对象中进一步提取特定信息的计算。例如，当我们将二维码应用于自动识别技术时，二维码图像的特征会被提取出来。

根据识别对象的不同,自动识别技术可以分为条形码识别技术、射频识别技术、生物识别技术、图像识别技术、视频识别技术、文本识别技术、磁卡/IC卡识别技术。按识别对象不同,自动识别技术的分类如图4-3所示。

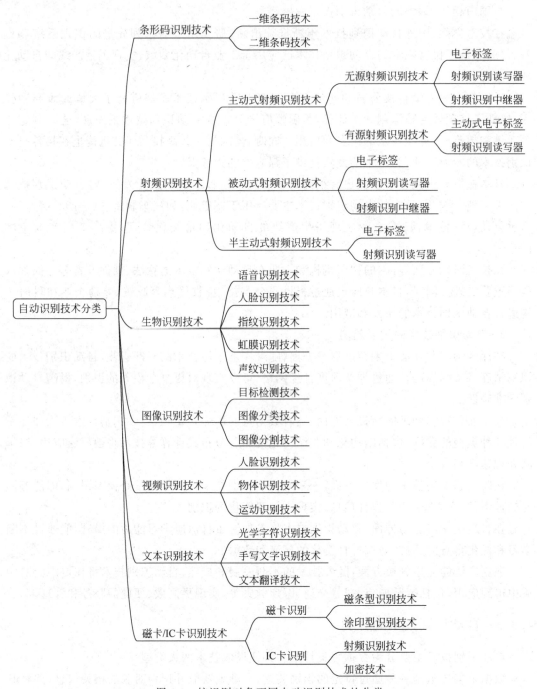

图4-3 按识别对象不同自动识别技术的分类

4.3.4 条形码识别技术

条形码是自动识别技术中使用最广泛的工具之一。当我们把选购的商品送到收款台时,收款员将每件商品上的条形码用收款机上扫描仪扫过之后,收款机即刻就可打印出你的账单,免除了收款员烦琐的计算和顾客等候的焦躁。条形码技术改变了原有的商品运营方式,对商品流通业的发展起到了推进作用。

条形码的创造应该归功于 IBM 公司的高级技术专家伍兰德先生和他所指导的研究小组。早在 1952 年,伍兰德就取得了一项类似"牛眼"的商品标识码的设计专利,这种商品标识码由一组同心圆环组成,经过每个圆环的宽度和圆环之间间隔的变化来标识不同的商品,但是由于当时计算机技术程度的限制,伍兰德的设计未能完成。

进入 20 世纪 70 年代后,商品流通业得到快速发展,商品的品种日益增加,无论是制造商还是经销商,都想找到一种简单有效的商品管理办法。解决这个问题的最佳途径就是确立统一的商品标识码。以 IBM 公司为首的计算机公司,在计算机和激光扫描技术方面日益强大,1971 年成立了规范码委员会(UUC)担任这项工作,伍兰德代表 IBM 公司参加了这个组织。

当时,IBM 公司在激光扫描技术和商品标识码的研究中处于领先位置,伍兰德在研究中以"牛眼"码为基础,继而设计了如今普遍运用的条形码。于是,委员会于 1972 年作出决议,将 IBM 公司引荐的条形码作为统一的商品标识码,从而使种类繁多的商品有了统一的辨认规范。条形码的运用为商品流通业实现计算机管理奠定了良好的基础。伍兰德先生也由于创造了条形码,获得了美国国家技术奖章。

条形码技术的应用是现代商品流通业实现现代化管理的第一步。无论是消费厂家还是批发商,商品的现代化管理都是从条形码应用开始的。

随着当代人对美和实用性兼备的追求,很多艺术条形码的应用越来越广泛,这种条形码不仅可以表达物品的信息,还提高了人们的关注度,更好地达到了宣传或者售卖的目的。图 4-4 是一维艺术条形码,这种具备各种图形的黑白条纹给简单的矩形条形码增添了一丝趣味。图 4-5 是二维艺术条形码,它利用多样化的色彩吸引人们的注意力。

图 4-4　一维艺术条形码

1. 一维条形码技术

1) 一维条形码的概念

一维条形码是由一组规则排列的条、空以及对应的字符组成的标记,"条"指对光线反射率较低的部分,"空"指对光线反射率较高的部分,这些条和空组成的数据表达一定的信息,并能够用特定的设备识读,转换成与计算机兼容的二进制和十进制信息,如图 4-6 所示。通

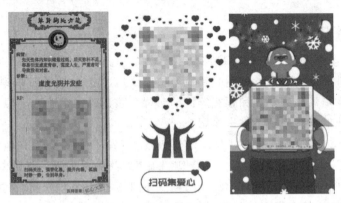

图 4-5 二维艺术条形码

常对于每一种物品,它的编码是唯一的,对于普通的一维条形码来说,还要通过数据库建立条形码与商品信息的对应关系,当条形码的数据传到计算机上时,由计算机上的应用程序对数据进行操作和处理。因此,普通的一维条形码在使用过程中仅作为识别信息,它的意义是通过在计算机系统的数据库中提取相应的信息而实现的。一维条形码制作简单,编码码制易被不法分子获得并伪造,此外也几乎不可能表示汉字和图像信息。

图 4-6 一维条形码的组成

图 4-6 中各项说明如下。

（1）左侧空白区：位于条形码左侧无任何符号的白色区域,主要用于提示扫描器准备开始扫描。

（2）起始符号：条形码字符的第一位字符,用于标识一个条形码符号的开始,扫描器确认此字符后开始处理扫描脉冲。

（3）数据字符：位于起始字符后的字符,用于标识一个条形码符号的具体数值,允许双向扫描。

（4）检验字符：用来判定此次扫描是否有效的字符,通常是某算法运算的结果。扫描器读入条形码进行解码时,先对读入的各字符按某算法进行运算,如运算结果与检验码相同,则判定此次识读有效。

（5）终止符：位于条形码符号的右侧,表示信息结束的特殊符号。

（6）右侧空白区：在终止符之外无印刷符号,且条与空颜色相同的区域。

2）一维条形码的特点

（1）尺寸小,占用空间少,可以在有限的空间内承载更多的信息。

（2）相比其他编码方式,一维条形码的尺寸较小,无论是长度还是宽度都较小。

（3）条形码相对尺寸小,使一维条形码适用于各种产品的标识和扫描。

(4) 数据容量较小,大部分码制只能包含字母和数字,个别码制可以包含其他可见字符。

(5) 条形码的可靠性高,具有纠错功能,损毁面积达50%仍可恢复信息。

(6) 可引入加密措施,保密性、防伪性好。

3) 一维条形码的分类

一维条形码种类很多,常见的有二十多种码制,其中包括 Code 39 码(标准 39 码)、Codabar 码(库德巴码)、Code 25 码(标准 25 码)、ITF25 码(交叉 25 码)、Matrix25 码(矩阵 25 码)、UPC-A 码、UPC-E 码、EAN-13 码(EAN-13 国际商品条形码)、EAN-8 码(EAN-8 国际商品条形码)、中国邮政编码(矩阵 25 码的一种变体)、Code-B 码、MSI 码、Code 11 码、Code 93 码、ISBN 码、ISSN 码、Code 128 码(包括 EAN 128 码)、Code 39EMS(EMS 专用的 39 码)等。

2. 二维条形码技术

1) 二维条形码的概念

二维条形码又称二维码,常见的二维码为 QR Code(QR 全称 quick response),是一种近年来在移动设备上超流行的编码方式,它比传统的 Bar Code 条形码能存更多的信息,也能表示更多的数据类型。

二维条形码是用某种特定的几何图形按一定规律在平面(二维方向上)分布的、黑白相间的、记录数据符号信息的图形。在代码编制上巧妙地利用构成计算机内部逻辑基础的"0""1"比特流的概念,使用若干个与二进制相对应的几何形体表示文字数值信息,通过图像输入设备或光电扫描设备自动识读以实现信息自动处理。它具有条形码技术的一些共性:每种码制有其特定的字符集、每个字符占有一定的宽度、具有一定的校验功能等。

2) 二维条形码的特点

(1) 高密度编码,信息容量大:可以存储多达 1850 个大写字母或 2710 个数字或 1108 个字节,或 500 多个汉字,比普通条码信息容量约高几十倍。

(2) 编码范围广:可以将图片、声音、文字、签字、指纹等可以数字化的信息进行编码,用条码表示出来;可表示多种语言文字、图像数据。

(3) 容错能力强,具有纠错功能:即使穿孔、污损等引起局部损坏,照样可以正确识读,损毁面积达 50%仍可恢复信息。

(4) 译码可靠性高:比普通条码译码错误率(百万分之二)要低得多,误码率不超过千万分之一。

(5) 可引入加密措施:保密性、防伪性好。

(6) 持久耐用:成本低,易制作。

(7) 条码符号形状、尺寸大小比例可变。

(8) 可以使用激光或 CCD 阅读器识读。

3) 二维条形码的分类

与一维条形码一样,二维条形码也有许多不同的编码方法(或称码制)。按照编码方法的原理,可将其分为以下两种类型。

(1) 行排式二维条形码

行排式二维条形码(又称堆积式二维条形码或层排式二维条形码),其编码原理是建立在一维条形码基础之上,按需要堆积成二行或多行。它在编码设计、校验原理、识读方式等方面继承了一维条形码的一些特点,识读设备与条形码印刷与一维条形码技术兼容。但由于行数的增加,需要对行进行判定,其译码算法与软件也不完全相同于一维条形码。有代表性的行排式二维条形码有 Code 16K、Code 49、PDF417 等,如图 4-7 所示。

(2) 矩阵式二维条形码

矩阵式二维条形码(又称棋盘式二维条形码)是在一个矩形空间通过黑、白像素在矩阵中的不同分布进行编码。在矩阵相应元素位置上,用点(方点、圆点或其他形状)的出现表示二进制"1",点的不出现表示二进制的"0",点的排列组合确定了矩阵式二维条形码所代表的意义。矩阵式二维条形码是建立在计算机图像处理技术、组合编码原理等基础上的一种新型图形符号自动识读处理码制。具有代表性的矩阵式二维条形码有 Code One、Maxi Code、QR Code、Data Matrix 等,如图 4-8 所示。常用的码制有 Data Matrix、Maxi Code、QR Code、Code One 等,除了这些常见的二维条形码外,还有 Vericode 条形码、CP 条形码、Codablock F 条形码、田字码、Ultracode 条形码、Aztec 条形码。

图 4-7　行排式二维条形码

图 4-8　矩阵式二维条形码

3. 条形码技术的应用

1) 条形码技术在零售领域的应用

零售行业是商品条形码应用最为广泛的领域之一,接近百分百的零售产品都使用了商品条形码,涉及食品、饮料、日化等领域。

通过使用商品条形码,零售门店可以定时将消费信息传递给总部,使总部及时掌握各门店库存产品状态,从而制订相应的补货、配送、调货计划。同时,生产企业也可以通过相关信息制定相应的生产计划,实现供应商管理库存。

我们在超市购物,利用条形码识别技术,用扫描枪或者平台扫描器识别物品的黑白条形码,经过激光反射,获取到条形码的信息,这个过程被称作条形码识别。这也是条形码识别最简单高效的一种应用场景,如图 4-9 所示。

(1) 商品一维条形码

商品一维条形码具有以下共同的符号特征。

① 条形码符号的整体形状为矩形,由互相平行的条和空组成,四周都留有空白区。

② 采用模块组合法编码方法,条和空分别由 1~4 个深或浅颜色的模块组成。深色模块表示"1",浅色模块标识"0"。

③ 在条形码符号中,标识数字的每个条形码字符仅有两个条和两个空组成,共 7 个模块。

④ 除了表示数字的条形码字符外,还有一些辅助条形码字符。例如,用作标识起始、终止的分界符和平分条形码符号的中间分隔符。

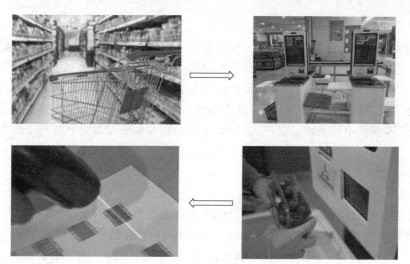

图 4-9 自助结账

⑤ 条形码符号可设计成既可固定式扫描器全向扫描,又可手持扫描设备识读的形式。

⑥ 商品条形码的大小可在不改变其识别特征的前提下任意缩小或放大,以适应各种印刷工艺及用户对印刷面积的要求。

(2) 商品一维条形码的分类

① EAN-13 码

EAN-13 码是国际通用的符号体系,是一种长度固定、无含义的条形码,所表达的信息全部为数字,主要应用于商品标识。一般印在产品外包装上面,如图 4-10 所示。

② Code 128 码

Code 128 码是广泛应用在企业内部管理、生产流程、物流控制系统方面的条形码码制,由于其优良的特性在管理信息系统的设计中被广泛使用。Code 128 码可表示从 ASCII 0 到 ASCII 127 共 128 个字符,故称 128 码。其中包含了数字、字母和符号字符,如图 4-11 所示。

图 4-10 EAN-13 码案例

③ ISBN 码

国际标准书号(international standard book number, ISBN)是专门为识别图书等文献而设计的国际编号,如图 4-12 所示。

图 4-11 Code 128 码案例

图 4-12 ISBN 码案例

（3）商品二维条形码

传统的零售商品条形码基本都是一维条形码，一维条形码可以表达商品的基本信息，但由于其所表达的信息量比较少，使用不灵活等问题，使得商品二维条形码渐渐出现在市场中。

商品二维条形码是用于标识商品及商品特征属性、商品相关网址等信息的二维码。其核心功能是实现商品的唯一标识，兼容现有零售商品一维条形码承载的信息。其数据结构方案灵活，兼顾多种市场需求；统一入口，解决平台壁垒和安全疑虑；有利于商品的跨国流通等。

（4）商品二维条形码的优势

① 全球唯一性

商品二维条形码由中国物品编码中心统一分配和管理，在它的三种编码数据结构中，商品条形码都是必选数据项，是 GS1（全球统一编码标识系统）的不同表现形式。企业一旦采用，即可保证每种商品在全球拥有一个合法的、公认的且全球唯一的二维条形码。

② 国际通用性

商品二维条形码采用全球统一的编码结构、数据载体和数据交换标准，其码制是具有 GS1 模式的国家标准和国际标准二维码码制，延承了商品条形码的特点和优势，具有国际通用性。

③ 扩展性好

目前市场上有各种类型的二维码，但由于封闭系统应用互设壁垒，导致一些二维条形码无法识别。商品二维条形码具有使扫码设备自适应识别移动应用端的功能，通过一码扩展多个网址，避免了一物多码，解决了平台壁垒，极大扩展了商品信息。

④ 安全性高

商品二维条形码拥有更高的信息安全度，所承载的网址必须遵循 HTTPS 网络协议，不能随意篡改，极大程度上降低了扫描二维条形码访问到钓鱼网站或病毒网站的风险，提高了网络安全性，保护了消费者的信息财产安全。

⑤ 兼容性强

商品二维条形码默认承载了零售商品条形码的所有编码信息，不仅可以无缝兼容传统零售下的现有 POS 系统、ERP 系统以及销售管理系统等，还可以与线上各类电商平台进行对接，实现跨平台、跨系统的全网应用。二维码技术可汇总所有 App、手机扫码形成日志，并且不影响应用体验，同时按照各时段、手机终端、地域、App 种类查询二维码动态数据日志，为用户提供全网数据分析便利，如图 4-13 所示。

图 4-13　数据统计分析

2）条形码技术在物流领域的应用

商品条形码标识系统是在物流供应链中广泛应用的物品标识系统，能够实现上下游企业间信息传递的"无缝"对接。箱码是商品外箱上使用的条形码标识,企业在订货、配送、收货、库管、发货、送货及退货等物流过程中扫描箱码后,相关信息便自动记录到企业信息系统中,实现数据的自动采集与分析,从而降低物流成本,提升企业效率。系列货运包装箱代码(SSCC)是为物流单元,如托盘、集装箱等,提供的唯一标识。在物流配送过程中,企业仅需扫描SSCC,便实现对整个托盘/集装箱产品信息的采集,从而大幅提升供应链效率。

(1) 一维箱码

箱码是商品外包装箱上使用的条形码标识,是在商品订货、批发、配送及仓储等流通过程中应用的条形码符号,专业术语称为储运包装商品条形码(详见《商品条码 储运包装商品编码与条码表示》(GB/T 16830—2008)或非零售商品条形码,如图4-14所示。

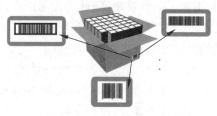

图4-14 一维箱码

(2) 二维物流码

二维物流码在提升物流效率、增强产品追溯和防伪能力等方面都有着不可替代的优势,为现代物流行业的发展提供了有力支持。

在信息存储和表达方面,二维物流码可以存储大量的信息,包括产品的基本信息、运输要求等,这些信息可以方便地被物流过程中的各个环节读取和使用。

在物流跟踪与追溯方面,二维物流码可以被扫描设备快速识别,从而实现对物流过程中产品位置和状态的实时跟踪。这种跟踪能力使得企业能够更好地掌握物流动态,提高物流效率,同时也为消费者提供了更透明的物流服务。

在防伪与验证方面,二维物流码的独特性可以被用于产品的防伪。通过扫描二维物流码,消费者和企业可以验证产品的真伪,避免假冒伪劣产品的流通。

3) 条形码技术在医疗领域的应用

(1) 患者标识:通过为患者分配带有条形码的标识符,确保患者的身份准确,防止患者混淆,确保患者的医疗记录与正确的人匹配。

(2) 药品管理:医院和药房使用条形码来管理药品。药物瓶、包装或药品标签上通常包含有关药物的条形码信息。医生、护士和药剂师可以通过扫描药品的条形码来确认药物的正确性和剂量,减少用药错误。

(3) 医疗设备管理:医疗设备和器械通常也配备有条形码,以便跟踪设备的位置、维护历史和校准状态,这有助于确保设备的正常运行,并提供维护记录。

(4) 医疗文件和记录管理:医疗文件、病历和实验室结果通过条形码进行标识,医护人员可以轻松访问和更新患者的医疗记录。

(5) 手术流程控制:手术器械、药物和患者通过条形码进行标识和记录,确保手术过程的准确性和安全性,避免手术错误。

4) 条形码技术在移动支付领域的应用

随着智能手机的普及,移动支付已经成为日常生活中不可或缺的一部分。条形码技术在这一领域发挥了核心作用。通过扫描商品上的条形码,消费者可以快速、准确地获取商品信息,并完成支付过程。

在超市、便利店等零售场所,消费者只需打开移动支付应用,扫描商品条形码,即可自动识别商品信息并添加到购物车。在确认购买后,选择支付方式完成付款,整个过程既简便又高效。这种支付方式大大缩短了结账时间,减少了人工操作,提高了交易效率。

此外,条形码技术还有助于商家进行库存管理和订单跟踪。商家可以通过扫描商品的条形码,实时了解库存情况,避免断货或积压现象。同时,条形码技术还可以应用于优惠券、会员卡等营销手段,消费者通过扫描相应条形码享受优惠,提升购物的实惠感。

条形码技术在移动支付领域的应用为消费者和商家带来了诸多好处。它简化了支付流程,提高了交易效率,降低了人工成本,同时为消费者提供了更便捷、个性化的购物体验。随着技术的不断发展,我们有理由相信,条形码技术在移动支付领域的应用将更加广泛,为人们的生活带来更多便利和创新。

与此同时,安全性和应用场景仍然是移动支付需要改善的方面。用户对移动支付安全的重视程度持续增强,用户最担心的问题是安全隐患和商户不支持;最常遇到的安全问题是个人信息泄露、账户资金被盗和扫描到假条形码。及时进行风险提示和畅通投诉渠道是用户最期望市场主体采取的保障移动支付安全和客户合法权益的措施;联系银行或支付机构冻结相关账户是用户遇到资金或信息安全问题时采取的主要措施。

移动支付仍然有很长的一段路要走,条形码技术在移动支付领域是否还能有新的突破,这有待于大家去挖掘和创造。

思考:请问你是否用过移动支付,你觉得移动支付给你的生活带来了什么转变,从辩证的角度考虑一下这种转变是好还是坏?

4.3.5 射频识别技术

1. 射频识别技术的概念

射频识别(radio frequency identification,RFID)技术是一种非接触式的自动识别技术,通过射频信号自动识别目标对象并获取相关数据。识别工作无须人工干预,也无须识别系统与特定目标之间建立机械或光学接触,可工作于多种恶劣环境;可识别高速运动物体并可同时识别多个对象,操作快捷方便。通信距离可从几厘米到几十米,其最主要的优点是环境适应性强,受雨雪、冰雹、灰尘等影响小,可全天候工作,非接触地完成自动识别、跟踪与管理,并且可穿透非金属物体进行识别,抗干扰能力强。

2. 射频识别技术的应用

1) 在食品安全追溯领域的应用

通过射频识别技术,我们可以实现食品生产、流通和消费环节的全过程追溯,确保食品的安全和质量,如图4-15所示。

在食品生产过程中,射频识别技术可以用于追踪原料、添加剂等物料的来源和使用情况。通过在物料上贴上射频标签,可以实时记录物料的生产日期、批次号、生产厂家等信息,确保食品生产过程的可追溯性。同时,射频识别技术还可以监测生产过程中的温度、湿度等关键参数,确保生产环境的合规性。

在食品流通环节中,往往需要经过多个节点,如批发商、零售商等。利用射频识别技术,可以在每个节点上对食品进行快速、准确的识别和记录。通过在食品包装上粘贴射频标签,可以实时追踪食品的流向和存储情况,防止食品在流通环节中出现假冒伪劣、过期变质等问题。

图 4-15　国家食品安全追溯平台

在消费环节中，消费者可以通过扫描食品包装上的射频标签，获取食品的详细信息（如生产日期、保质期、成分等），这不仅增强了消费者对食品安全的信心，也为食品安全监管提供了有力支撑。一旦发生食品安全问题，监管部门可以通过追溯系统迅速定位问题源头，采取相应措施，保障公众健康。

2）在门禁系统领域的应用

门禁系统主要由读卡器、控制器、门锁、电源等部分组成。门禁系统的核心功能是对进出的人员进行身份识别和权限验证，确保只有被授权的人员能够进入受控区域。

（1）身份识别：射频识别技术在门禁系统中最主要的应用就是身份识别，其系统结构如图 4-16 所示。通过在门禁系统中集成射频读卡器，可以对人员携带的射频标签进行读取，从而实现对人员身份的识别。射频标签可以嵌入员工卡、身份证、手机等物品中，方便携带和使用。当人员靠近门禁读卡器时，读卡器会自动读取标签中的身份信息，并将信息传输给门禁控制器进行判断和处理。

（2）门禁控制：通过在门禁系统中设置射频读卡器，可以实现对门的开关控制。当授权人员携带射频标签靠近读卡器时，读卡器读取到标签信息后，将信号传递给门禁控制器，门禁控制器根据预设的规则判断该人员是否有权限进入，如果有权限，则控制门锁打开，允许人员进入。

（3）安全监控与报警：当有人员非法闯入或破坏门禁设备时，门禁系统可以通过射频技术迅速检测到异常情况，并触发报警装置，及时通知安保人员进行处理，这大大提高了门禁系统的安全性和可靠性。

4.3.6　生物识别技术

生物识别技术是指通过计算机与光学、声学、生物传感器和生物统计学原理等高科技手段密切结合，利用人体固有的生理特性（如指纹、指静脉、人脸、虹膜等）和行为特征（如笔迹、声音、步态等）来进行个人身份鉴定的技术。

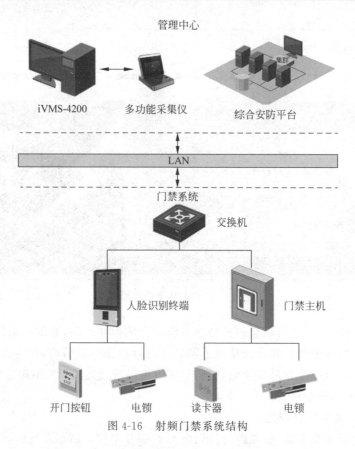

图 4-16 射频门禁系统结构

生物识别技术可应用于多个领域,如金融、医疗、安全等。在金融领域,生物识别技术可用于支付验证和防欺诈;在医疗领域,可用于病人身份确认和药品追溯;在安全领域,可用于门禁系统和边境检查等。生物识别技术通常具有高速和精确的特点,能够迅速处理大量的身份验证请求,并减少人为错误和延误。

1. 语音识别技术

语音识别技术也被称为自动语音识别(automatic speech recognition,ASR),它是一种非接触的识别技术。其目标是将人类语音中的词汇内容转换为计算机可读的输入,例如按键、二进制编码或者字符序列。这门技术涉及多个领域,包括信号处理、模式识别、概率论和信息论、发声机理和听觉机理、人工智能等,其在手机上的应用如图 4-17 所示。

图 4-17 手机上的语音识别技术应用

语音识别技术的应用范围非常广泛,例如语音助手、语音搜索、语音导航、语音翻译等。这些应用通过识别和理解人类语音,为用户提供高效、便捷的语音交互体验。在智能家居、智能车载、可穿戴设备等领域,语音识别技术也发挥着重要作用,实现了人与设备的智能交互。

2. 人脸识别技术

人脸识别技术是一种基于人的脸部特征信息进行身份识别的生物识别技术。它使用摄像机或摄像头采集含有人脸的图像或视频流,并自动在图像中检测和跟踪人脸,进而对检测到的人脸进行脸部的一系列相关技术识别。

人脸识别技术通常也叫作人像识别、面部识别,其核心技术包括人脸图像采集及检测、人脸图像预处理、人脸图像特征提取以及匹配与识别。这项技术已被广泛应用于多个领域,如金融、司法、公安、边检、政务、航天、电力、工厂、教育、医疗等。随着技术的进一步发展,人脸识别正成为生物识别领域中的主流识别方式,如图4-18所示。

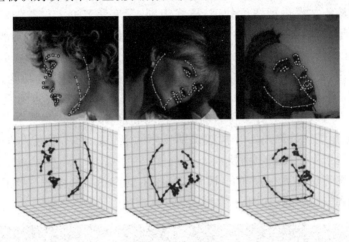

图4-18 人脸识别技术

3. 指纹识别技术

指纹识别技术是一种通过分析和比较手指的指纹特征来进行身份验证的生物识别技术。每个人的指纹特征都是独一无二的,即使是同一人的不同手指,指纹特征也存在差异。指纹识别技术利用这一特点,通过采集指纹图像,提取其特征,然后与预先保存的指纹特征进行比对,从而验证个人的身份。

指纹识别技术具有识别速度快、准确度高、易于使用等多种优点,被广泛应用于诸多领域,如手机解锁、门禁系统、考勤管理等,如图4-19所示。

4. 虹膜识别技术

虹膜识别技术是一种基于眼睛中的虹膜进行身份识别的生物识别技术。虹膜是位于黑色瞳孔和白色巩膜之间的圆环状部分,包含有很多相互交错的斑点、细丝、冠状、条纹、隐窝等细节特征。这些特征

图4-19 指纹识别技术

在胎儿发育阶段形成后,在整个生命历程中将是保持不变的,因此决定了身份识别的唯一性。

5. 声纹识别技术

声纹识别技术是一种生物识别技术，也称为说话人识别，是通过声音判别说话人身份的。不同的任务和应用会使用不同的声纹识别技术，如缩小刑侦范围时可能需要辨认技术；而银行交易时则需要确认技术。这种技术把声信号转换成电信号，再用计算机进行识别。

4.3.7 视频识别技术

视频识别技术是近年来迅速发展的一项技术，它结合了计算机视觉、人工智能和深度学习等多个专业的知识，实现对视频内容的自动分析和理解。随着数字化时代的来临，视频成为日常生活中不可或缺的信息载体，视频识别技术的应用范围也日益广泛。

视频识别的核心技术包括图像处理、模式识别、深度学习等。它首先对视频进行预处理，如去噪、增强等操作，确保视频的清晰度；然后，利用计算机视觉技术对视频中的每一帧进行特征提取，这些特征可以是颜色、形状、纹理等；最后，在此基础上，模式识别和深度学习技术发挥作用，对提取出的特征进行训练和分类，从而实现各种识别功能。

在应用领域，视频识别技术已渗透到生活的方方面面。例如，安防领域中的视频监控，通过视频识别技术可以实现对异常行为的自动检测和报警，确保公共安全；在交通领域，交通违章识别、车流量统计等都离不开视频识别技术的支持；此外，娱乐产业中的视频推荐、自动剪辑等功能也借助了视频识别技术。

在5G、云计算等新技术的助力下，视频识别技术的应用场景将进一步拓展，为人们的生活带来更多便利和安全保障，如图4-20所示。

图4-20 视频识别技术在交通管理中的应用

4.3.8 图像识别技术

图像识别技术是计算机视觉领域中的核心技术之一。它通过算法和模型对数字图像进行处理和分析，以识别和理解图像中的内容和特征。

在现代社会中,图像识别技术的应用越来越广泛。它可以在各种场景中自动识别出图像中的物体、人脸、文字等信息,为实现智能化应用提供了重要支持。比如,在手机拍照时,图像识别技术可以实时对照片进行优化,提升照片的质量;在安防领域,图像识别技术可以监测和识别异常行为,维护社会安全。

图像识别技术的关键在于特征提取和分类器设计。特征提取是对图像进行预处理,提取出图像中的重要特征,如边缘、角点、纹理等。而分类器设计则是根据提取的特征训练模型,使其能够对新图像进行分类和识别。

随着深度学习技术的快速发展,基于神经网络的图像识别技术取得了重大突破。深度学习模型如卷积神经网络(CNN)能够自动学习图像中的特征表达,大大提高了图像识别的准确率。

图像识别技术在现代社会中具有广泛的应用前景。它不仅能够提高图像处理的效率和准确性,还能为各种智能应用提供关键技术支持,推动人工智能技术的发展与进步,如图 4-21 所示。

图 4-21 图像识别技术

4.3.9 文本识别技术

文本识别技术是一种通过计算机视觉和深度学习技术对图像中的文本进行自动检测和识别的技术。这种技术主要用于从各种图像和视频中提取出有意义的文本信息。

文本识别技术的过程通常包括文本检测和文本识别两个步骤。首先,文本检测算法用于在图像中定位文本区域;其次,文本识别算法对检测到的文本区域进行识别,将图像中的文本转换为计算机可处理的文本数据。

文本识别技术的应用非常广泛。例如,它可以应用于扫描和识别纸质文档中的文字,将纸质文档转换为电子文档。文本识别技术还可以应用于自然场景中的文本识别,如街头招牌、产品标签等。这种技术对于视觉障碍者也有很大的帮助,可以通过识别文本信息来增强他们的视觉感知能力。随着深度学习技术的发展,基于深度学习的文本识别算法取得了很大的进展,大大提高了文本识别的准确率和效率。

4.3.10 磁卡/IC 卡识别技术

1. 磁卡识别技术

磁卡识别技术是一种通过读取磁卡上的磁条信息来进行身份验证和识别的技术。磁卡是一种存储数据的卡片,其中数据是以螺旋状的方式从中心向外散开记录在卡片上的微小磁粒上。这些数据是以微小的磁化元形式存在的,这些磁化元是由微小的磁铁或磁石构成的,它们被排列成一种特定的模式,以表示不同的字母、数字或符号。

磁卡识别技术主要依赖于磁头读取器来读取磁卡上的信息。当磁卡被刷过时,磁头读取器会检测到磁条上的磁场变化,并将这些变化转换成电信号。随后,这些电信号被进一步处理和解码,以获取存储在磁条上的信息。这种识别技术被广泛应用于许多领域,如金融交易、身份验证、门禁系统等。例如，在银行卡交易中，磁卡识别技术用于读取银行卡上的磁条信息，以验证持卡人的身份和进行交易处理。

需要注意的是，虽然磁卡识别技术在一定程度上提供了便捷性和安全性，但它也存在一些潜在的风险。磁卡上的信息可能受到磁场干扰或损坏，导致数据丢失或无法读取。因此，在使用磁卡识别技术时，建议采取额外的安全措施，如备份数据、定期更换磁卡等，以确保数据的完整性和安全性。

2. IC卡识别技术

IC卡识别技术是一种通过读取IC卡（集成电路卡）上的芯片信息来进行身份验证和识别的技术。IC卡是一种内置集成电路的卡片，卡片上的芯片存储了数据和信息。与磁卡相比，IC卡具有更高的安全性和存储容量。在IC卡识别技术中，读卡器或刷卡设备与IC卡进行通信，通过接触或非接触方式读取芯片中的信息。

IC卡识别技术的过程包括读卡器与IC卡建立通信、验证卡片合法性、读取卡片内信息等步骤。读卡器首先检测IC卡的存在，然后与卡片建立通信连接；接下来，读卡器会验证IC卡的合法性，例如检查卡片是否有效、是否过期等。一旦卡片通过验证，读卡器将读取卡片内的信息，如卡号、余额、权限等，并将其传输到相关系统进行处理。

IC卡识别技术广泛应用于各种领域，如金融、交通、门禁、身份认证等。例如，在金融领域，银行普遍采用IC卡作为存储账户信息和进行交易的媒介，通过IC卡识别技术确保交易的安全性和准确性。此外，门禁系统也常常使用IC卡识别技术，通过刷卡方式控制进出权限，提高安全性和便利性。

需要注意的是，IC卡识别技术的安全性和可靠性取决于卡片的设计、制造和使用环境。因此，在使用IC卡时，建议选择正规渠道购买、定期更换密码、保护好卡片等，以确保识别的准确性和安全性，如图4-22所示。

图4-22 IC卡识别技术

按读取界面不同，将IC卡分为两种。一种是接触式IC卡，该类卡通过IC卡读写设备的触点与IC卡的触点接触后进行数据的读写。国际标准ISO 7816对此类卡的机械特性、电器特性等进行了严格的规定。另一种是非接触式IC卡，该类卡与IC卡读取设备无电路接触，通过非接触式的读写技术进行读写（如光或无线技术）。卡内所嵌芯片除了CPU、逻辑单元、存储单元外，增加了射频收发电路。国际标准ISO 10536系列阐述了对非接触式IC卡的规定。该类卡一般用在使用频繁、信息量相对较少、可靠性要求较高的场合。

4.3.11　自动识别技术对比

表4-1是几种常见的自动识别技术性能对比表。从表中的数据可以看到，射频识别技术不论是从读取距离、识别速度、通信速度还是环境适应性等多方面都优于其他技术。因此，射频识别技术在自动识别技术中居首位。现今，多种自动识别技术凭借着自身的优势，在各个领域发挥着重要作用，给社会生产生活带来了巨大的经济效益和便利。

表 4-1　几种常见的自动识别技术性能对比

系统参数	条形码识别	生物识别	语音识别	图像识别	磁卡识别	IC 卡识别	射频识别
信息载体	纸或物质表面	—	—	—	磁条	EEPROM	EEPROM
信息量	小	大	大	大	较小	大	大
读写性能	R	R	R	R	R/W	R/W	R/W
读取方式	CCD 或激光束扫描	机器识读	机器识读	机器识读	电磁转换	电擦写	无线通信
读取距离	近	直接接触	很近	很近	接触	接触	远
识别速度	低	很低	很低	很低	低	低	很快
通信速度	低	较低	低	低	快	快	很快
方向位置影响	很小	—	—	—	单向	单向	没有影响
使用寿命	一次性	—	—	—	短	长	很长
人工识读性	受约束	不可	不可	不可	不可	不可	不可
保密性	无	无	好	好	一般	好	好
智能化	无	—	—	—	无	有	有
环境适应性	不好	—	—	不好	一般	一般	很好
光遮盖	全部失败	可能	—	全部失败	—	—	没有影响
国际标准	有	无	无	无	有	有	有
成本	最低	较高	较高	较高	低	较高	较高
多标签同时识别	不能	不能	不能	不能	不能	不能	能

【工作任务 4】　商品条形码的制作

在购物的过程中,我们经常能看到各式各样的带有一维条形码的商品码(见图 4-23、图 4-24),这种商品码往往代表着这个商品的国家信息、生产厂家信息和物品信息等,是一种符合规格的条形码标识。

图 4-23　某药品商品码

图 4-24　某食品商品码

现有重庆某服装公司旗下品牌服饰 A,请结合本章所学知识和技能,复习回顾一维条形码技术,选择合适的编码规则对该公司的服装进行商品条形码设计,要求所设计的条形码符合市场趋势和潮流。参考制作流程如下。

(1)提前安装 Access 和 Excel 软件,如图 4-25 所示,否则将无法执行后续操作。

(2)按照图 4-26 设置开发工具。

图 4-25　Access 和 Excel 软件标识

图 4-26 设置开发工具

（3）选择"开发工具"→"插入"→"ActiveX 控件"命令，单击"其他控件"按钮，如图 4-27 所示。选择 Microsoft BarCode Control 16.0 菜单命令，如图 4-28 所示，页面展开后如图 4-29 所示。

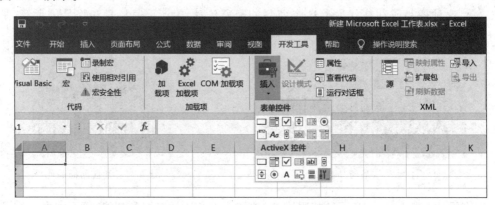

图 4-27 选择插入其他控件

（4）右击条形码→Microsoft BarCode Control 16.0 对象→属性→样式→选择条形码类型（以 7-Code-128 条形码为例），单击"应用"→"确定"按钮，如图 4-30 所示。

（5）条形码转变为 Code 128 条形码的样式，如图 4-31 所示。

（6）在任意单元格设置条形码的值，这里选用 C3 单元格，添加值 1234ABC56，如图 4-32 所示。

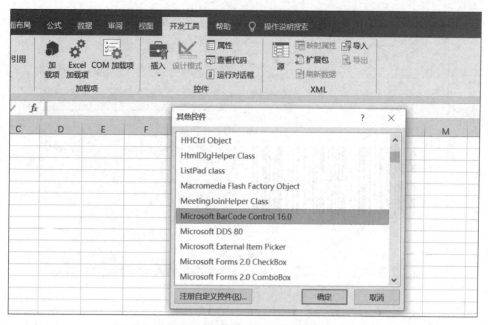

图 4-28　Microsoft BarCode Control 16.0 菜单命令

图 4-29　页面展开后的效果图

（7）右击条形码→属性→LinkedCell，将前面写数值的单元格添加，即 C3 单元格，最终得到所需要的条形码，如图 4-33 所示。

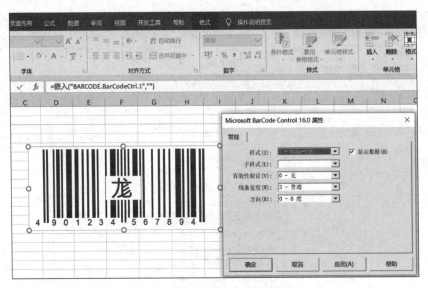

图 4-30　选择条形码类型

图 4-31　更改类型后的效果图

图 4-32　添加数据操作

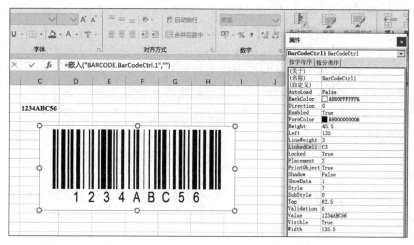

图 4-33　条形码值设置后的效果图

练习题

一、单选题

1. 属于自动识别技术的是（　　）。
   A. 蓝牙技术　　　　　　　　B. 条形码识别技术
   C. 触摸屏技术　　　　　　　D. 无线局域网技术
2. 属于一维条形码的是（　　）。
   A. Code 128　　B. QR Code　　C. PDF417　　D. EAN-13
3. 可以在物品上打印条形码的是（　　）。
   A. RFID 标签　　B. 二维码标签　　C. 热敏打印机　　D. 激光打印机
4. 广泛用于物流和供应链管理的自动识别技术是（　　）。
   A. 语音识别技术　　　　　　B. 无线射频识别技术
   C. 机器视觉识别技术　　　　D. 生物特征识别技术
5. 以下自动识别技术中可以用于身份认证和支付领域的是（　　）。
   A. 磁条卡技术　　　　　　　B. 接触式 IC 卡技术
   C. 非接触式 IC 卡技术　　　D. 指纹识别技术

二、多选题

1. 射频识别技术（RFID）的组成部分包括（　　）。
   A. 读写器　　B. 电子标签　　C. 天线　　D. 控制器
2. RFID 技术的优点有（　　）。
   A. 可以同时识别多个标签
   B. 可以对标签进行远距离读写
   C. 可以穿透某些材料，无须直接接触即可读取标签信息
   D. 对环境要求较高，只能在特定环境下使用
3. RFID 技术可以应用的领域有（　　）。
   A. 物流管理　　B. 身份识别　　C. 无人超市　　D. 医疗保健

4. RFID 技术存在的局限性有（　　）。
   A. 成本较高，一次性投入较大
   B. 标签信息容易受到干扰或篡改
   C. 对于金属或液体等物品的识别效果较差
   D. 对于读取速度要求较高的应用场景可能不够理想
5. 下列物品可以作为 RFID 标签载体的是（　　）。
   A. 纸质物品　　　　　　　　B. 塑料制品
   C. 金属制品　　　　　　　　D. 生物体（如动物、人）

三、判断题
1. 自动识别技术是一种通过计算机系统对物品进行自动识别和管理的技术。（　　）
2. 一维条形码只能在一个方向上表达信息。（　　）
3. RFID 技术可以同时识别多个标签。（　　）
4. 人脸识别技术只能应用于安全监控领域。（　　）
5. 自动识别技术只能应用于商业领域。（　　）

四、实践题
请使用制作二维码的网页或小程序，采用活码的编码技术，制作一张个人名片的二维码。

第 5 章

智慧医疗中的物联网通信技术

学习目标

- 了解智慧医疗的概念。
- 掌握有线通信技术的分类和特点。
- 掌握常见的短距离无线通信技术和特点。
- 熟悉常见的长距离无线通信技术和特点。
- 了解新兴的无线通信技术的应用场景。

学习重难点

重点：通信技术在智慧医疗领域中的应用。

难点：有线通信技术的分类和特点；无线通信技术的分类和特点。

课程案例

科技助力　乐享生活

午休时间,重庆市渝北区悦来康养中心静悄悄的。

"嘀嘀嘀……"警报声突然在服务台响起,计算机屏幕同时闪烁,弹出对话框:"6楼602房间,杨××血压异常!"

医护人员王××小跑赶到房间,从叫醒杨××吃药,到测量血压,仅花了1分多钟。

救助速度如此快,得益于渝北区构建的智慧养老系统。当地运用物联网、大数据、人工智能等新技术,让养老服务更加智能高效。

杨××指着枕头里的智能芯片说:"这枕头厉害着呢,血压、心率都能监测。"

在悦来康养中心,智慧元素可不少见:老人们佩戴的胸牌可用来定位,帮助紧急呼叫;卫生间的地垫一旦监测到老人摔倒,可发出警报;智慧养老软件实时记录老人生命体征数据,供医护人员参考。

智慧养老在渝北区的许多养老机构得到普及:在龙山街道龙山老年养护中心,电灯、空调、电视等接入物联网,老人通过语音就能操作;在回兴街道椿萱茂老年公寓,电灯和窗帘可以自动打开、拉开,智慧音箱接收语音指令便可播放音乐、播报新闻,卫生间溢水会自动发出警报……

智慧养老还延伸到了老人们的家中。渝北区有2000多名老人享受到智慧养老服务,按下专用手机按钮,"助老员"便可上门打扫卫生、整理房间等,十分方便。

为鼓励养老机构推进智慧养老,渝北区民政局按照老年人人数给予补贴,激励养老机构加快智慧养老建设进程。随着我国逐步进入老龄化社会,智慧养老将会发挥越来越重要的作用。

(资料来源:刘新吾.科技助力　乐享生活 重庆市渝北区构建智慧养老系统[N].人民日报,2021-01-11(1).)

知识点导图

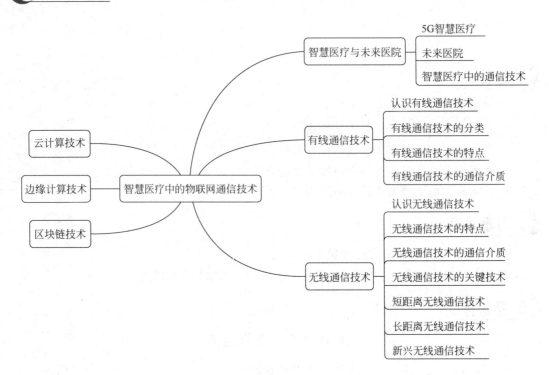

学习情景

小龙的外婆年纪大了,家里人却没有时间照顾,小龙为此很伤脑筋。这时候,身边的朋友给了个建议——智慧养老院。这些养老院设施齐全,有完善的医疗系统和监控系统,能全天候保障老年人的生活品质和健康。小龙听后觉得十分不错,于是自己亲自去了一趟智慧养老院,感受到了科技带来的便利,与家人商量后决定把外婆送到这里来照料。小龙回去后对养老院的各种联网设施很感兴趣,于是决定了解一下相关原理。

知识学习

5.1　智慧医疗与未来医院

智慧医疗是一种通过应用先进的信息技术,提高医疗服务效率和质量的医疗模式。它涵盖了医疗信息化、医疗设备智能化、医疗数据挖掘与分析等多个方面。我国智慧医疗发展主要经历了数字化阶段、信息化阶段、智能化阶段。

我国智慧医疗的数字化阶段主要是20世纪90年代至2000年的这段时期。在这期间，数字化设备开始替代传统医疗设备，实现医疗过程的数字化，如电子病历、医学影像数字化等；信息化阶段主要是2000—2010年的这段时期。在这个阶段，医疗信息化建设的重点是实现医疗信息的互联互通和优化医疗业务流程，例如医院信息管理系统（HIS）、实验室信息管理系统（LIS）等的普及和应用。这一时期标志着我国医疗领域开始全面采用信息技术，提升医疗服务的效率和质量；智能化阶段大约始于2010年以后。在智能化阶段，大数据、人工智能等先进技术在医疗领域得到了广泛应用，例如AI辅助诊断、精准医疗等。这一时期标志着医疗领域开始利用智能化技术，实现医疗数据挖掘、分析和应用，进一步辅助医生诊断，提高医疗服务质量。

5.1.1 5G智慧医疗

5G智慧医疗是指利用第五代移动通信技术（5G）为医疗行业提供信息化、移动化和远程化医疗服务的一种新型医疗模式。通过5G网络高速率、低时延、大连接等特性，可以实现远程会诊、远程手术、远程监护等医疗应用场景，提高医疗效率和诊断水平，缓解患者看病难的问题，同时促进医疗资源共享和下沉。

1. 5G智慧医疗技术架构

我国5G智慧医疗的发展尚处于起步阶段，在顶层架构、系统设计和落地模式上还需要不断完善，但是5G智慧医疗健康前期探索已取得良好的应用示范作用，实现了5G在医疗健康领域包括远程会诊、远程超声、远程手术、应急救援、远程示教、远程监护、智慧导诊、移动医护、智慧院区管理、AI辅助诊断等众多场景的广泛应用，如图5-1所示。

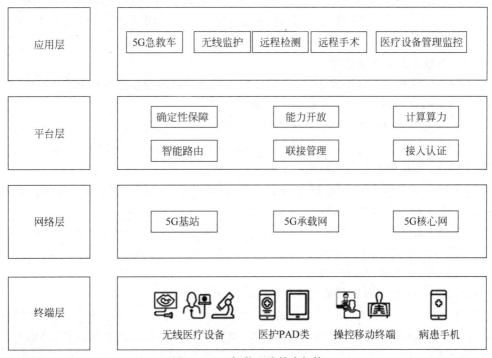

图5-1　5G智慧医疗技术架构

（1）终端层实现持续、全面、快速的信息获取。终端层主要是信息的发出端和接收端，它们既是信息采集的工具，也是信息应用所依附的载体。通过传感设备、可穿戴设备、感应设备等智能终端实现信息的采集和展示，包括机器人、智能手机、医疗器械、工业硬件等设备。

（2）网络层实现实时、可靠、安全的信息传输。网络层是信息的传输媒介，是充分体现5G优越性的环节。通过分配于不同应用场景的独立网络或共享网络，实时高速、高可靠超低时延地实现通信主体间的信息传输。基于5G技术的医院信息化接入网络技术架构如图5-2所示。

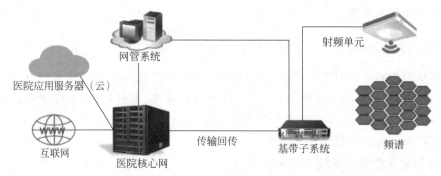

图 5-2 基于无线技术的医院信息化网络与运营商联合 5G 建网技术架构

（3）平台层实现智能、准确、高效的信息处理。平台层主要是实现信息的存储、运算和分析，起着承上启下的过渡作用，以移动边缘计算（mobile edge computing，MEC）、人工智能、云存储等新技术，将散乱无序的信息进行分析处理，为前端的应用输出有价值的信息。

（4）应用层实现成熟、多样化、人性化的信息应用。应用层是 5G 价值的集中体现，主要应用场景有无线医疗监测与护理应用、医疗诊断与指导应用、远程操控应用等。

2. 5G 智慧医疗的主要作用

（1）提高医疗效率和诊断水平：通过 5G 网络高速传输医学影像数据和病历资料，医生可以随时随地开展会诊，提高诊断准确率和指导效率。

（2）促进优质医疗资源下沉：利用 5G 网络切片技术，可快速建立上下级医院间的专属通信通道，有效保障远程手术的稳定性、实时性和安全性，让远端医生随时随地掌控手术进程和病人情况，实现跨地域远程精准手术操控和指导。

（3）降低患者就医成本：通过 5G 智慧医疗，患者可以在家附近的医疗机构接受远程会诊和手术治疗，降低了患者就医成本和时间成本。

（4）助力精准扶贫：5G 智慧医疗可以促进优质医疗资源下沉到偏远地区，提高当地医疗水平和服务质量，助力精准扶贫。

3. 未来 5G 智慧医疗发展方向

1）终端层：智能化医疗器械及终端设备加速普及应用

对于医疗中查房手持终端 PAD，远程会诊视频会议终端、视频采集终端、可穿戴设备等智能终端等可以通过集成 5G 通用模组的方式，使得医疗终端具备连接 5G 网络的能力。借助 5G 移动通信技术，将院内的检验、检查设备以及移动医护工作站进行一体化集成，实现移动化无线进行检验检查，对患者生命体征进行实时、连续和长时间的监测，并将获取的生命体征数据和危急报警信息以5G通信方式传送给医护人员,使医护人员实时获悉患者当前状态,做出及时的病情判断和处理。

2)网络层:5G三大应用场景适配无线医疗健康场景需求

5G具备高速率、低时延、大连接三大特性,分别对应三大应用场景:eMBB(enhanced mobile broadband)、uRLLC(ultra-reliable and low latency communications)和 mMTC(massive machine type communication)三大场景。

(1) eMBB即增强移动宽带,主要应用在远程医疗场景。eMBB可以提供更高的带宽和更低的延迟,这使医生能够远程实时诊断患者的情况。借助eMBB连接,医生可以远程操控手术机器人进行手术,从而提高手术的精度和成功率。在这种场景下,eMBB的应用不仅提升了医疗服务的可及性,还增强了医疗服务的质量和效率。

(2) uRLLC即高可靠低时延,支持单向空口时延最低1ms级别、高速移动场景下可靠性99.999%的连接。uRLLC场景主要应用在院内的无线监护、远程检测应用、远程手术等低时延应用场景。其中无线监护通过统一收集大量病患者的生命体征信息,并在后台进行统一的监控管理,大大提升了现有的ICU病房的医护人员的效率。远程B超、远程手术之类对于检测技术有较高要求,需要实时地反馈,消除现有远程检测的医生和患者之间的物理距离,实现千里之外的实时检测及手术。

(3) mMTC即低功耗大连接,支持连接数密度106万/km^2,终端具备更低功耗、更低成本,真正实现万物互联。mMTC场景主要集中在院内,现有的医院有上千种医疗器械设备,对于医疗设备的管理监控有迫切需求,未来通过5G的统一接入方式,可实现现有的医疗器械的统一管理,同时实现所有的设备数据联网。

3)平台层:云计算、MEC、大数据、人工智能、区块链等技术推动医疗信息化及远程医疗平台改造升级

未来智慧医疗受益于5G高速率、低时延的特性及大数据分析的平台能力等,让每个人都能够享受及时便利的智慧医疗服务,提升现有医疗手段性能。并充分利用5G的MEC能力,满足人们对未来医疗的新需求,如实时计算且低时延的医疗边缘云服务、移动急救车、AI辅助诊疗、虚拟现实教学、影像设备赋能等高价值应用场景。

4)应用层:5G医疗应用潜力大,解决医疗资源分配不均

5G技术的高速率、低时延特性,使得远程医疗服务成为可能。医生可以通过5G网络实时地与患者进行交流,进行远程诊断、治疗建议等操作。这种远程医疗服务不仅打破了地域限制,使偏远地区的患者也能享受到优质医疗资源,还提高了医疗服务的效率,缓解了医疗资源紧张地区的压力。

5G技术推动了医疗资源的线上流动,使得医疗知识和技术能够在更广泛的范围内传播和应用。通过5G网络,大医院和基层医疗机构可以建立更加紧密的联系,实现医疗资源的共享和优化配置。

5.1.2 未来医院

1. 未来医院的含义

"未来医院"是新时代、新需求、新技术驱动下的医院新形态,是以人民健康为中心,以医院高质量发展为导向,以新一代信息技术为支撑,以数据要素为驱动,聚焦新基建、新医疗、

新服务、新管理、新科研、新环境、新生态七大创新领域,具备万物互联、全景智能、数字孪生、医术精湛、绿色人文等特征的现代化医院,如图5-3所示。

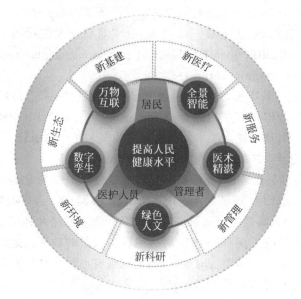

图 5-3 未来医院构架图

2. 基本特征

"未来医院"的基本特征具体体现在万物互联、全景智能、数字孪生、医术精湛、绿色人文五个方面。

(1) 万物互联的医院。基于云计算、大数据、物联网、移动互联网、5G等技术,实现楼宇建筑、临床诊疗、科研教学、仪器设备、管理运营等数据全链互联和全域共享,借助互联网诊疗、远程医疗将医疗资源和医疗服务泛在化、普及化,打造全方位、全时段服务的"无围墙"医院。

(2) 全景智能的医院。以医学人工智能技术为核心,广泛引入智能模型、组件、算法,充分应用导诊机器人、物流机器人、手术机器人,精细构建数字诊室、数字病房、数字手术室,创新开展全息数字人、ICU云探视、床旁智能屏等应用,实现医院服务管理智能化场景全覆盖。

(3) 数字孪生的医院。基于全方位、立体式、渗透性的数字化嵌入融合,在门诊住院、检查检验、康复护理、科研教学等重要场景,推动空间、流程、服务、技术、管理等各领域各环节"数实融合",创新应用"元宇宙",探索打造同步性、实时性、交互性的"元医院"。

(4) 医术精湛的医院。突出医疗的本质和初心,坚持差异化、特色化导向,广泛应用人工智能、大数据、机器人等,强化以临床问题为导向的有组织的科研攻关和技术创新,积极发展精准医疗、价值医疗、同质医疗,打造各具特色的学科专科品牌矩阵,提升"看得好病"的硬核实力。

(5) 绿色人文的医院。紧扣"双碳"目标,以数字技术推动医院建筑材料生态化、空间布局模块化、能源结构低碳化、资源利用循环化,实现医院建设与自然、社会和谐共生;秉承"以人为本"的理念,关注患者和医护人员体验,打造温馨、舒适、安全、适老的医疗服务场景。

5.1.3 智慧医疗中的通信技术

目前在智慧医疗中运用到的通信技术主要有以下几种。

(1) 移动通信技术：包括5G、4G、3G等移动通信技术，可以实现医疗设备、医护人员和患者之间的实时通信，支持远程会诊、远程手术、远程监护等医疗应用场景。

(2) 物联网通信技术：包括LoRa、ZigBee、NB-IoT等无线通信技术，以及RFID标签定位技术，可以实现医疗设备之间的互联互通，以及医疗设备和医护人员、患者之间的信息交换和定位。

(3) 蓝牙技术：可以实现近距离无线通信，例如穿戴设备与智能手机或平板电脑之间的连接，常用于健康管理、实时监测等应用。

(4) Wi-Fi技术：可以实现医疗设备之间的高速无线通信，常用于医院内部的信息化系统建设，如电子病历系统、医疗影像系统等。

(5) 光纤通信技术：具有高速率、大容量、低损耗等优点，适用于医院内部的高速数据传输和影像共享。

(6) 卫星通信技术：可以实现跨地域的远程医疗服务，例如偏远地区与城市中心医院之间的远程会诊和手术指导。

5.2 通信技术

物联网中的通信技术主要是指为了实现物联网设备之间以及物联网设备与互联网之间的信息交换和传输所采用的技术手段。这些技术包括有线通信技术、无线通信技术、云计算技术等。

5.2.1 有线通信技术

1. 认识有线通信技术

有线通信技术是一种通过有线传输媒介（如电缆、光纤等）进行信息传输的通信技术。相比于无线通信技术，有线通信技术具有传输速度快、稳定性高、安全性好等优点，因此在一些需要高速、大容量数据传输和对安全性要求较高的场合得到广泛应用。

2. 有线通信技术的分类

有线通信技术包括以太网技术、光纤通信技术、串行通信技术和同轴电缆通信技术等。这些技术在不同的应用场合和需求下得到广泛应用，为人们的生产和生活提供了便捷、高效、安全的通信方式。但是，有线通信技术在某些场合下也存在一些局限性，例如布线困难、成本高等问题。因此，在选择通信技术时需要根据实际需求和场景进行综合考虑。

(1) 以太网(Ethernet)技术：以太网是目前最普遍的一种局域网通信技术，它规定了包括物理层的连线、电子信号和介质访问层协议的内容。以太网使用双绞线作为传输媒介，具有传输速度快、成本低、可靠性高等优点，广泛应用于企业、学校等局域网建设中。

(2) 光纤通信技术：光纤通信技术是利用光波在光纤中进行信息传输的一种通信技术。它具有传输速度快、容量大、抗干扰能力强等优点，适用于长距离、大容量数据传输，是现代通信网络中的重要组成部分。

(3) 串行通信技术：串行通信技术是指数据在单条通信线上按位顺序传输的通信技术。常见的串行通信接口有 RS-232、RS-485 等。串行通信技术具有成本低、传输距离远等优点，在一些需要远距离传输数据的场合得到广泛应用。

(4) 同轴电缆通信技术：同轴电缆通信技术是利用同轴电缆进行信息传输的一种通信技术。其具有传输速度快、抗干扰能力强等优点，在一些需要高速数据传输和对干扰要求较高的场合得到广泛应用。

(5) 串口通信技术：串口通信技术是指外设和计算机间，通过数据信号线、地线等，按位进行传输数据的一种通信方式。这种通信方式使用的数据线少，在远距离通信中可以节约通信成本，但其传输速度相对较慢。串口通信的概念非常简单，串口按位(bit)发送和接收字节的通信方式。尽管比按字节(Byte)的并行通信慢，但是串口可以在使用一根线发送数据的同时用另一根线接收数据。它很简单并且能够实现远距离通信。比如 IEEE 488 定义并行通行状态时，规定设备线总长不得超过 20m，并且任意两个设备间的长度不得超过 2m；而对于串口而言，长度可达 1200m。

(6) CAN 总线技术：CAN 总线是一种多主方式的串行通信总线，基本设计规范要求有高的位速率，高抗电磁干扰性，而且能够检测出产生的任何错误。CAN 总线使用串行数据传输方式，可以 1Mb/s 的速率在 40m 的双绞线上运行，也可以使用光缆连接，而且在这种总线上总线协议支持多主控制器。CAN 总线的应用广泛，从高速的网络到低成本的多线路网络都可以应用。例如，在汽车工业、工业控制、安全防护等领域中得到了广泛的应用。

(7) SPI 总线技术：SPI(Serial Peripheral Interface)，即串行外围设备接口，是由 Motorola 公司推出的一种通信协议。SPI 总线是一种同步串行外设接口，可以使 MCU 与各种外围设备以串行方式进行通信以交换信息。SPI 总线占用芯片引脚少，因此在芯片引脚资源有限的情况下，可以极大地节省引脚资源，为很多特殊应用提供可能性，同时 SPI 通信没有通信协议开销，数据传输效率高。SPI 主要应用于 EEPROM、Flash、实时时钟、数模转换器、数字信号处理器以及数字信号解码器之间。

SPI 总线系统可直接与各个厂家生产的多种标准外围器件直接接口，该接口一般使用四条线：串行时钟线(SCK)、主机输入/从机输出数据线(MISO)、主机输出/从机输入数据线(MOSI)和低电平有效从机选择线(CS)。

(8) I^2C 总线技术：I^2C 总线是由 Philips 公司开发的一种简单、双向二线制同步串行总线，它只需要两根线即可在连接于总线上的器件之间传送信息。在硬件上，I^2C 总线只需要一根数据线和一根时钟线，因此 I^2C 总线简化了硬件电路，降低了成本，提高了系统可靠性。同时，I^2C 总线可以通过外部连线进行在线检测，便于系统故障诊断和调试，故障可以立即被寻址，软件也利于标准化和模拟化。

3. 有线通信技术的特点

有线通信技术的具有传输稳定、通信容量大、通信距离远、通信质量高等特点。同时有线通信技术也具有一些局限性，例如在某些地区或特定场景下，有线通信基础设施的建设和维护可能存在一定的困难。因此，在选择通信技术时需要根据实际需求和场景进行综合考虑。

(1) 传输稳定：有线通信通过金属导线、光缆等有形媒质进行信息传递，可以保证信息的准确和完整，不易受到电磁干扰影响，保密性较强，同时具有较高的抗灾性能。

(2) 通信容量大：有线通信可以利用光纤等高速传输媒介，实现大容量、高速率的数据传输,满足现代社会对通信的需求。

(3) 通信距离远：有线通信可以利用中继站等设备,实现长距离的信息传输,适用于跨越地区、国家、洲际的通信需求。

(4) 通信质量高：有线通信采用有线连接,信号质量相对稳定,不易受到干扰和衰减的影响,因此通信质量较高。

(5) 建设成本高：有线通信需要铺设电缆、光缆等有形媒质,建设成本较高,维护和管理也需要一定的成本。

4. 有线通信技术的通信介质

有线通信传输介质是指在两个通信设备之间的物理连接部分,它能将信号从一方传输到另一方。有线通信介质有以下三种基本类型。

(1) 同轴电缆。同轴电缆(coaxial cable)由一根位于中心的导体和外层的绝缘材料、屏蔽层和外护套组成,具有传输频带宽、抗干扰能力强等优点,被广泛应用于电视信号传输、宽带接入等场合。最常见的同轴电缆由绝缘材料隔离的铜线导体组成,在里层绝缘材料的外部是另一层环形导体及其绝缘体,然后整个电缆由聚氯乙烯或特氟纶材料的护套包住,如图5-4所示。

(2) 双绞线。绞线是一种综合布线工程中常用的传输介质,由两根具有绝缘保护层的铜导线组成。把两根绝缘的铜导线按一定密度互相绞在一起,每根导线在传输中辐射出来的电磁波会被另一根导线上发出的电磁波抵消,可有效降低信号干扰。同时由于其价格相对低廉,被广泛应用于电话系统和局域网等场合。网线中的双绞线如图5-5所示。

图5-4 同轴电缆

图5-5 网线中的双绞线

(3) 光纤。光纤是一种利用光波在玻璃或塑料制成的纤维中进行信息传输的通信介质,具有传输速度快、容量大、抗干扰能力强等优点,是现代通信网络中的重要组成部分,被广泛应用于长途通信、局域网、数据中心等场合。传输原理是"光的全反射",光纤外形如图5-6所示。

图5-6 光纤

5.2.2 无线通信技术

1. 认识无线通信技术

无线通信技术是一种利用电磁波信号在自由空间中传播的特性进行信息交换的通信方式。在移动中实现的无线通信又通称为移动通信,人们把二者合称为无线移动通信。简单讲，无线通信是仅利用电磁波而不通过线缆进行的通信方式。

无线通信技术包括WLAN（无线局域网）、蓝牙、ZigBee等，具有灵活性和便携性等特点，被广泛应用于移动电话、无线网络、广播电视等领域。与有线通信不同，无线通信不需要铺设电缆或光缆等有形媒质，因此建设成本相对较低，也更加方便快捷。

但是，无线通信技术也存在一定的局限性，例如信号干扰、信息泄露等问题，需要采取相应的技术和管理措施来保障通信的安全和稳定。

2．无线通信技术的特点

（1）灵活性：无线通信不需要铺设电缆或光缆等有形媒质，因此可以根据需要随时调整通信设备的位置和数量，方便灵活。

（2）便携性：无线通信设备通常体积小、重量轻，易于携带和移动，用户可以随时随地使用通信服务。

（3）高效率：无线通信技术可以实现高速数据传输和移动通信，提高了信息传输的效率，也推动了社会的信息化进程。

（4）全球化：无线通信技术不受地理限制，可以实现跨国、跨洲的通信，加强了世界各地的联系和合作。

3．无线通信技术的通信介质

1）无线电波

无线电波是指在自由空间（包括空气和真空）传播的射频频段的电磁波。无线电波的波长越短、频率越高，相同时间内传输的信息就越多。无线电波在空间中的传播方式有以下情况：直射、反射、折射、穿透、绕射（衍射）和散射。无线电波的传播特性使其广泛应用于广播、电视、移动通信、雷达等领域。

无线电波是一种电磁辐射，按照频率从低到高可以分为长波、中波、短波、超短波和微波等不同的波段。不同波段的无线电波具有不同的传播特性和应用场景。例如，长波主要用于广播和海上通信，而微波则广泛应用于卫星通信和宽带无线接入等领域。

无线电波的频率是其重要的特性之一。无线电波的频率越高，其波长越短，传输信息的速率就越高。同时，不同频率的无线电波也具有不同的穿透力、反射和散射特性，因此适用于不同的通信场景。例如，高频的微波可以穿透建筑物和障碍物，适用于城市移动通信和无线宽带接入；而低频的长波则可以传播较远的距离，适用于广播和海上通信。

2）微波

微波是一种电磁波，其频率为300MHz～300GHz，波长很短，通常为1mm～1m。微波具有很多重要的特性，例如易于集聚成束、高度定向性以及直线传播等。这些特性使得微波可以在自由空间中传输高频信号，广泛应用于各种通信系统，包括卫星通信、移动通信、广播电视和雷达等。

微波的基本性质通常呈现为穿透、反射、吸收三个特性。对于玻璃、塑料和瓷器，微波几乎是穿越而不被吸收；对于水和食物等就会吸收微波而使自身发热；而对金属类东西，则会反射微波。

微波通信具有很多优点，例如容量大、质量高、传输距离远、抗干扰能力强等。另外，微波通信还可以实现高速数据传输，满足现代社会对通信的需求。因此，微波通信被广泛应用于各种领域，包括电话、电视、计算机网络和卫星通信等。

3) 红外线

红外线又称为红外热辐射,是太阳光线中众多不可见光线中的一种,由德国科学家霍胥尔于1800年发现,他将太阳光用三棱镜分解开,在各种不同颜色的色带位置上放置了温度计,试图测量各种颜色的光的加热效应。结果发现,位于红光外侧的那支温度计升温最快。因此得出结论:太阳光谱中,红光的外侧必定存在看不见的光线,这就是红外线。也可以当作传输之媒介。太阳光谱上红外线的波长大于可见光线,波长为 $0.75 \sim 1000 \mu m$。红外线可分为三部分,即近红外线波长为 $0.75 \sim 1.50 \mu m$;中红外线波长为 $1.50 \sim 6.0 \mu m$;远红外线波长为 $6.0 \sim 1000 \mu m$。

4. 无线通信技术的关键技术

(1) 调制与解调技术:调制是将待传输的信息加载到高频载波上的过程,而解调则是从已调信号中恢复出原始信息的过程。调制与解调技术的性能直接影响到无线通信系统的传输效率和误码率。

(2) 信道编码技术:信道编码技术主要用于提高无线通信系统的抗干扰能力和数据传输的可靠性。通过对数据进行编码,可以增加数据的冗余度,从而在接收端检测和纠正错误。

(3) 复用与多址技术:复用技术是将多个信号在同一条信道上同时传输的技术,可以提高信道的利用率。多址技术则是解决如何在一对多的通信环境中,实现多个用户同时通信的问题。

(4) 天线与电波传播技术:天线是无线通信系统中发射和接收电磁波的重要设备,其性能直接影响到通信质量和距离。电波传播技术则是研究电磁波在空间中的传播规律,为天线设计提供理论依据。

(5) 移动通信网络技术:移动通信网络技术包括蜂窝移动通信、卫星移动通信等,是实现移动通信的关键技术。这些技术涉及网络架构、无线资源管理、切换控制等方面,为移动设备提供无缝、高质量的通信服务。

(6) 无线宽带接入技术:无线宽带接入技术包括 Wi-Fi、WiMAX 等,是实现无线互联网接入的关键技术。这些技术利用无线信道实现高速数据传输,为用户提供便捷、高效的互联网接入服务。

5. 短距离无线通信技术

1) Wi-Fi 技术

Wi-Fi 是一种能够将 PC、手持设备(如掌上电脑、手机)等终端以无线方式互相连接的技术。Wi-Fi 是一个无线网络通信技术的品牌,由 Wi-Fi 联盟(Wi-Fi Alliance)所持有。目的是改善基于 IEEE 802.11 标准的无线网络产品之间的互通性。使用 IEEE 802.11 系列协议的局域网就统称为 Wi-Fi。

Wi-Fi 技术具有以下优点。

(1) 无线电波的覆盖范围广:Wi-Fi 的半径可以达到 100m 左右,适合办公室及单位楼层内部使用。

(2) 速度快,可靠性高:Wi-Fi 技术传输的无线网络规范速度非常快,可以达到 54Mb/s,甚至更高;并且在信号较弱或有干扰的情况下,带宽可以自动调整,有效地保障了网络的稳定性和可靠性。

(3) 无须布线：Wi-Fi 最主要的优势在于不需要布线，可以不受布线条件的限制，因此非常适合移动办公用户的需要，具有广阔市场前景。

(4) 健康安全：无线网络使用方式并非像手机直接接触人体，是绝对安全的。Wi-Fi 技术的应用场景非常广泛，涵盖了家庭、办公室、公共场所等多个场景，为人们的生活和工作带来了更多的便利和创新。

2）蓝牙技术

蓝牙是一种支持设备短距离通信（一般 10m 内）的无线电技术，能在包括移动电话、掌上电脑、无线耳机、笔记本电脑、相关外设等众多设备之间进行无线信息交换，如图 5-7 所示是蓝牙的图标。利用"蓝牙"技术，能够有效地简化移动通信终端设备之间的通信，也能够成功地简化设备与互联网之间的通信，从而数据传输变得更加迅速高效，为无线通信拓宽道路。

蓝牙作为一种小范围无线连接技术，能在设备间实现方便快捷、灵活安全、低成本、低功耗的数据通信和语音通信，因此它是目前实现无线个域网通信的主流技术之一，与其他网络相连接还可以带来更广泛的应用。它是一种尖端的开放式无线通信，能够让各种数码设备无线沟通，是无线网络传输技术的一种，可以取代红外线技术。蓝牙技术作为一种新兴的短距离无线通信技术，正有力地推动着低速率无线个人区域网络的发展。

图 5-7 蓝牙图标

蓝牙技术实现了短距离无线电通信，这种短距离的无线数据传输在很多领域都得到了不同程度的应用。

(1) 蓝牙技术在智能家居中的运用

蓝牙技术在智能家居中的运用提高了生活的便捷性、舒适度和安全性。然而在使用蓝牙技术时，要注意保障网络安全和隐私保护，避免信息泄露和非法入侵。

① 家电控制：通过蓝牙技术，可以使用智能手机或其他移动设备来控制智能家居中的各种设备，如灯光、空调、电视等。这种控制方式方便快捷，提高了生活的舒适度。

② 安防系统：蓝牙技术可以用于智能家居的安防系统中，实现实时探测和远程监控。例如，通过蓝牙控制防御报警系统，可以降低误报率，满足用户的远程监控需求。

③ 环境监测：利用蓝牙技术，可以实现对环境的实时监测，如温度、湿度、光照等。通过与智能设备的联动，可以实现自动调节室内环境，提高生活质量。

④ 智能穿戴设备：蓝牙技术广泛应用于智能穿戴设备中，如智能手表、智能手环等。这些设备可以通过蓝牙与智能手机或其他智能设备进行连接，实现数据的同步和共享。

⑤ 影音娱乐：通过蓝牙技术，可以将智能手机、平板等设备上的音频和视频无线传输到智能家居中的音箱和电视等设备上进行播放，实现影音娱乐的无线连接。

(2) 蓝牙低耗能技术在医疗领域中的应用

① 实时健康监测：通过蓝牙技术，可以将医疗设备（如心率监测器、血糖仪等）收集到的健康数据实时传输到手机或云端进行存储和分析。这不仅可以让医生及时了解患者的病情，还可以让患者更加主动地参与自己的健康管理。

② 智能医疗设备：许多智能医疗设备，如智能药盒、智能输液器等，都采用了蓝牙低耗

能技术。通过与手机或其他智能设备的连接,这些设备可以提醒患者按时服药、输液等,还可以将使用情况实时反馈给医生,以便及时调整治疗方案。

③ 远程医疗:蓝牙技术可以实现远程医疗,让患者在家就可以接受医生的诊断和治疗。例如,通过蓝牙连接的医疗设备可以将患者的生理数据传输给医生,医生根据这些数据进行分析和诊断,然后通过网络将治疗方案发送给患者。

④ 医院内部管理:在医院内部管理方面,蓝牙技术也发挥了重要作用。例如,通过蓝牙标签和传感器,可以实时监测医疗设备的使用情况和位置,还可以对医疗废物进行跟踪和管理,提高医院的管理效率和服务质量。

⑤ 临床试验:在临床试验中,蓝牙技术可以用于实时监测患者的生理数据和药物使用情况,确保试验的准确性和可靠性。同时,通过蓝牙连接的手机或平板电脑还可以方便地进行数据录入和分析,提高临床试验的效率。

⑥ 急救医疗:在急救医疗中,蓝牙技术可以快速建立医疗设备与患者之间的连接,实时传输患者的生命体征数据和用药信息等,提高急救的效率和准确性。

(3) 蓝牙技术在汽车物联方面的应用

① 车载娱乐系统:通过蓝牙技术,可以将手机或其他蓝牙设备上的音乐、电话等无线传输到车载音响系统进行播放,实现车载娱乐的无缝连接。

② 车载导航系统:蓝牙技术可以实现手机与车载导航系统的连接,将手机上的导航信息无线传输到车载导航屏幕上进行显示,方便驾驶员进行导航。

③ 车载电话:通过蓝牙技术,可以实现车载电话的功能,驾驶员可以在车内通过蓝牙连接的手机进行通话,提高驾驶的安全性。

④ 车身控制系统:蓝牙技术还可以应用于车身控制系统中,如车门锁、车窗、后视镜等。通过与手机或其他智能设备的连接,可以实现远程控制和管理,提高车辆的便利性和安全性。

⑤ 车辆诊断和维修:通过蓝牙技术,维修人员可以连接到车辆的故障诊断系统,获取车辆的故障信息和维修记录,提高维修效率和服务质量。

⑥ 智能驾驶辅助系统:在智能驾驶辅助系统中,蓝牙技术可以用于实现车辆与其他智能设备之间的连接和数据共享,如交通信号灯、智能停车系统等,提高驾驶的安全性和舒适性。

⑦ 车联网(V2X)通信:蓝牙技术还可以应用于车联网通信中,实现车辆与其他车辆、行人、基础设施之间的信息交换和共享,提高道路交通的安全性和效率。

3) ZigBee 技术

ZigBee 是一项新型的无线通信技术,适用于传输范围短数据传输速率低的一系列电子元器件设备之间,如图 5-8 所示是 ZigBee 的图标。

图 5-8 ZigBee 图标

(1) ZigBee 的优缺点

ZigBee 技术具有低功耗、低成本、低速率、近距离、短时延、高容量、高安全、免执照频段等特点。这些特点使得 ZigBee 技术在物联网领域中有广泛的应用前景和发展潜力。

① 低功耗:在低耗电待机模式下,2节5号干电池可支持1个节点工作 6~24 个月,甚至更长。

②低成本：通过大幅简化协议降低成本（不足蓝牙的1/10），也降低了对通信控制器的要求。

③低速率：ZigBee工作在250kb/s的通信速率，满足低速率传输数据的应用需求。

④近距离：传输范围一般介于10～100m，在增加射频发射功率后，也可增加到1～3km，这指的是相邻节点间的距离。如果通过路由和节点间通信的接力，传输距离会更远。

⑤短时延：ZigBee的响应速度较快，一般从睡眠转入工作状态只需15ms，节点连接进入网络只需30ms，进一步节省了电能。

⑥高容量：ZigBee可采用星状、片状和网状网络结构，由一个主节点管理若干子节点，最多一个主节点可管理254个子节点；同时主节点还可由上一层网络节点管理，最多可组成65000个节点的大网。

⑦高安全：ZigBee提供了三级安全模式，包括无安全设定、使用接入控制清单（ACL）防止非法获取数据以及采用高级加密标准（AES-128）的对称密码，以灵活确定其安全属性。

⑧免执照频段：采用直接序列扩频在工业科学医疗（ISM）频段，2.4GHz（全球）、915MHz（美国）和868MHz（欧洲）。

虽然ZigBee技术有不少优点，但是也存通信距离短、通信速率低、功耗和安全性问题等。这些缺点限制了ZigBee技术在某些应用场景中的使用。

①通信距离较短：ZigBee的通信距离一般在10～100m，受到物理环境的影响较大，如墙壁、门窗等。如果需要扩展通信范围，需要增加中继节点或者提高发射功率，这会增加成本和功耗，也会造成信道干扰和辐射污染。因此，在需要覆盖大范围的应用场景中，ZigBee技术可能无法满足需求。

②通信速率较低：ZigBee的通信速率较低，较高只能达到250kb/s，不适合传输大量或者实时的数据，如视频、音频等。如果需要提高通信速率，需要增加带宽或者采用更高级的调制技术，这也会增加成本和复杂度。因此，在需要高速率数据传输的应用场景中，ZigBee技术可能无法满足需求。

③功耗问题：虽然ZigBee技术具有低功耗的特点，但是在某些情况下，如频繁的数据传输或者长时间的工作状态下，节点的功耗可能会较高；此外，如果网络中存在大量的节点，整个网络的功耗也会增加。因此，在设计ZigBee网络时，需要充分考虑节点的功耗问题，以避免出现能量耗尽的情况。

④安全性问题：虽然ZigBee技术提供了三级安全模式，但是仍然存在一些安全隐患，如密钥泄露、攻击者入侵等。此外，由于ZigBee网络中的节点数量较多，因此安全性管理也会更加复杂。因此，在应用ZigBee技术时，需要充分考虑安全性问题，并采取相应的安全措施。

（2）ZigBee应用场景

由于ZigBee技术的这些特性，其在智能家居、仓储物流、道路照明、医疗检测、智慧农业等领域都有广泛的应用场景。

① ZigBee在智能家居领域中的应用

灯光控制系统：ZigBee无线技术可以实现家庭灯光的远程控制，让用户可以通过智能手机或其他移动设备来控制家庭灯光。此外，ZigBee无线技术还可以将多个开关点组成一个控制群组,让用户可以一键控制多个开关,方便快捷。

智能家电控制:通过 ZigBee 无线技术,可以实现对家庭中各种电器的远程控制和监控,如空调、电视、冰箱等。用户可以通过智能手机或其他移动设备来控制这些电器的开关、温度、模式等参数,实现智能家居的便捷和舒适。

安防系统:ZigBee 无线技术可以用于智能家居的安防系统中,实现门窗传感器、烟雾传感器、红外探测器等设备的无线连接和数据传输。通过这些传感器和探测器,可以实时监控家庭的安全状况,及时发现异常情况并采取相应的措施。

环境监测系统:通过 ZigBee 无线技术,可以实现对家庭环境的实时监测,如温度、湿度、光照等。通过与智能设备的联动,可以实现自动调节室内环境,提高生活质量。

智能窗帘系统:通过 ZigBee 无线技术,可以实现智能窗帘系统的远程控制和自动化控制。用户可以通过智能手机或其他移动设备来控制窗帘的开关、升降等动作,还可以根据光照、温度等参数来实现自动化控制。

智能音响系统:通过 ZigBee 无线技术,可以实现智能音响系统的无线连接和远程控制。用户可以通过智能手机或其他移动设备来控制音响的开关、音量、播放等参数,还可以与其他智能设备联动,实现更加智能化的音响体验。

② ZigBee 在仓储物流系统中的应用

物资信息读写:通过在物流仓库中布置基于 ZigBee 技术的无线网络,结合射频识别系统,可以实现对进出仓库物资信息的快速、批量读写。这样,当货物通过仓库门口时,系统可以自动读取和记录物资信息,包括种类、数量等,大大提高了管理效率。

物资定位:ZigBee 无线网络中的物资精确定位功能,可以将货物的存放位置实时传递给仓库终端的工作人员。通过手持设备,工作人员可以快速找到所需物资的位置,减少了寻找时间,提高了工作效率。

环境监控:ZigBee 技术还可以用于对仓库环境的实时监控,如温度、湿度等。通过与传感器的结合,可以实时感知仓库环境的变化,当环境参数超出预设范围时,系统会发出警报,提醒管理人员及时采取措施。

安全管理:通过在仓库中布置基于 ZigBee 技术的安防系统,如门禁控制、视频监控等,可以提高仓库的安全性能。当有未经授权的人员进入时,系统会发出警报,并记录下相关信息,以便后续处理。

数据分析:通过收集和分析基于 ZigBee 技术的无线网络中的数据,可以对仓库的运营情况进行实时监控和分析。例如,可以分析物资的进出情况、存储时间等,以便优化库存管理和物流计划。

自动化作业:通过与自动化设备的结合,如 AGV 小车(自动导引运输车)、智能货架等,可以实现基于 ZigBee 技术的自动化作业。例如,当货物到达时,系统可以自动分配存储位置,并通过 AGV 小车将货物运送到指定位置;当需要出库时,系统可以自动找到货物的位置,并通过 AGV 小车将货物取出。

③ ZigBee 在路灯监控中的应用

远程监控和控制:通过在每个路灯上安装基于 ZigBee 技术的无线传感器节点,可以实现对路灯的远程监控和控制。管理人员可以通过监控中心实时查看路灯的状态、亮度等信息,并可以根据需要进行远程控制,如调整亮度、开关路灯等操作。

故障检测：ZigBee 无线传感器网络可以实时监测路灯的工作状态，当路灯出现故障时，传感器节点会将故障信息发送至监控中心，提醒管理人员及时处理。这大大减少了人工巡检的频率和工作量，提高了维护效率。

能耗管理：通过 ZigBee 技术，可以实现对路灯能耗的实时监测和管理。管理人员可以根据实际需求和能耗数据，制定合理的开关灯时间和亮度调节策略，降低能耗，节约能源。

智能化管理：结合云计算、大数据等技术，可以对基于 ZigBee 技术的路灯监控系统进行智能化管理。通过对路灯使用数据的分析和挖掘，可以优化路灯的布局、亮度调节策略等，提高城市照明的舒适度和节能效果。

安全性：ZigBee 技术具有较高的安全性，采用加密通信和数据校验等措施，可以有效防止恶意攻击和非法控制。这保证了路灯监控系统的稳定运行和数据的安全性。

扩展性：ZigBee 技术具有良好的扩展性，可以根据需要进行节点数量的增加和网络的扩展。这使得基于 ZigBee 技术的路灯监控系统具有良好的适应性和可扩展性，可以满足不同规模和需求的路灯监控应用。

④ ZigBee 在医疗监测中的应用

患者生命体征数据的采集和传输：在医疗监护系统中，患者的生命体征数据包括心率、血压、脉搏、呼吸等指标。ZigBee 技术可以通过传感器节点将这些患者生命体征数据实时采集并传输至医护人员的监控终端，实现远程监护和实时处理。

体征数据的分析和诊断：通过 ZigBee 网络技术采集的患者生命体征数据可以进行实时分析和诊断。医护人员可以通过监控终端获取实时数据，对数据进行分析和比对，及时判断患者身体状况，为患者提供更为精准的医疗服务。

药物管理：ZigBee 技术也可用于医院的药物管理，通过无线传感器网络对药物进行追踪和管理，确保药物使用的准确性和安全性。

病患位置追踪：通过在病患身上佩戴基于 ZigBee 技术的标签，医院可以追踪和监控病患的位置和活动，确保病患的安全。

医院环境监控：ZigBee 技术也可用于医院环境的监控，如病房的温度、湿度、光照等。通过与传感器的结合，可以实时监控医院环境的变化，为患者提供更加舒适和安全的医疗环境。

移动医疗：通过结合移动设备和 ZigBee 技术，医生可以随时随地对患者进行远程监测和诊断，提高医疗服务的可及性和效率。

⑤ ZigBee 在农业大棚智能控制中的应用

环境参数监测：通过在农业大棚内部布置基于 ZigBee 技术的无线传感器网络，可以实时监测大棚内的环境参数，如温度、湿度、光照强度、土壤水分等。传感器节点将采集到的数据传输至控制中心，为管理人员提供实时的大棚环境信息。

智能控制：根据大棚内环境参数的实时监测数据，管理人员可以通过控制中心对大棚内的相关设备进行智能控制，如调节温室大棚的通风、灌溉、遮阳等系统，以维持大棚内的适宜环境条件，促进作物的生长。

预警系统：基于 ZigBee 技术的农业大棚智能控制系统可以设置预警阈值，当大棚内环境参数超出预设范围时，系统会自动发送预警信息至管理人员，以便及时采取措施进行调整,防止作物受损。

数据分析与决策支持:通过对基于 ZigBee 技术采集的大棚环境参数进行数据分析,可以掌握作物的生长规律和环境变化对作物生长的影响。这有助于管理人员制定合理的种植计划和调控策略,提高农作物的产量和质量。

无线通信与组网:ZigBee 技术具有低功耗、低成本和低速率等特点,适用于农业大棚环境中的无线通信和组网。通过 ZigBee 无线传感器网络,可以实现大棚内各传感器节点之间的数据交互和协同工作,提高系统的可靠性和稳定性。

远程监控与管理:通过结合云计算和移动互联网技术,可以实现对基于 ZigBee 技术的农业大棚智能控制系统的远程监控与管理。管理人员可以通过手机或计算机随时随地查看大棚的环境参数和作物生长情况,并进行远程控制和管理。

6. 长距离无线通信技术

长距离无线通信技术是指在大范围内进行无线通信,覆盖面积广,传输距离远的一种通信技术。

1)4G 移动通信技术

4G 移动通信技术是第四代移动信息系统,是在 3G 技术上的一次更好的改良,具有更大的优势。4G 移动通信技术是将 WLAN 技术和 3G 通信技术进行了很好的结合,使图像的传输速度更快,让传输图像的质量和图像看起来更加清晰。在智能通信设备中应用 4G 移动通信技术可以让用户的上网速度更加迅速,速度可以高达 100Mb/s。

4G 移动通信技术具有以下优势。

(1) 更高的数据传输速率:4G 网络能够提供更高的数据传输速率,通常可以达到数十兆甚至上百兆的下载速度。这使得用户可以更快地下载大文件、观看高清视频、进行实时互动等,满足了不断增长的数据需求。

(2) IP 网络:4G 采用全 IP 的架构,即移动通信网络与互联网紧密结合,实现了更灵活、可扩展和互操作的网络环境。

(3) 频谱利用效率:4G 引入了 OFDMA(正交频分多址)和 MIMO(多输入多输出)等技术,有效提升了频谱的利用效率。MIMO 则通过同时使用多个天线,增加了信道的容量和可靠性。

(4) VoIP 支持:4G 网络广泛支持 VoIP(voice over IP),即通过互联网进行语音通信。这意味着用户可以通过 4G 网络进行高质量的语音通话,而不再需要传统的语音通信方式。4G 网络支持全球漫游,用户可以在不同国家或地区使用 4G 服务,享受高速移动通信的便利。

(5) 更好的安全性:4G 网络提供了更好的安全性,采用了更高级的加密技术和认证机制,保护用户的数据和隐私。

(6) 智能终端支持:4G 网络支持各种智能终端设备,如智能手机、平板电脑、物联网设备等,为用户提供更加多样化、个性化的服务。

2)5G 移动通信技术

5G 移动通信技术(5th generation mobile communication technology,5G)是具有高速率、低时延和大连接特点的新一代宽带移动通信技术,是实现人机物互联的网络基础设施。5G 移动通信技术是 4G(LTE-A、WiMax)、3G(UMTS、LTE)和 2G(GSM)系统的延伸,如图 5-9 所示。

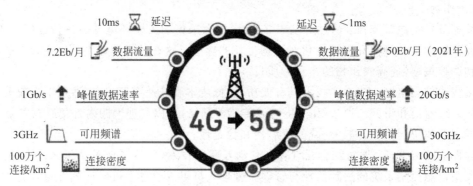

图 5-9 4G 与 5G 对比图

(1) 5G 的特点

5G 移动通信技术具有高速率、低时延、大连接、高可靠性、灵活性和可扩展性等优势,为人们的通信提供了更加便捷、高效、可靠的解决方案,同时推动了物联网、云计算、人工智能等新兴技术的发展和应用。

① 高速率:5G 网络的数据传输速率远高于 4G,峰值速率可达 20Gb/s,用户可以更快地下载、上传和分享大量数据,观看高清视频、进行实时互动等。

② 低时延:5G 网络的时延极低,通常可以达到毫秒级,这意味着用户可以几乎实时地接收和发送信息,满足各种需要快速反应的应用场景,如自动驾驶、远程医疗等。

③ 大连接:5G 网络可以连接更多的设备,支持大规模物联网设备的接入和通信,实现智慧城市、智能家居等应用。

④ 高可靠性:5G 网络采用了更先进的加密技术和认证机制,保护用户的数据和隐私,同时提供了更好的网络安全性和可靠性。

⑤ 灵活性和可扩展性:5G 网络采用软件定义网络(SDN)和网络功能虚拟化(NFV)等技术,实现了更灵活、可扩展的网络架构,可以根据不同需求进行定制和优化。

⑥ 多天线技术:5G 引入了多天线技术,如大规模 MIMO(多输入多输出),通过增加天线数量提升系统容量和频谱利用效率,提高网络覆盖和性能。

⑦ 切片技术:5G 网络支持网络切片技术,可以根据不同业务需求提供定制化的网络切片,满足不同行业和应用场景的特定需求。

⑧ 边缘计算:5G 网络与边缘计算相结合,将数据处理和分析推向网络边缘,降低传输时延,提高处理效率,满足实时性要求高的应用场景。

(2) 5G 的应用场景

5G 移动通信技术在车辆网、外科手术、智能电网等领域有着非常突出的应用。

在车辆网领域,5G 车联网技术提供了高速、大容量和低时延的通信服务,为车辆提供高效、安全的通信保障。5G 车联网技术能够支持多样化的车联网应用,如智能驾驶、智慧交通等,满足车辆高速行驶和大量数据传输的需求。5G 车联网技术的高通信可靠性和安全性,对于保障车辆行驶的安全性和稳定性至关重要。5G 车联网技术前景广阔,具有巨大的商业潜力,能够促进自动驾驶技术的实现,改善交通效率,提升交通安全性。

在外科手术领域,5G 远程机器人手术利用 5G 网络和手术机器人实现跨地域、跨国界的外科手术,打破地域限制,提高医疗资源利用效率。5G 网络的高速度、低延迟特性保证了手术机器人图像信号和控制信号的实时传输,避免卡顿、延迟等现象,影响手术效果。5G 远程机器人手术可以降低患者就医成本和风险,提高手术安全性和效果,同时促进医学教育和科研交流。

在智能电网领域,5G 技术具备超高带宽、超低时延、超大连接的特点,能够深刻变革电力通信网,全面提升电力信息化水平。

5G 智能电网应用场景广泛,包括配电网控制保护、电网状态感知、多无人机协同作业、智能机器人、智慧用能等。5G 技术能够满足智能电网分布式部署、实时感知、精准控制、海量连接等需求,支持智能电网的发展。结合物联网、AI 等新技术,5G 智能电网还可以衍生出机器人、无人机、智能家居等应用,推动智能电网的智能化、数字化发展。

3) 卫星通信技术

卫星通信技术是一种利用人造地球卫星作为中继站来转发无线电波,从而实现两个或多个地球站之间的通信的技术,如图 5-10 所示。这种技术可以实现远距离、大范围的通信,具有通信距离远、覆盖范围广、不受地面条件限制等优点。

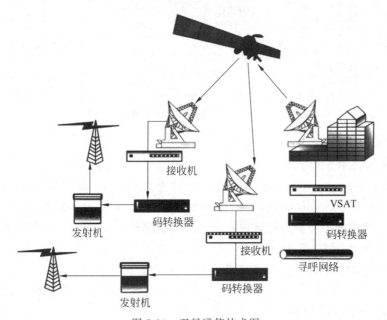

图 5-10 卫星通信技术图

卫星通信系统由卫星和地球站两部分组成。卫星在空中起中继站的作用,即把地球站发上来的电磁波放大后再反送回另一地球站。地球站则是卫星系统与地面公众网的接口,地面用户通过地球站出入卫星系统形成链路。

卫星通信的特点是:通信范围大,只要在卫星发射的电波所覆盖的范围内,从任何两点之间都可进行通信;不易受陆地灾害的影响(可靠性高);只要设置地球站电路即可开通(开通电路迅速);同时可在多处接收,能经济地实现广播、多址通信(多址特点);电路设置非常灵活,可随时分散过于集中的话务量;同一信道可用于不同方向或不同区间。

4) 数传电台通信技术

数传电台通信技术是一种借助 DSP 技术(数字信号处理技术)和无线电技术实现的高

性能专业数据传输电台通信技术。它可以使用数字信号处理、数字调制解调等技术,具有前向纠错、均衡软判决等功能,是一种无线数据传输电台,如图 5-11 所示。数传电台的工作频率大多使用 220～240MHz 或 400～470MHz 频段,具有数话兼容、数据传输实时性好、专用数据传输通道、一次投资、没有运行使用费、适用于恶劣环境、稳定性好等优点。数传电台的有效覆盖半径约有几十公里,可以覆盖一个城市或一定的区域。数传电台通常提供标准的 RS-232 数据接口,可直接与计算机、数据采集器、RTU、PLC、数据终端、GPS 接收机、数码相机等连接。已经在各行业取得广泛的应用,在航空航天、铁路、电力、石油、气象、地震等各个行业均有应用,在遥控、遥测、遥信、遥感等 SCADA(数据采集与监视控制系统)领域也取得了长足的进步和发展。

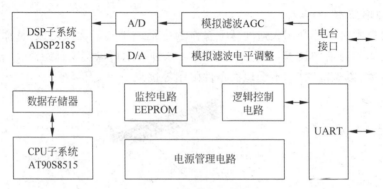

图 5-11 数传电台通信技术

7. 新兴的无线通信技术

1) LPWAN 技术

LPWAN(low-power wide-area network,低功率广域网络)也称为 LPWA(low-power wide-area)或 LPN(low-power network,低功率网络),LPWAN 是一种用于物联网的技术类型,是一种能够以低比特率进行远距离通信的无线网络。LPWAN 技术的主要特点包括长距离传输、低功耗、大容量、低成本等。相比 Wi-Fi、蓝牙、ZigBee、RFID 等技术,LPWAN 能够实现物联网的低成本超远距离覆盖。目前市场上主流的 LPWAN 技术有 NB-IoT、LoRa、ZETA 等。LPWAN 技术的应用场景非常广泛,可以应用于智慧城市、智慧工业、智慧农业等领域,如图 5-12 所示。

LPWAN 技术可以满足物联网设备的长距离、低功耗连接需求,从而延长设备的使用寿命,降低运营成本。此外,LPWAN 技术还可以连接大量的设备,实现大规模的设备接入和数据传输。因此,LPWAN 技术在物联网领域具有广泛的应用前景,已经广泛应用于智慧城市、智慧工业、智慧农业等领域,未来还将进一步扩展到医疗、物流、零售等更多领域。

(1) 广域覆盖:LPWAN 使 IoT 设备之间的通信距离达到 3～20km。使用低功耗的 LPWAN,可以在智能城市中远距离传输数据。LPWAN 可以用于服务中的设备,

图 5-12 LPWAN 技术示意图

例如智慧城市和监视域中的公共交通,因为这些行业中设备的数据通常倾向于长距离传输。

(2) 低功耗:IoT 设备传输的数据会影响设备的功耗。使用 LPWAN 的主要优点之一是低功耗。采用 LPWAN,当不使用 IoT 设备时,它们可以自动进入睡眠模式,由于设备在不使用时消耗的电流很小,因此有助于节省功率。由于低功率要求和低使用率,人们可以预期这些使用 LPWAN 的物联网设备的电池可以使用 5~10 年。

(3) 低成本:LPWAN 的使用有助于降低与物联网设备相关的成本。由于低功耗要求,物联网设备可以使用低成本电池运行,从而降低了物联网设备的成本。电池也可以使用 5~10 年,从而降低了这些设备的维护成本。另外,通过 LPWAN 传输数据只需要少量的网关,促使基础设施成本的降低。

2) NB-IoT 技术

NB-IoT(narrow band internet of things,窄带物联网)技术是一种低功耗广域网(LPWAN)解决方案,具有覆盖广、连接多、速率低、功耗少、成本低等特点。NB-IoT 构建于蜂窝网络,只消耗大约 180kHz 的带宽,可直接部署于 GSM 网络、UMTS 网络或 LTE 网络,以降低部署成本、实现平滑升级。

NB-IoT 支持对待机时间长、网络连接要求较高的设备进行高效连接,据说 NB-IoT 设备电池寿命可以提高至少 10 年,同时还能提供非常全面的室内蜂窝数据连接覆盖。在连接数方面,NB-IoT 一个扇区能够支持 10 万个连接,支持低延时敏感度、超低的设备成本、低设备功耗和优化的网络架构。相比现有无线技术,NB-IoT 可以提升 50~100 倍的上行容量。

NB-IoT 可以广泛应用于多种垂直行业,如远程抄表、智能停车、智慧农业等。在远程抄表场景中,NB-IoT 终端安装于水表、电表、燃气表等设备中,用于检测和记录设备的用量信息,并与云端进行通信;在智能停车场景中,NB-IoT 技术可用于实现停车位的监测与计费,提高停车位的利用率和运营效率;在智慧农业场景中,NB-IoT 技术可用于监测土壤湿度、温度等参数,实现智能化灌溉和施肥,提高农业生产效率和质量。

3) LoRa 技术

LoRa 是 Semtech 公司开发的一种低功耗局域网无线标准,其名称 LoRa 是远距离无线电(long range radio),它最大特点就是在同样的功耗条件下比其他无线方式传播的距离更远,实现了低功耗和远距离的统一,它在同样的功耗下比传统的无线射频通信距离扩大 3~5 倍。

LoRa 实际上是物联网(IoT)的无线平台。Semtech 公司的 LoRa 芯片组将传感器连接到云端,实现数据和分析的实时通信,从而提高效率和生产率。此外,LoRa 技术还具有抗干扰能力强、抗频偏等特点,适用于各种复杂环境。

LoRaWAN 开放规范是基于 Semtech LoRa 设备的低功耗广域网(LPWAN)标准,利用工业、科学和医疗(ISM)频段的未经许可的无线电频谱。LoRa Alliance(一个非营利协会和快速发展的技术联盟)推动了 LoRaWAN 标准的标准化和全球协调。

LoRa 技术可以应用于各种领域,如智慧城市、智慧工业、智慧农业等。例如,在智慧城市中,LoRa 技术可以用于智能照明、智能垃圾桶、智能停车等应用中,实现城市设施的智能化管理和监控;在智慧工业中,LoRa 技术可以用于工厂自动化、设备监测等应用中,提高生产效率和质量;在智慧农业中,LoRa 技术可以用于监测土壤湿度、温度等参数,实现智能化灌溉和施肥，提高农业生产效率和质量。图5-13是LoRa的图标。

LoRa网络主要由终端(可内置LoRa模块)、网关(或称基站)、Server和云组成。应用数据可双向传输，如图5-14所示。LoRa融合了数字扩频、数字信号处理和前向纠错编码技术，拥有前所未有的性能。此前，只有那些高等级的工业无线电通信会融合这些技术，而随着LoRa的引入，嵌入式无线通信领域的局面发生了彻底的改变。

图5-13　LoRa技术图标

图5-14　LoRa网络架构图

5.2.3　云计算技术

云计算是一种分布式计算技术，通过网络将巨大的数据计算处理程序分解成无数个小程序，然后通过多部服务器组成的系统进行处理和分析这些小程序得到结果并返回给用户。这种技术可以在很短的时间内(几秒钟)完成对数以万计的数据的处理，从而达到强大的网络服务。

现阶段所说的云服务已经不单单是一种分布式计算，而是分布式计算、效用计算、负载均衡、并行计算、网络存储、热备份冗杂和虚拟化等计算机技术混合演进并跃升的结果。

云计算指通过计算机网络(多指互联网)形成的计算能力极强的系统，可存储、集合相关资源并可按需配置，向用户提供个性化服务。云计算的核心思想是将大量用网络连接的计算资源统一管理和调度，构成一个计算资源池向用户按需服务。云计算的基本特征包括按需自助服务、网络访问广泛、资源池化、快速弹性和服务计量。

5.2.4　边缘计算技术

边缘计算是一种在网络边缘执行计算的新型计算范式，它将计算数据、应用程序和服务从云服务器转移到网络边缘，更接近用户和数据来源。边缘计算通过轻量级的计算、存储和处理，可以在本地、小规模的环境中实现高效的数据处理和分析，满足行业在实时业务、应用智能、安全与隐私保护等方面的基本需求。

边缘计算的特点包括高带宽、超低延迟和实时访问网络信息，这使得它可以应用于各种领域，如智能家居、监控摄像头、自动驾驶汽车、智能生产机器人等。边缘计算可以帮助解决传统云计算模式存在的问题，如带宽负载、响应速度慢、安全性差、隐私性差等，从而提高数据处理效率和质量，降低成本和风险。

与云计算相比，边缘计算更加接近数据源头，可以更好地保护数据的隐私和安全。同时，边缘计算还可以与云计算相互补充，形成边云协同的计算模式，以满足不同应用的需求。

5.2.5 区块链技术

区块链技术是一种基于去中心化、去信任化、完整且动态一致的分布式数据库技术，通过时间戳、哈希算法、非对称加密、分布式和共识机制等技术，解决数字资产确权、信任等问题，实现网络信息转移到网络价值转移的巨大飞跃。区块链技术可以被视为一种分布式基础架构与计算方式，用于保证数据传输和访问的安全，其本质上是一个去中心化的数据库。区块链系统由数据层、网络层、共识层、激励层、合约层和应用层组成。在狭义上，区块链是一种按照时间顺序将数据区块以顺序相连的方式组合成的一种链式数据结构，并以密码学方式保证的不可篡改和不可伪造的分布式账本。在广义上，区块链技术则是利用块链式数据结构来验证与存储数据、利用分布式节点共识算法来生成和更新数据、利用密码学的方式保证数据传输和访问的安全、利用由自动化脚本代码组成的智能合约来编程和操作数据的一种全新的分布式基础架构与计算范式。

【工作任务5】 为养老院设计一个智慧医疗系统方案

请同学们根据本章所学通信技术和智慧医疗相关知识，为你家乡或者你身边的养老院设计一套智慧医疗系统解决方案，让老年人的晚年生活更便捷、更安全、更高效。请分组调研、讨论、设计，结合老年人的实际需求，完成一套成体系的方案吧。

练习题

一、单选题

1. 物联网通信技术中，不是基于 IP 地址进行通信的是（   ）。
   A. ZigBee   B. LoRa   C. TCP/IP   D. NB-IoT
2. 下列属于低功耗广域网（LPWAN）的是（   ）。
   A. ZigBee   B. Wi-Fi   C. LoRa   D. 4G/5G
3. 在物联网通信技术中，具有低功耗、低成本、大连接数等优点的是（   ）。
   A. TCP/IP   B. ZigBee   C. LoRa   D. NB-IoT
4. 下列通信技术适合于大规模、高密度的物联网设备连接的是（   ）。
   A. TCP/IP   B. ZigBee   C. LoRa   D. NB-IoT
5. 在物联网通信技术中，可以实现设备之间的双向通信的是（   ）。
   A. ZigBee   B. LoRa   C. TCP/IP   D. 4G/5G

二、多选题

1. 下列属于有线通信技术的是（   ）。
   A. DSL   B. Ethernet   C. Wi-Fi   D. 5G
2. 下列属于无线通信技术的有（   ）。
   A. Bluetooth   B. Wi-Fi   C. ZigBee   D. 5G
3. 下列属于云计算技术的是（   ）。
   A. Amazon Web Services（AWS）   B. Google Cloud Platform（GCP）
   C. Microsoft Azure   D. OpenStack
4. 下列属于区块链技术的是（   ）。

A. Bitcoin B. Ethereum
C. Hyperledger Fabric D. Cardano

5. 下列属于边缘计算技术的是(　　)。

A. Fog Computing

B. Edge Computing

C. Industrial Internet of Things（IIoT）

D. MEC

三、判断题

1. 有线通信技术比无线通信技术更可靠。　　　　　　　　　　　　　　（　　）
2. 无线通信技术是指通过无线电波传输信息的通信方式。　　　　　　　（　　）
3. 云计算是一种将计算资源和服务通过互联网提供给用户的模式。　　　（　　）
4. 区块链技术是一种去中心化的分布式数据库技术。　　　　　　　　　（　　）
5. 边缘计算是指将计算任务分配给网络边缘的设备执行。　　　　　　　（　　）

四、简答题

简述物联网通信技术中的 MQTT 协议。

第 3 篇 物联网关键技术

众所周知,技术的不断创新是促使物联网快速发展的前提,物联网融合了大量不同层面的技术,是一个技术系统。物联网关键技术指的是可以支撑物联网感知层、网络层、应用层,并进行数据处理、传输和分析的相关技术和工具。在物联网发展的过程中,核心技术不断涌现,这些技术的出现使万物互联互通成为可能,且逐步影响到人们衣食住行的各个方面。与此同时,物联网关键技术的推广也将成为推进经济发展的驱动器,为产业开拓潜力无穷的发展机会,同时增加大量的就业机会。

本篇主要介绍数据库、单片机、嵌入式三种技术,包括三种技术的基本概念、分类、特点、发展现状及应用场景,帮助读者更好地理解物联网的关键技术。

本篇内容提要:
- 数据库技术的基本概念。
- 数据库技术的分类和特点。
- MySQL 数据库基础。
- 数据库技术在物联网中的应用。
- 单片机技术的基本概念。
- 单片机技术的分类和特点。
- 51 单片机的功能概述。
- 单片机技术在物联网中的应用。
- 嵌入式技术的基本概念。
- 嵌入式处理器。
- ARM 处理器概述。
- 嵌入式技术在物联网中的应用。

第 6 章

数据库技术及其应用

学习目标

- 了解数据库的概念。
- 了解数据库的主要分类和特点。
- 掌握 MySQL 数据库的创建和基本查询语句。
- 熟悉数据库在物联网中的作用。

学习重难点

重点：MySQL 数据库的开发环境。
难点：MySQL 数据库的基本操作语句。

课程案例

着力提升全民数据安全意识和素养

党的十八大以来，以习近平同志为核心的党中央把国家安全作为推进国家治理体系与治理能力现代化的头等大事。党的十九大报告将"坚持总体国家安全观"作为新时代中国特色社会主义的基本方略之一。党的二十大报告从党和国家事业发展战略全局出发，首次以专篇形式将"推进国家安全体系和能力现代化，坚决维护国家安全和社会稳定"写入，将"国家安全"作为全面建设社会主义现代化国家的重要目标，并对国家安全体系和能力现代化做出了战略部署。"国家安全"的地位在国家治理现代化中得到进一步彰显，全面体现了我们党对中国式现代化的深刻认识，彰显了国家安全在党和国家事业发展中的重要地位。这些重要论述为新时代、新征程建设中维护各领域国家安全和社会稳定工作提供了行动指南。

当前，时代之变、历史之变与世界之变的特征更加明显，我国国家安全面临的新机遇、新任务、新阶段、新环境和新要求，亟须应对的风险和挑战更加错综复杂，推进国家安全治理现代化具有重大而深远的意义。基于互联网、大数据、人工智能等新一代信息技术的数字化转型正在加速推进，个体和组织已成为当今数据生产的重要载体，数据也成为继土地、劳动力、资本与技术等之后的第五大生产要素。数据安全构成了国家安全的重要组成部分，全民数据安全意识和素养也被认为是推进数字中国高质量建设的基础条件。然而，数据在充分体现"数字民主"的同时，也面临着"技术利维坦"的潜在风险，各种不确定性和难预料的因素不断增多，数据泄露、数据权力异化等随时可能发生。因此，要着力增强全民数据安全意识和素养，筑牢国家安全人民防线，树立科学的数据安全世界观和方法论，以新安全格局保障新发展格局,建设更高水平的平安中国。

(资料来源:祁志伟.着力提升全民数据安全意识和素养[N].中国社会科学报,2023-05-09)

知识点导图

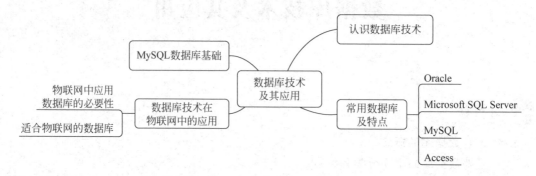

学习情景

小龙发现身边的朋友都在使用数据库,小龙也想建立一个朋友数据库:这个数据库记录了所有朋友的联系信息,同时也记录与朋友的往来记录;通过这个数据库,可以查到与任何一位朋友交往的记录,朋友帮的忙及礼物,以及对朋友的承诺;还可以查到哪些朋友长时间没有联络,应该联络一下了。这个数据库可以帮助小龙建立和维持良好的关系网。那么,如何创建一个这样的数据库呢,学完本章的内容,你就可以帮小龙设计一个这样的数据库了。

知识学习

6.1 认识数据库技术

数据库(database,DB),顾名思义,是存放数据的仓库。数据库是一个长期存储在计算机内的、有组织的、可共享的、统一管理的大量数据的集合。这些数据按照一定的数据模型组织、描述和存储,具有较小的冗余度、较高的数据独立性和易扩展性,并可为各种用户共享。数据库中的数据按照某种数据模型进行组织,如关系模型、层次模型、网络模型等。其中,关系模型是最常用的数据模型之一,它以二维表格的形式表示数据,每个表格由行和列组成,行表示实体,列表示实体的属性。

数据库系统(DBS):在计算机系统中引入数据库后的系统构成,包括数据库、数据库管理系统(DBMS)及其应用开发工具、应用系统以及数据库管理员和用户。

数据库管理系统(DBMS):实现对数据库资源有效组织、管理和存取的系统软件。它支持用户对数据库的各项操作,包括数据定义、数据操纵、数据库的建立和维护以及通信等功能。

6.1.1 数据库技术的发展

1. 按照数据库技术的迭代阶段来分

按照数据库技术的迭代阶段来分,数据库技术大致经历了人工管理阶段、文件管理阶段和数据库管理阶段。

1) 人工管理阶段(20世纪50年代中期以前)

这一时期,计算机主要用于科学计算,外部存储器只有磁带、卡片和纸带等,没有磁盘等直接存取的存储设备。软件只有汇编语言,没有数据管理方面的软件。数据处理方式基本是批处理。这个阶段数据管理的特点是数据不保存,没有软件系统对数据进行管理,没有文件的概念,数据不具有独立性,数据组织结构简单,只由一组数据构成,没有记录的概念。

2) 文件管理阶段(20世纪50年代后期到60年代中期)

这一时期,硬件方面有了磁盘、磁鼓等直接存取的存储设备。软件方面,操作系统中已经有了专门的数据管理软件,一般称为文件系统。这个阶段的数据管理特点如下:数据可以长期保存;由文件系统管理数据;数据冗余度大、共享性差、独立性差。

3) 数据库管理阶段(20世纪60年代后期以来)

这个阶段,数据管理进入数据库系统阶段。数据库系统克服了文件系统的缺陷,提供了对数据更高级、更有效的管理。这个阶段的程序和数据的联系通过数据库管理系统(DBMS)来实现,即数据不再面向某个应用而是面向整个系统。

2. 按照数据模型发展的主线

按照数据模型发展的主线,数据库技术的形成过程可以分为三个阶段:层次和网状数据库管理系统、关系数据库管理系统(RDBMS)、新一代数据库技术的研究和发展。新一代数据库技术改善了关系型数据库在数据模型、性能、扩展性、伸缩性等方面存在的缺点,是面向对象的数据库技术等。

6.1.2 数据库系统的构成

数据库系统是由数据库及其管理软件组成的系统。一般情况下,数据库系统包含4个部分:数据库、硬件系统、软件系统、人员。

1. 数据库的结构

数据库的结构可以从不同角度进行分类,常见的有数据库系统的体系结构和数据库的数据模型结构。

1) 数据库系统的体系结构

从数据库最终用户角度看,数据库系统的体系结构分为单用户结构、主从式结构、分布式结构、客户/服务器结构等。

从数据库管理系统角度看,数据库系统通常采用三级模式结构,这是数据库系统的内部结构。三级模式结构包括外模式、模式和内模式。其中,模式是数据库中全体数据的逻辑结构和特征的描述,是所有用户的公共数据视图;外模式也称子模式或用户模式,它是数据库用户能够看见和使用的局部数据的逻辑结构和特征的描述,是数据库用户的数据视图,是与某一应用有关的数据的逻辑表示;内模式也称存储模式,定义了数据的存储结构和存取方法,确保数据在存储设备上的高效组织和访问,一个数据库只有一个内模式。数据库的三级模式结构如图6-1所示。

2) 数据库的数据模型结构

数据库的数据模型结构主要有层次模型(见图6-2)、网状模型(见图6-3)和关系模型(见图6-4)。层次模型是将数据组织成一对多关系的结构,用树状结构表示实体及实体间

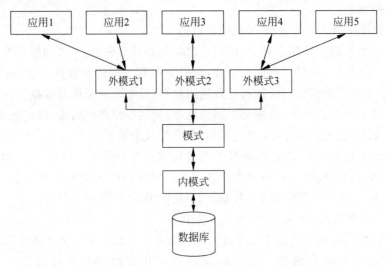

图 6-1　数据库系统三级模式结构

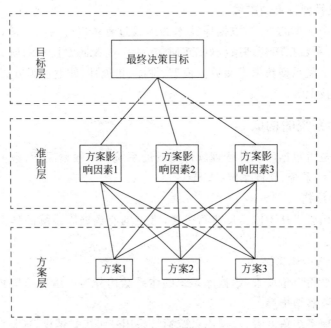

图 6-2　层次模型

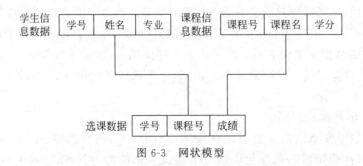

图 6-3　网状模型

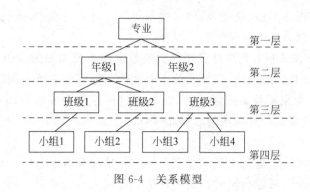

图 6-4 关系模型

的联系;网状模型用连接指令或指针来确定数据间的显式连接关系,是具有多对多类型的数据组织方式;关系模型是以关系数据理论为基础,由关系数据结构、关系操作集合和关系完整性约束三部分组成。

2. 数据库硬件系统

数据库硬件系统是构成计算机系统的各种物理设备,主要包括中央处理器、内存储器、外存储器、输入设备、输出设备等硬件设备。这些设备通过通信线路或者外部设备连接到数据库服务器上,从而完成数据的查询、更新、维护等操作。

中央处理器:负责执行数据库管理系统的指令和处理数据,其性能直接影响到数据库系统的运行速度和处理能力。

内存储器:用于存储操作系统、数据库管理系统的核心模块、数据缓存区和应用程序等,其容量和速度对数据库系统的性能有重要影响。

外存储器:包括磁盘、磁带等存储设备,用于直接存储数据库和进行数据备份。外存的容量和读写速度对数据库系统的数据存储和检索速度有重要影响。

输入、输出设备:包括键盘、鼠标、显示器、打印机等,用于用户与数据库系统进行交互,输入查询请求和显示查询结果。

此外,数据库硬件系统还包括通信设备和安全设备等,如网卡、防火墙等,用于保证数据库系统的网络通信和数据安全。

3. 数据库软件系统

数据库软件系统主要包括数据库管理系统(DBMS)和相关的应用程序。数据库管理系统是用于创建、管理、维护数据库的一组软件程序,其主要功能包括数据定义、数据操纵、数据库的建立和维护以及通信等。数据库应用程序是与数据库系统相关的应用程序,用于实现特定的数据处理任务。这些应用程序可以是用户自定义的,也可以是第三方提供的。例如,数据库查询工具、报表生成工具、数据分析工具等都属于数据库应用程序的范畴。

此外,数据库软件系统还包括数据库开发工具、数据库连接工具等,用于支持数据库系统的开发、调试和维护。

4. 数据库人员

数据库系统通常由以下四类人员组成。

(1)数据库管理员(DBA):负责数据库系统的安装、配置、维护和优化。DBA需要确保数据库的安全、稳定和高效运行,同时还需要与其他技术人员和用户进行协调和沟通。

(2)数据库开发人员:负责数据库系统的设计、开发和实施。他们需要根据业务需求和数据需求，设计数据库结构、创建表、定义关系等。在开发过程中，他们需要与应用程序开发人员紧密合作，确保数据的准确性和一致性。

（3）应用程序开发人员：负责开发和维护与数据库系统相关的应用程序。他们需要了解数据库的基本操作和数据结构，以便能够有效地使用数据库系统中的数据。

（4）最终用户：数据库系统的使用者，他们通过应用程序或数据库查询工具来访问和操作数据。最终用户需要了解基本的数据库操作和数据查询语言，以便能够有效地利用数据库系统中的数据。

在一个数据库系统中，这些人员可能会根据实际情况和需求有所重叠或变化。例如，在一些小型组织中，一个人可能会同时担任管理员和开发人员的角色。同时，随着云计算和大数据技术的不断发展，数据库系统的人员和职责也在不断变化和扩展。

6.2 常用数据库及特点

6.2.1 Oracle

Oracle 数据库，又名 Oracle RDBMS，或简称 Oracle，是甲骨文公司的一个商业化的关系数据库管理系统，被许多大型企业和组织广泛使用。它是在数据库领域一直处于领先地位的产品。Oracle 数据库管理系统可移植性好、使用方便、功能强，适用于各类大、中、小微机环境。它是一种高效率的、可靠性好的、适应高吞吐量的数据库方案。

Oracle 数据库系统是一个多用户系统，能自动从批量处理或在线环境的故障中恢复运行。系统提供了一个完整的软件开发工具 Developer 2000，包括交互式应用程序生成器、报表打印软件、字处理软件、集中式数据字典、图形化数据库构造器及面向通信的开放网络计算（ONC）。

在 Oracle 中，数据库不仅指物理的数据集合，更是逻辑的数据集合。在物理上，存储数据时有多种方法，如简单的文件存储系统、专用的存储系统、磁盘阵列、光盘存储、闪速存储器和存储网络等；在逻辑上，用表空间来管理物理存储空间，表空间可以由同一磁盘上的一个或多个文件组成，而一个表空间又可以由一个或多个数据文件组成。数据文件的大小是块大小的整数倍。表空间的大小等于从属于它的所有数据文件大小的总和。

Oracle 数据库结构包括数据文件、控制文件、联机日志文件、参数文件。总的来说，Oracle 数据库是一个功能强大的数据库系统，被广泛用于各种企业级应用。

6.2.2 Microsoft SQL Server

Microsoft SQL Server 是微软公司开发的关系数据库管理系统，与 Windows 操作系统紧密集成，被广泛用于企业级应用。具有使用方便、可伸缩性好、与相关软件集成程度高等优点。它可以跨越多种平台使用。Microsoft SQL Server 数据库引擎为关系数据和结构化数据提供了更安全可靠的存储功能，使用户可以构建和管理用于业务的高可用和高性能的数据应用程序。

SQL Server 是一个全面的数据库平台，使用集成的商业智能工具提供了企业级的数据管理。此外，SQL Server 还支持 T-SQL 等编程语言，可以自定义数据库应用程序，实现数据的增、删、改、查等操作。

总的来说，Microsoft SQL Server 是一个功能强大的数据库管理系统，被广泛用于各种企业级应用中，可以满足不同规模和需求的数据存储和管理需求。

同时，SQL Server 提供了众多新特性，例如云集成、高级分析、移动商务应用等，使得它成为一个更加灵活和可扩展的平台，适用于各种现代企业的数据管理需求。

6.2.3 MySQL

MySQL 是一个开源的关系数据库管理系统，广泛应用于 Web 开发和其他各种应用领域。由瑞典 MySQL AB 公司开发，属于 Oracle 旗下产品。在 Web 应用方面，MySQL 是最好的 RDBMS（relational database management system，关系数据库管理系统）应用软件之一。

MySQL 是一种关系数据库管理系统，关系数据库将数据保存在不同的表中，而不是将所有数据放在一个大仓库内，这样就增加了速度并提高了灵活性。MySQL 所使用的 SQL 语言是用于访问数据库的标准化语言。MySQL 软件采用了双授权政策，分为社区版和商业版，由于其容量小、速度快、成本低，尤其是具有开放源码这一特点，一般中小型和大型网站的开发都选择 MySQL 作为网站数据库。

6.2.4 Access

Access 数据库是微软公司推出的基于 Windows 桌面的关系数据库管理系统，是 Office 系列应用软件之一。它提供了表、查询、窗体、报表、宏、模块等用来建立数据库系统的对象。Access 数据库是一个易于使用且功能强大的关系型数据库管理系统，适用于各种规模的企业和个人使用。

Access 能够存取 Access/Jet、Microsoft SQL Server、Oracle 数据库，或者任何 ODBC 兼容数据库的资料。作为 Office 套件的一个组成部分，可以与 Office 集成，实现无缝连接。Access 提供了多种向导、生成器、模板，把数据存储、数据查询、界面设计、报表生成等操作规范化。Access 可以处理海量数据，支持各种数据类型，并提供丰富的查询功能。用户可以使用 Access 创建表、查询、窗体等数据库对象，也可以使用 SQL 语言进行编程。

6.3 MySQL 数据库基础

6.3.1 结构化查询语言 SQL

SQL（structured query language）语言是用于关系数据库查询的结构化语言，最早由 Boyce 和 Chambedin 在 1974 年提出，称为 SEQUEL 语言。1976 年，IBM 公司的 San Jose 研究所在研制关系数据库管理系统 System R 时修改为 SEQUEL2，即目前的 SQL 语言。SQL 语言主要包含以下五个部分。

（1）数据查询语言（DQL）：也称为数据检索语句，用以从表中获得数据，确定数据怎样通过应用程序给出。

（2）数据操作语言（DML）：其语句包括 INSERT、UPDATE 和 DELETE。DML 主要

用于对数据库进行添加、修改和删除操作。

(3) 事务处理语言(TPL)：使用其语句能够确保被 DML 语句影响的表的所有行及时得以更新。

(4) 数据控制语言(DCL)：其语句通过 GRANT 或 REVOKE 获得许可，确定单个用户和用户组对数据库对象的访问。

(5) 数据定义语言(DDL)：其语句包括动词 CREATE、DROP 和 ALTER 等，DDL 主要用于定义数据库、表等。

6.3.2 简单的 SQL 查询语句

1. 查询软件

在学习和研究 MySQL 数据库的过程中，通常会使用一些软件辅助编程，这里我们介绍一款常用软件 Navicat 15（见图 6-5）。Navicat 是一款强大的数据库管理和开发工具，它是一套可创建多个连接的数据库管理工具，用以方便管理 MySQL、Oracle、PostgreSQL、SQLite、SQL Server、MariaDB 和 MongoDB 等不同类型的数据库，它与阿里云、腾讯云、华为云、Amazon RDS、Amazon Aurora、Amazon Redshift、Microsoft Azure、Oracle Cloud 和 MongoDB Atlas 等云数据库兼容。Navicat 的功能足以满足专业开发人员的需求，且对数据库服务器初学者来说简单易操作。Navicat 的图形用户界面(GUI)设计良好，让用户以安全且简单的方法创建、组织、访问和共享信息。

图 6-5　Navicat 15 软件图标

Navicat 的安装和使用非常简单，注意，在安装 Navicat 之前，要先在计算机中安装 MySQL 数据库的运行环境(本节不做介绍，感兴趣的读者可参考本章后面的工作任务 6)。图 6-6 是 Navicat 启动后的主界面，用户可以在查询功能下利用 SQL 语言完成数据库的基本操作。

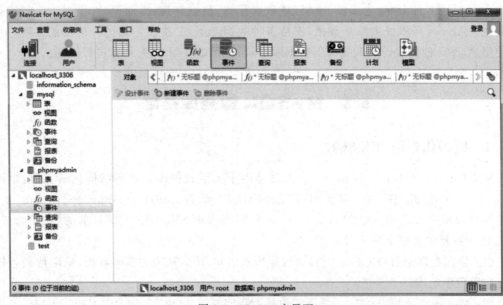

图 6-6　Navicat 主界面

2．查询语句

本小节主要通过 Navicat 软件讲解一些基本的 SQL 语句,实现数据库的创建、数据表的创建、数据查询等操作。

1）创建一个学校管理系统数据库 school

创建数据库的 SQL 语句如图 6-7 所示,采用的是"create database 数据库名"的语法格式,创建成功后,下面会显示 OK 的字样。

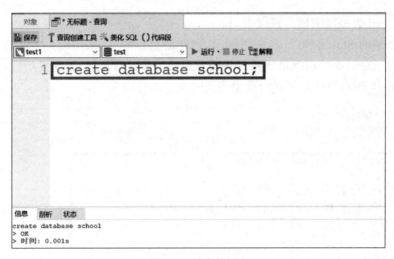

图 6-7 创建数据库

2）在 school 数据库下创建学生表 student

创建数据表的 SQL 语句如图 6-8 所示,创建的过程和创建数据库类似,采用的是"create table 数据表名()"的语法格式,括号内列举出数据表的各个列名和数据类型,创建成功后,打开数据表可看到如图 6-9 所示的只有列名的数据表。

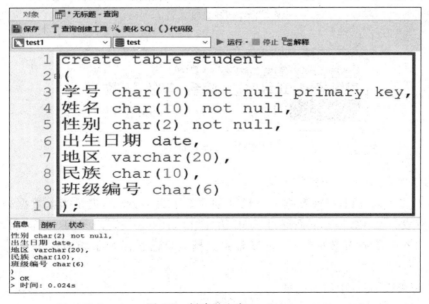

图 6-8 创建学生表 student

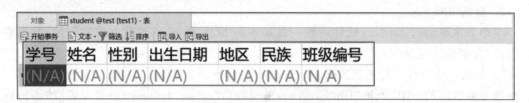

图 6-9 学生表 student

3) 在 school 数据库下创建班级表 class

创建数据表的 SQL 语句如图 6-10 所示,创建的过程同上,采用的是"create table 数据表名()"的语法格式,括号内列举出数据表的各个列名和数据类型,创建成功后,打开数据表可看到如图 6-11 所示的只有列名的数据表。

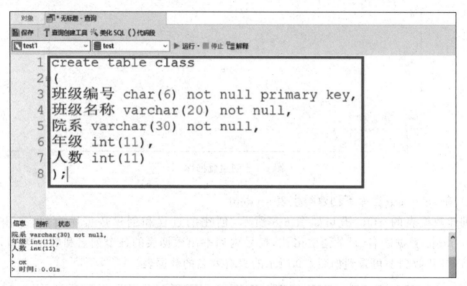

图 6-10 创建班级表 class

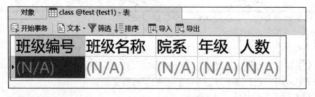

图 6-11 班级表 class

4) 向学生表 student 中添加记录

从第 2)步可以看到,当前数据库下已经创建好了表 student,但是当前数据表是空表,也就是只有表头没有数据。下面通过 SQL 语句"insert into 表名 values()"向表里添加记录,如图 6-12 所示,打开数据表后,可以看到数据表里已经添加了相应的记录,如图 6-13 所示。

5) 向班级表 class 中添加记录

从第 3)步可以看到,当前数据库下已经创建好了表 class,但是当前数据表是空表,也就

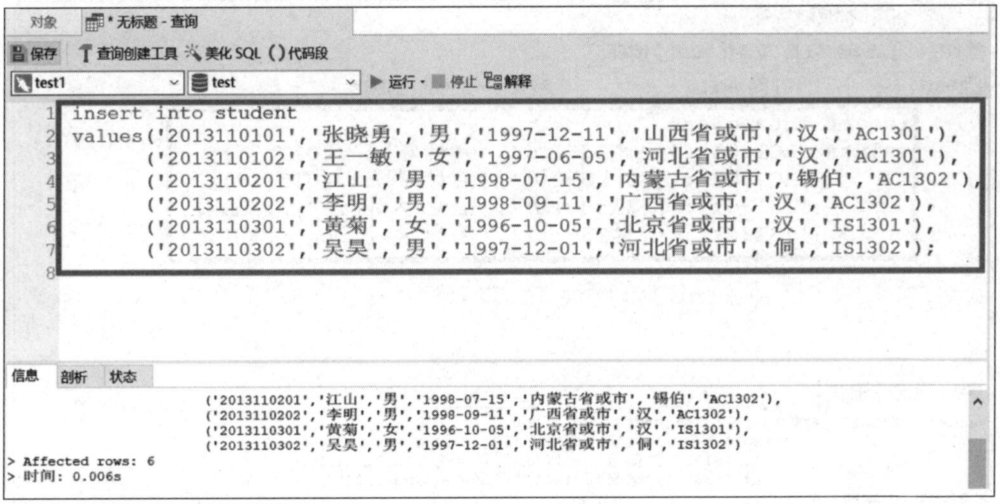

图 6-12　向 student 表添加数据

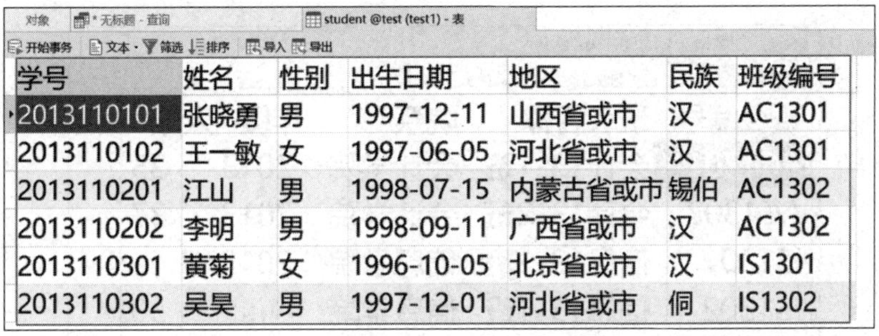

学号	姓名	性别	出生日期	地区	民族	班级编号
2013110101	张晓勇	男	1997-12-11	山西省或市	汉	AC1301
2013110102	王一敏	女	1997-06-05	河北省或市	汉	AC1301
2013110201	江山	男	1998-07-15	内蒙古省或市	锡伯	AC1302
2013110202	李明	男	1998-09-11	广西省或市	汉	AC1302
2013110301	黄菊	女	1996-10-05	北京省或市	汉	IS1301
2013110302	吴昊	男	1997-12-01	河北省或市	侗	IS1302

图 6-13　添加数据后的学生表 student

是只有表头没有数据。下面通过 SQL 语句"insert into 表名 values()"向表里添加记录，如图 6-14 所示，打开数据表后，可以看到数据表里已经添加了相应的记录，如图 6-15 所示。

3. 查询案例

在 MySQL 数据库中，查询语句是重点也是难点。上述步骤 1)～步骤 5)已经创建好了相应的表并且添加了数据，这些操作都是为查询做铺垫。查询的意义在于从大量数据中快速检索到所需要的数据，查询语句有如下语法格式。

```
SELECT [ALL | DISTINCT]  输出列表达式, ...
[FROM  表名 1[ , 表名 2] ...]                      /*FROM 子句*/
[WHERE 条件]                                       /*WHERE 子句*/
[GROUP BY {列名 | 表达式 | 列编号}
         [ASC | DESC], ...                         /*GROUP BY  子句*/
[HAVING 条件]                                      /*HAVING 子句*/
[ORDER BY {列名 | 表达式 | 列编号}
         [ASC | DESC], ...]                        /*ORDER BY 子句*/
[LIMIT {[偏移量,] 行数|行数 OFFSET 偏移量}]         /*LIMIT 子句*/
```

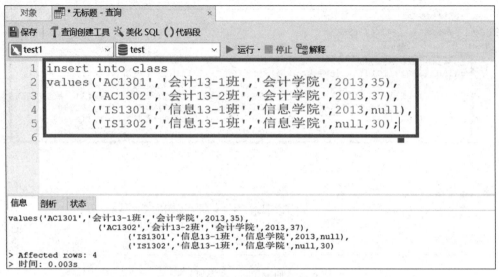

图 6-14　向 class 表添加数据

班级编号	班级名称	院系	年级	人数
AC1301	会计13-1班	会计学院	2013	35
AC1302	会计13-2班	会计学院	2013	37
IS1301	信息13-1班	信息学院	2013	(Null)
IS1302	信息13-1班	信息学院	(Null)	30

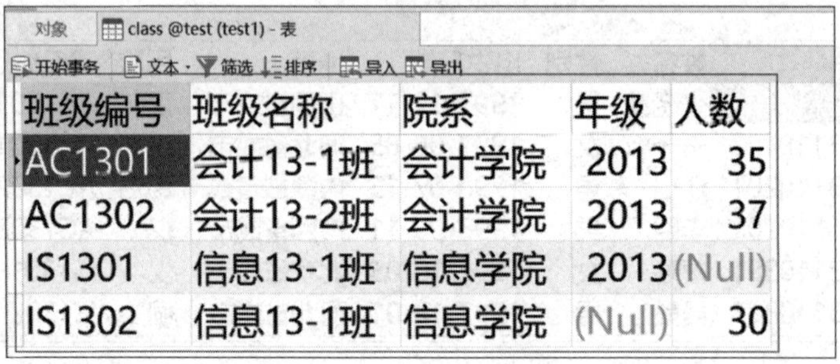

图 6-15　添加数据后的班级表 class

数据的查询都是从 SELECT 语句开始，根据不同的使用场景添加不同的语句。查询语句是按照顺序严格排序的，例如，一个 HAVING 子句必须位于 GROUP BY 子句之后，并位于 ORDER BY 子句之前。

下面是一些查询的案例。

1）查询 1：查询学生表中的学号和姓名

本案例属于最基本的查询语句，也就是没有其他附加条件，SQL 语句如图 6-16 所示，在查询成功后，可以在下方结果页面看到当前表中的学号和姓名。

图 6-16　查询 1 的实现语句及运行结果

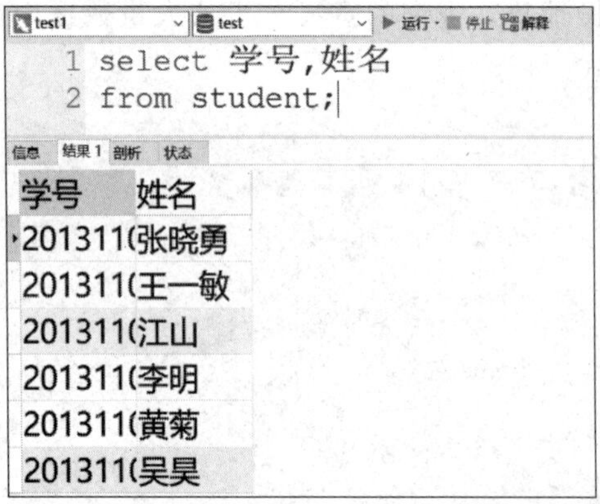

2）查询 2：查询学生表中女同学的学号和姓名

本查询案例与查询案例 1 相似，区别在于如何同时检索女同学的数据，女同学应该放在条件语句 where 的后面，SQL 语句如图 6-17 所示，在查询成功后，可以在下方结果页面看

到当前表中两个女同学的学号和姓名。

3）查询 3：查询每个学院 2013 级的班级数

本查询案例主要查询的内容是班级的个数，所以 select 子句后面加的是求班级数的 count 函数，2013 级是查询条件，放在 where 子句后面，"院系"是一个关键性词汇，也就是要对学院进行分组，写在 group by 子句后，具体的 SQL 语句如图 6-18 所示，在查询成功后，可以在下方结果页面看到当前班级表 class 中每个学院 2013 级的班级数。

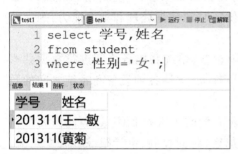

图 6-17 查询 2 的实现语句及运行结果

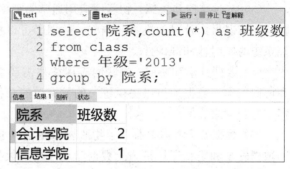

图 6-18 查询 3 的实现语句及运行结果

4）查询 4：查询班级信息，结果按照人数降序排序

本查询案例主要查询的内容是班级的信息，也就是班级的所有信息，所以 select 子句后面加的是班级的所有信息 *，本案例没有查询条件，所以不需要 where 子句，但是本案例有一个排序，且为降序排序，所以需要用到 order by 子句和 desc 表示降序，具体的 SQL 语句如图 6-19 所示，在查询成功后，可以在下方结果页面看到当前班级表 class 中按照人数降序排序后的班级信息。

图 6-19 查询 4 的实现语句及运行结果

6.4 数据库技术在物联网中的应用

6.4.1 物联网中应用数据库的必要性

数据库在物联网应用中发挥着重要的作用，是支撑物联网系统稳定、高效、安全运行的关键组件之一。在物联网中应用数据库的必要性主要体现在以下几个方面。

(1)数据存储和管理：物联网设备产生大量的数据，包括传感器数据、设备状态信息、用户数据等。数据库可以提供高效、可靠的数据存储和管理机制，确保这些数据的安全、完整和可用性。

(2)数据分析和挖掘：通过对物联网数据的分析和挖掘，可以提取出有价值的信息，用于优化业务流程、改进产品设计、提升用户体验等。数据库可以提供强大的数据处理和分析能力，支持各种复杂的数据分析和挖掘任务。

(3)实时监控和决策：物联网应用通常需要实时监控设备状态、环境变化等情况，并根据这些情况做出及时的决策和响应。数据库可以提供实时的数据处理和查询能力，确保监控系统的实时性和准确性。

(4)数据共享和协同：物联网应用往往需要多个设备、系统和服务之间进行数据共享和协同工作。数据库可以提供统一的数据访问和接口标准，支持各种设备和系统之间的数据交互和共享。

(5)数据安全和隐私保护：物联网数据通常包含大量的个人隐私信息，因此需要严格的数据安全和隐私保护措施。数据库可以提供数据加密、访问控制、审计跟踪等安全功能，确保数据的安全性和隐私性。

6.4.2 适合物联网的数据库

1. InfluxDB

InfluxDB 是一个由 InfluxData 开发的开源时序数据库，它专注于高性能地查询与存储时序数据。时序数据是指按照时间顺序记录的系统或设备状态变化的数据，例如 CPU 利用率、环境温度等。InfluxDB 具有以下三大特性。

(1)时序性(time series)：与时间相关的函数的灵活使用，如求最大、求最小、求和等。

(2)度量(metrics)：对实时大量数据进行计算。

(3)事件(event)：支持任意的事件数据，即任意事件的数据都可以进行操作。

2. CrateDB

CrateDB 是一款基于 ElasticSearch 的分布式数据库，它与 ElasticSearch 最大的区别是提供了 ANSI SQL 查询访问接口。ElasticSearch 在 6.x 版本以后，也开始提供 SQL 的查询，但 CrateDB 与 ElasticSearch 相比，能够支持多索引之间的关联查询，针对某些聚合函数，它返回的是精确的查询结果，而 ElasticSearch 返回的是近似值。此外，CrateDB 天然支持自动分片、自动复制、分布式的 NoSQL 架构，并且安装非常简单，能存储结构化和非结构化的数据。其底层有 ElasticSearch 的高性能搜索引擎，上层有标准 SQL 支持组件。

3. MongoDB

MongoDB 是一个基于分布式文件存储的数据库。使用 C++ 语言编写，旨在为 Web 应用提供可扩展的高性能数据存储解决方案。MongoDB 是一个介于关系数据库和非关系数据库之间的产品，是非关系数据库当中功能最丰富、最像关系数据库的数据库。它支持的数据结构非常松散，是类似于 JSON 的 BSON 格式，因此可以存储比较复杂的数据类型。MongoDB 最大的特点是它支持的查询语言非常强大，其语法有点类似于面向对象的查询语言，几乎可以实现类似关系数据库单表查询的绝大部分功能，而且支持对数据建立索引。

4. RethinkDB

RethinkDB 是一个开源的 NoSQL 数据库管理系统,最初是为实时 Web 应用程序开发的。它是构建实时应用的 JSON 文档存储库,支持原子操作。RethinkDB 支持多种编程语言的驱动程序,包括 Python、Ruby、JavaScript、PHP、Java 和 C♯。RethinkDB 的主要特性包括水平扩展、容错、实时响应以及灵活的 JSON 模型。此外,RethinkDB 的查询语言 ReQL 支持复杂的查询和连接操作,使开发人员能够轻松地在数据库中操作和变换数据。

RethinkDB 还支持时间序列数据,可以存储和查询时间序列数据,这对于需要处理时间序列数据的应用程序非常有用。RethinkDB 还支持地理空间数据,可以在数据库中存储和查询地理空间数据,这使得它成为需要处理地理空间数据的应用程序的理想选择。RethinkDB 已经在 2020 年宣布停止开发和支持。

5. SQLite

SQLite 是一个轻型的数据库系统,遵守 ACID 原则,即原子性(atomicity)、一致性(consistency)、隔离性(isolation)和持久性(durability)。这些特性保证了事务在数据库系统中的可靠性和一致性,是关系数据库管理系统。它包含在一个相对小的 C 库中,设计目标是嵌入式的,因此在许多嵌入式产品中得到了广泛的应用。SQLite 的资源占用非常低,在嵌入式设备中可能只需要几百 K 的内存。它支持 Windows、Linux、UNIX 等主流操作系统,并能够与多种编程语言相结合,如 Tcl、C♯、PHP、Java 等,还有 ODBC 接口。

SQLite 的第一个 Alpha 版本诞生于 2000 年 5 月。与数据库服务器如 MySQL 或 PostgreSQL 相比较,它的特殊性在于不是复制客户机/服务器结构,而是通过使用数据库文件直接集成到程序中。整个数据库存储在一个文件中。

6. Apache Cassandra

Apache Cassandra 是一个开源的、分布式、无中心、弹性可扩展、高可用、容错、一致性可调、面向行的数据库,适用于需要处理大量数据、高并发读写、高可用性和容错的应用场景。它最初是由 Facebook 创建的,用于解决超大数据量存储可扩展性问题,现已被一些最流行的网站广泛应用。

Apache Cassandra 的设计基于 Amazon Dynamo 的分布式设计和 Google Bigtable 的数据模型。它是分布式的,这意味着它可以运行在多台机器上,并呈现给用户一个一致的整体。Cassandra 集群可以运行在分散于世界各地的数据中心上,用户可以放心地将数据写到集群的任意一台机器上,Cassandra 都会收到数据。此外,Cassandra 是无中心的,也就是说每个节点都是一样的,不存在单点失效的问题。

在数据一致性方面,Cassandra 提供一致性可调的功能,用户可以根据需要选择不同的一致性级别。在容错方面,Cassandra 通过复制数据到多个节点来确保数据的可靠性和容错性,即使部分节点发生故障,Cassandra 仍然可以从其他节点恢复数据。

【工作任务6】 正确安装和配置 MySQL 5.5

1. 通过官网下载 MySQL 5.5

下载地址:https://dev.mysql.com/downloads/mysql/,如图 6-20 所示。

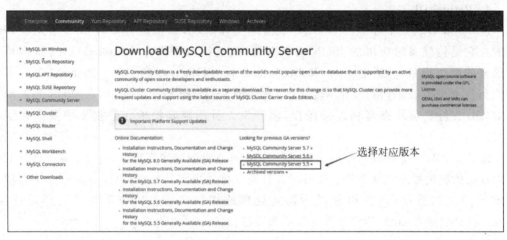

图 6-20　官网下载界面

2. 安装 MySQL 5.5

注意：安装之前,请关闭杀毒软件。

（1）下载后,双击图标,运行程序,如图 6-21 所示。

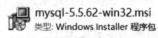

图 6-21　MySQL 程序安装包

（2）安装步骤如图 6-22～图 6-29 所示。

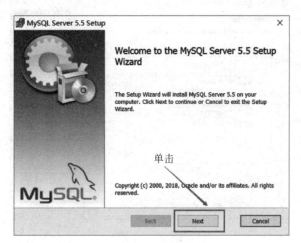

图 6-22　步骤 1

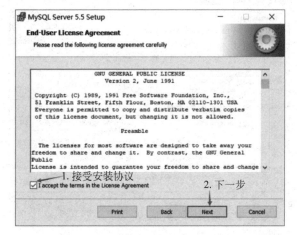

图 6-23　步骤 2

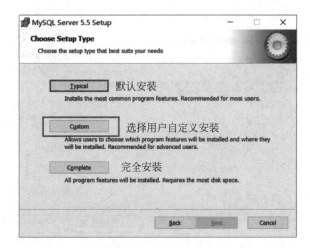

图 6-24　步骤 3

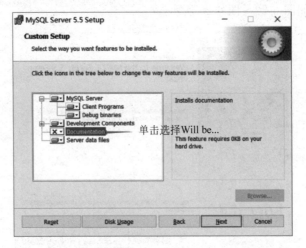

图 6-25　步骤 4

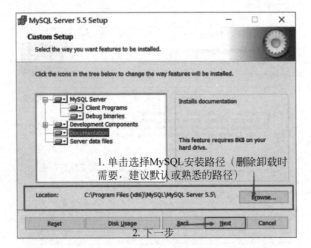

图 6-26　步骤 5

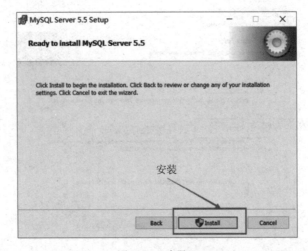

图 6-27　步骤 6

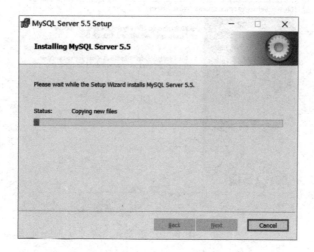

图 6-28　步骤 7

图 6-29　步骤 8

3．MySQL 配置

1）进入配置

结束 MySQL 安装之后会自动进入 MySQL 配置，具体配置如图 6-30 所示。

2）选择配置方式

如图 6-31 所示有 Detailed Configuration、Standard Configuration 两个选项，这里选择 Detailed Configuration。

3）选择服务类型

如图 6-32 所示有 Developer Machine（开发测试类，MySQL 占用很少资源）、Server Machine（服务器类型，MySQL 占用较多资源）、Dedicated MySQL Server Machine（专门的数据库服务器，MySQL 占用所有可用资源）三个选项，这里选择 Developer Machine。

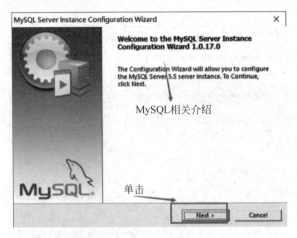

图 6-30　步骤 9

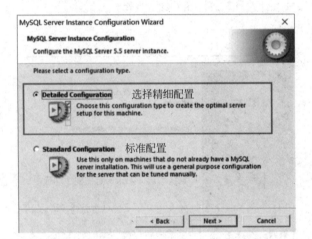

图 6-31　步骤 10

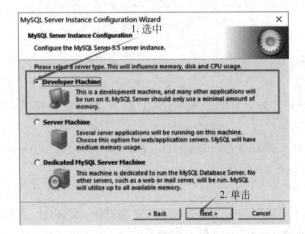

图 6-32　步骤 11

4）选择 MySQL 数据库的大致用途

如图 6-33 所示有 Multifunctional Database、Transactional Database Only、Non-Transactional Database Only 三个选项，这里选择 Multifunctional Database，单击 Next 按钮继续。

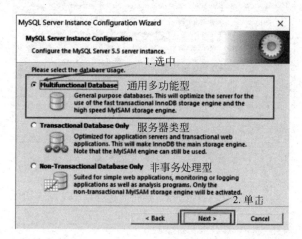

图 6-33　步骤 12

5）表空间路径

请选择默认路径，并单击 Next 按钮继续，如图 6-34 所示。

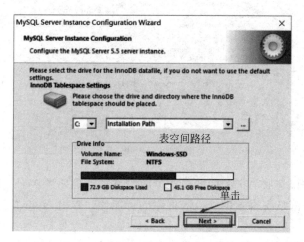

图 6-34　步骤 13

6）选择网站并发连接数

同时连接的数目有 Decision Support（DSS）/OLAP（约 20 个）、Online Transaction Processing（OLTP）（约 500 个）、Manual Setting（手动设置，自己输入一个数）。

选择第一个或第三个（可修改连接数），如图 6-35 所示，单击 Next 按钮进入下一步。

7）是否启用 TCP/IP 连接

设定端口，如果不启用，就只能在自己的机器上访问 MySQL 数据库。在这个页面上，还可以选中 Enable Strict Mode（启用标准模式），这样 MySQL 就不会允许出现细小的语法错误，如图 6-36 所示。

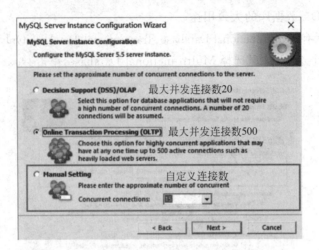

图 6-35　步骤 14

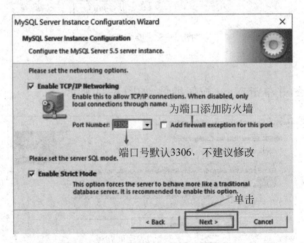

图 6-36　步骤 15

如果是新手，建议您取消选中标准模式以减少麻烦。但熟悉 MySQL 以后，尽量使用标准模式，因为它可以降低有害数据进入数据库的可能性。单击 Next 按钮继续。

8）设置默认字符集

默认字符集建议选择 utf8，可以适用于中文，如图 6-37 所示。

9）选择是否将 MySQL 安装为 Windows 服务

可以指定 Service Name（服务标识名称），是否将 MySQL 的 bin 目录加入到 Windows PATH（加入后，就可以直接使用 bin 下的文件，而不用指出目录名，比如连接，"mysql.exe-uusername-ppassword;" 就可以了，不用指出 mysql.exe 的完整地址），这里全部选中，Service Name 不变，如图 6-38 所示。单击 Next 按钮继续。

10）询问是否要修改默认 root 用户（超级管理）的密码

Enable root access from remote machines（是否允许 root 用户在其他的机器上登录，如果要安全，就不要勾选，如果要方便，就勾选它）。

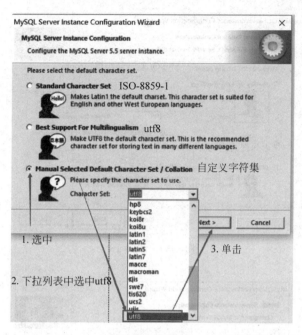

图 6-37　步骤 16

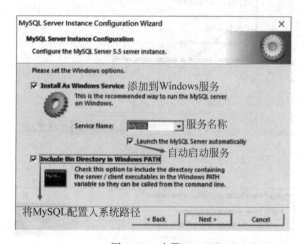

图 6-38　步骤 17

Create An Anonymous Account(新建一个匿名用户,匿名用户可以连接数据库,不能操作数据,包括查询)一般就不用勾选,如图 6-39 所示,设置完毕单击 Next 按钮继续。

注意：数据库密码找回很复杂,如果数据库密码丢失,一般建议卸载数据库,重新安装。

11) 启动配置

确认设置无误,单击 Execute 按钮使设置生效,等待四个单选按钮全部被选中,即完成 MySQL 的安装和配置,如图 6-40 和图 6-41 所示。

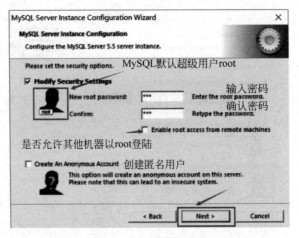

图 6-39　步骤 18

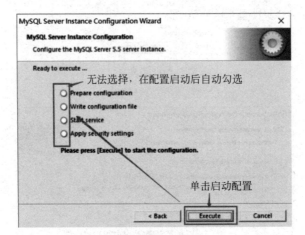

图 6-40　步骤 19

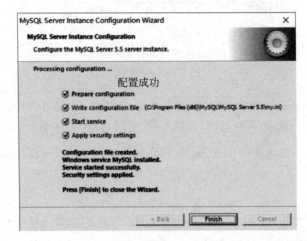

图 6-41　步骤 20

4. MySQL 安装成功验证

（1）在开始菜单中找到 MySQL 5.5 Command Line Client 单击打开，如图 6-42 所示。

图 6-42　步骤 1

（2）出现 DOS 控制台，输入安装时设置的 root 用户密码，并按 Enter 键，出现如图 6-43 所示内容。

图 6-43　步骤 2

（3）输入"show databases;"后按 Enter 键出现如图 6-44 所示内容即表示安装成功。

图 6-44　步骤 3

注：图 6-41 显示内容为 MySQL 数据库初始默认的 4 个库。

5. 安装失败

如果安装\配置失败建议搜索"MySQL 完全卸载"相关文件，对已安装的 MySQL 进行卸载，重启计算机后，按照上述步骤重新安装。

练习题

一、单选题

1. 在关系数据库中，用于存储数据表中的数据对象是（　　）。
   A. 文档　　　　　B. 记录　　　　　C. 数据框　　　　　D. 数据表
2. 下列用于在 SQL 查询中筛选出符合条件记录的关键词是（　　）。
   A. WHERE　　　　B. SELECT　　　　C. FROM　　　　　D. GROUP BY
3. 下列函数用于在 SQL 查询中计算列的总和的是（　　）。
   A. AVG()　　　　B. SUM()　　　　C. COUNT()　　　　D. MAX()
4. 下列可以用于在数据库中创建新的数据表的是（　　）。
   A. 插入数据　　　B. 更新数据　　　C. 删除数据　　　　D. 创建表
5. 下列可以在数据库中创建主键的是（　　）。
   A. 唯一性约束　　B. 外键约束　　　C. 非空约束　　　　D. 主键约束

二、判断题

1. 数据库是长期存储在计算机内、有组织的、可共享的大量数据的集合。（　　）
2. 关系数据库中的关系指的是表与表之间的连接关系。（　　）
3. 在关系数据库中，每个表的主键只能由一个列组成。（　　）
4. 在关系数据库中，可以建立多对多的关系类型。（　　）
5. 在关系数据库中，每个表都必须有一个名为"ID"的主键列。（　　）

三、简答题

简述关系数据库的基本特点。

第 7 章

单片机技术及其应用

学习目标

- 了解单片机的发展历史和应用。
- 熟悉常见单片机的类型和特点。
- 了解 51 单片机的基础功能和电路。
- 了解单片机在物联网中的作用和地位。

学习重难点

重点：常见单片机及其特点。
难点：51 单片机的输入、输出电路。

课程案例

单片机技术走出国门，造福当地

"掌握了这些代码，任何单词都能显示在 LED 屏幕上。"走进位于埃塞俄比亚职业技术培训学院的鲁班工坊，中国教师江绛正在讲授单片机智能控制课程。

教室里，约 20 名学生三四人为一组，每组都配有计算机、单片机和一个小巧的 LED 点阵屏。讲解完理论知识，江绛走下讲台，认真查看每组学生的操作进度，及时答疑解惑。

这堂课是埃塞俄比亚职业技术培训学院和鲁班工坊联合开设的"中文＋技术"课程的一部分。电子通信专业大四学生特瓦丘非常喜欢这门课程："虽然以前也上过类似的实操课，但学员多、设备少，有时还没轮到我操作就下课了。在鲁班工坊，每个人都有机会实操，江老师还会手把手地指导。"

在中国老师的帮助下，鲁班工坊为埃塞俄比亚培养出了一批懂技术、会中文的优秀学生。江绛的很多学生毕业后都进入当地知名企业工作，还有一些学生自主创业成功。"每当他们告诉我，从我这里学到的知识帮助他们取得了一些成绩时，我就觉得特别幸福。"江绛说，"当地师生对我的认可是最高褒奖。"

江绛的妻子高洋也是天津职业技术师范大学援埃塞俄比亚的老师，同样参与了鲁班工坊的建设。2015 年儿子出生时，两人给孩子取名"江天亚"。"'天'代表天津，'亚'则是亚的斯亚贝巴（埃塞俄比亚首都）。"江绛说，"孩子的名字别具纪念意义。能把青春献给这两座城市，我们感到欣慰。"

(资料来源：闫韬明.扎根埃塞 造福当地[N].人民日报,2023-01-28(3).)

知识点导图

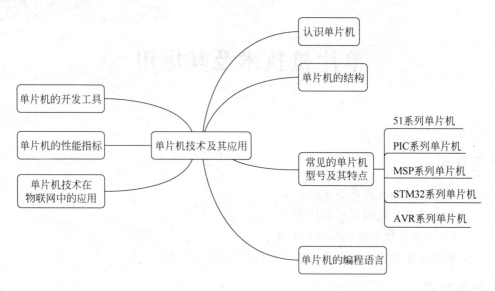

学习情景

小龙发现身边的同学都在玩掌上游戏机,小龙也很想买一个,但是掌上游戏机价格很高,样式也很单一。小龙突发奇想,能不能用简单的器件自己做一个小型游戏机,既能玩游戏又很独特。游戏机可以通过LED点阵屏配合单片机来制作,比如实现俄罗斯方块、贪吃蛇、赛车等游戏。但是小龙没有单片机技术基础,不知道选用哪种单片机,而且做一个这样的游戏机,可能还需了解PWM、数码管动态显示、LED点阵显示等技术内容,以及取模方法等单片机知识。通过本章的学习,你能帮小龙选一个合适的单片机吗?

知识学习

7.1 认识单片机

20世纪70年代以来,单片机技术飞速发展,被广泛地应用到了家用电器、仪器仪表、智能汽车、自动检测、电工电子等多个方面。各种产品一旦用上了单片机,就能起到使产品升级换代的功效,常在产品名称前冠以形容词——智能型,如智能型洗衣机等。那么,单片机技术到底是什么,单片机有哪些类型?通过本章的学习,我们会对单片机有一个基本的认识和了解。

7.1.1 单片机的基本概念

单片机(single-chip microcomputer)是一种集成电路芯片,是采用超大规模集成电路技术把具有数据处理能力的中央处理器CPU、随机存取存储器RAM、只读存储器ROM、多种I/O口和中断系统、定时器/计数器等(可能还包括显示驱动电路、脉宽调制电路、模拟多路转换器、A/D转换器等电路)集成到一块硅片上构成的一个小而完善的微型计算机系统,在工业控制领域广泛应用,如图 7-1 所示为搭载了单片机芯片的单片机板。

图 7-1　单片机板

单片机的实质是将一个计算机系统集成到一个芯片上,相当于一个微型的计算机,与计算机相比,单片机只缺少了 I/O 设备。它通常是将计算机的主要功能部件如中央处理器、存储器和 I/O 接口等集成在一块芯片上,通过总线连接各个部件。

单片机具有体积小、功耗低、可靠性高、成本低等优点,因此在各个领域都得到了广泛的应用,如智能仪表、实时工控、通信设备、家用电器等。嵌入式系统是单片机最重要的应用场合之一,通常包括嵌入式操作系统和相关的应用程序,用于控制各种设备和执行各种任务。

1. 按通用性分类

按通用性分类可以分为通用型单片机和专用型单片机。

通用型单片机:一种集成了中央处理器、内存和输入/输出接口的微控制器,广泛应用于各种电子设备中以实现自动控制和数据处理功能。

专用型单片机:针对某一类产品甚至某一个产品而设计生产的,例如为了满足电子体温计的要求,在片内集成 ADC 接口等功能的温度测量控制电路。

2. 按总线结构分类

按总线结构分类可以分为总线型单片机和非总线型单片机。

总线型单片机:普遍设置有并行地址总线、数据总线、控制总线,这些引脚用于扩展并行外围器件,都可通过串行口与单片机连接。

非总线型单片机:除上述总线型单片机外,还有许多单片机已把所需要的外围器件及外围设备接口集成在一片内,在许多情况下,可以不要并行扩展总线,这类单片机称为非总线型单片机。

3. 按应用领域分类

按应用领域分类可以分为家电类、工控类、通信类、个人信息终端类等类型。例如,工控型寻址范围大,运算能力强;用于家电的单片机多为专用型,通常是小封装、低价格,其外围器件和外围设备接口的集成度较高。但是这一分类并不是唯一的和严格的。例如,80C51 类单片机既是通用型又是总线型,还可以用于工控领域。又如,MCS-51 系列中 80C51 属于通用型单片机,80C31则属于专用型单片机。

4. 按数据总线位数分类

按数据总线位数分类可以分为 4 位、8 位、16 位和 32 位单片机。其中 4 位单片机结构简单,价格便宜,非常适合用于控制单一的小型电子类产品,如 PC 用的输入装置(鼠标、游戏杆)、电池充电器、遥控器、电子玩具、小家电等;8 位单片机是目前品种最为丰富、应用最为广泛的单片机;16 位单片机的操作速度及数据吞吐能力在性能上比 8 位机有较大提高。

7.1.2 单片机的发展历史

单片机作为微型计算机的一个重要分支,应用面很广,发展也很快。自单片机诞生至今,已发展成上百种系列的近千个机种。如果将 8 位单片机的推出作为起点,那么单片机的发展历史大致可分为以下几个阶段。

第一阶段(1976—1978 年):单片机的探索阶段。以 Intel 公司的 MCS-48 为代表。MCS-48 的推出是在工控领域的探索,参与这一探索的公司还有 Motorola、Zilog 等,都取得了满意的结果。

第二阶段(1978—1982 年):单片机的完善阶段。Intel 公司在 MCS-48 基础上推出了完善的、典型的单片机系列 MCS-51。它在以下几个方面奠定了典型的通用总线型单片机体系结构。

(1) 完善的外部总线。MCS-51 设置了经典的 8 位单片机的总线结构,包括 8 位数据总线、16 位地址总线、控制总线及串行通信接口。

(2) CPU 外围功能单元的集中管理模式。

(3) 体现工控特性的位地址空间及位操作方式。

(4) 指令系统趋于丰富和完善,并且增加了许多突出控制功能的指令。

第三阶段(1982—1990 年):单片机的巩固阶段。8 位单片机的巩固发展及 16 位单片机的推出阶段,也是单片机向微控制器发展的阶段。Intel 公司推出的 MCS-96 系列单片机,将一些用于测控系统的模数转换器、程序运行监视器、脉宽调制器等纳入片中,体现了单片机的微控制器特征。随着 MCS-51 系列的广泛应用,许多电气厂商竞相使用 80C51 为内核,将许多测控系统中使用的电路技术、接口技术、多通道 A/D 转换部件、可靠性技术等应用到单片机中,增强了外围电路功能,强化了智能控制的特征。

第四阶段(1990 年至今):单片机的全面发展阶段。随着单片机在各个领域全面深入地发展和应用,出现了高速、大寻址范围、强运算能力的 8 位/16 位/32 位通用型单片机,以及小型廉价的专用型单片机。

7.1.3 单片机的特点

1. 高集成度,体积小,高可靠性

单片机将各功能部件集成在一块晶体芯片上,集成度很高,体积自然也是很小的。芯片本身是按工业测控环境要求设计的,内部布线很短,其抗工业噪声性能优于一般通用的 CPU。单片机程序指令、常数及表格等固化在 ROM 中不易被破坏,许多信号通道也均在一个芯片内,故可靠性高。

2．控制功能强

为了满足对象的控制要求，单片机的指令系统均有极丰富的功能：分支转移功能，I/O 口的逻辑操作功能及位处理功能，非常适用于专门的控制领域。

3．低电压，低功耗，便于生产便携式产品

为了满足广泛应用于便携式系统的要求，许多单片机内的工作电压仅为 1.8～3.6V，而工作电流仅为数百微安。

4．易扩展

芯片内具有计算机正常运行所必需的部件，而芯片外部又有许多供扩展用的三总线及并行、串行输入/输出引脚，因此很容易构成各种规模的计算机应用系统。

5．优异的性价比

随着生产规模的扩大和技术的进步，单片机的生产成本逐渐降低，而性能却不断提高。

7.1.4 单片机的应用

单片机诞生至今已有五十多年的发展历史，已从最初的 4 位单片机发展到现在的 8 位单片机、16 位单片机、32 位单片机以及在单片机高端领域的 64 位单片机。单片机凭借着低功耗、控制功能强、可靠性高以及高集成度等显著优点，成为当今社会科技领域的实用工具和人们生活中的得力助手，其应用领域一直在不断扩大。主要表现在以下几大应用领域。

1．家用电器领域

目前普通居民家中的电器几乎都使用到了单片机。例如，电饭煲、电冰箱、电风扇、洗衣机、空调以及液晶电视、各种音响设备、体重秤、雾化器等都用到了单片机。

2．医用设备领域

单片机在医用设备领域的使用同样广泛，中低端领域常用的测温仪、电子体温计，高端领域的各种分析仪、呼吸机、监护仪以及超声诊断设备等。

3．工业控制领域

由于单片机能够构成形式多样的控制系统、数据采集系统所以被广泛应用在工厂流水线的智能化管理、楼宇电梯智能化控制以及各种报警系统中，还能够和计算机联网构成二级控制系统。

4．智能仪器仪表领域

单片机与各种类型的传感器组合，可以实现对各种物理量采集，如电压、功率、频率、湿度、温度、压力等；通过单片机控制，使仪器的数字化、智能化、微型化程度更高。例如，电能表、示波器、各种分析仪器等。

5．计算机网络通信领域

单片机具备通信接口，能够直接与计算机进行数据通信。比如手机、远程监控交换机、自动通信呼叫系统、无线对讲机等都实现了单片机智能控制。

6．大型电器中的模块化应用

一些特殊的单片机用来实现特定的功能，因此可以模块化地应用于不同的电路，而使用者无须知道其内部结构，例如音乐集成单片机。

除了以上六大主要领域之外，单片机还在工商、金融、教育以及国防航空等领域有着十分广泛的用途。随着32位、64位单片机的开发,单片机的运算效能得到了大幅的提升,在未来,单片机的应用领域还将继续扩大。

7.2 单片机的结构

单片机是一种集成电路芯片,它采用超大规模集成电路技术将具有数据处理能力的中央处理器(CPU)、存储器、输入/输出接口电路等集成到一块硅片上,构成一个小而完善的微型计算机系统。构成单片机的基本硬件单元主要有以下几个部分。

1. 中央处理器

中央处理器(CPU)是单片机的核心部分,负责执行各种指令和处理数据。它由运算器和控制器两部分组成,运算器主要进行算术和逻辑运算,而控制器则负责协调各部分工作,控制指令的执行。

2. 存储器

存储器包括程序存储器和数据存储器两部分。程序存储器用于存放已编译好的程序,数据存储器则用于存放程序执行过程中需要的数据以及运算结果。

3. 输入/输出接口电路

这部分电路用于连接外部设备,实现数据的输入和输出。输入接口电路通常包括模拟输入和数字输入两部分,而输出接口电路则包括数字输出和模拟输出两部分。

4. 定时器/计数器

定时器/计数器是单片机中常用的功能部件,用于实现定时或计数功能。定时器可以产生一定时间间隔的中断信号,计数器则可以对外部事件进行计数。

5. 中断系统

中断系统是单片机的重要组成部分,用于处理突发事件或异常情况。当中断发生时,中断系统会暂停当前正在执行的程序,转而执行中断处理程序,处理完后再返回原来的程序继续执行。

6. 通信接口

通信接口用于实现单片机与其他设备或系统之间的信息交换。常见的通信接口包括串行通信接口、并行通信接口、SPI接口、I^2C接口等。

7. 时钟电路

时钟电路用于为单片机提供稳定的时钟信号,保证各部分协调工作。时钟电路通常由晶振和电容组成,晶振产生的时钟信号经过分频后送到单片机的各部分。

8. 电源电路

电源电路用于为单片机提供稳定的电源电压和电流,以保证其正常工作。

7.3 常见的单片机型号及其特点

单片机发展至今种类很多,而且数量庞大,应用范围广泛。不同的应用领域其应用的主流单片机有所不同,设计开发者需要根据自身的需求进行选择。下面介绍几种主流的单片机。

7.3.1 51系列单片机

51系列单片机是对兼容英特尔8051指令系统的单片机的统称。这些单片机广泛应用于家用电器、汽车、工业测控、通信设备等领域。因为51单片机的指令系统、内部结构相对简单,所以国内许多高校用其进行单片机入门教学。51系列单片机的基本组成包括一个8位CPU、一定数量的RAM和ROM、特殊功能寄存器(SFR)、I/O口、串行口、定时器/计数器以及中断系统等。此外,8051是在8031的基础上,芯片内又集成有4KB ROM作为程序存储器的一款51系列单片机,这使得8051成为一个程序不超过4KB的小系统。

51系列单片机具有易于学习和开发、成本低廉、稳定可靠等优点,适合中小型应用场景。但是,它也存在性能较低、资源受限等缺点,需要在具体的应用场景中进行权衡和选择,图7-2就是一个搭载了51单片机的最小系统。

1. 系列单片机的优点

(1) 易于学习和开发:使用汇编语言或C语言就可以进行开发,学习曲线较为平缓。

(2) 成本低廉:与其他微控制器相比价格较为便宜,适合大规模应用。

(3) 稳定可靠:使用寿命长,且受环境温度等因素的变化影响较小,适用于各种工业控制和嵌入式系统。

(4) 适合中小型应用场景:适用于一些不需要高速处理器的场景,例如家电、智能家居、传感器等。

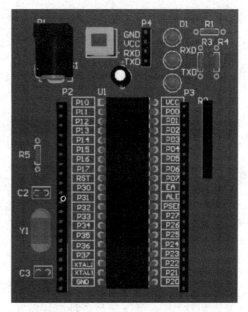

图 7-2 51单片机最小系统

2. 系列单片机的缺点

(1) 性能较低:与其他处理器相比,处理速度和计算能力都较为有限,不适合处理大量的数据和高速运算。

(2) 资源受限:RAM、ROM容量小,I/O口数量有限,扩展能力较弱。

(3) 开发成本高:虽然学习曲线较为平缓,但相对于更为普及的ARM、AVR等控制器,需要更高的开发成本。

(4) 生态环境欠缺:开源资料相对较少,支持工具有限,不利于快速开发和迭代。

7.3.2 PIC系列单片机

PIC系列单片机是由美国Microchip公司推出的产品,采用了RISC结构的嵌入式微控制器,其是一种功能强大、易于开发、成本低廉的嵌入式微控制器,适用于各种中小型嵌入式系统的开发和应用。PIC系列单片机的指令集较为精简,可以提高执行速度,使得实时控制更为精确。同时,Microchip公司也提供了丰富的开发工具和资料,使得开发者可以更为方便地进行开发和调试。其主要特性有以下几点。

(1) 高速度、低电压、低功耗:PIC单片机具有出色的性能表现,能在低电压下工作,并保持低功耗,满足各种应用需求。

(2) 大电流 LCD 驱动能力:PIC 单片机具有大电流 LCD 驱动能力,能直接驱动 LCD 显示,使得在嵌入式系统中的应用更为方便。

(3) 低价位 OTP 技术:PIC 单片机采用了低价位 OTP(One Time Programmable)技术,使得其成本更为亲民,同时也提供了程序保护的功能。

(4) 丰富的外设接口:PIC 单片机拥有丰富的外设接口,包括 I^2C、SPI 和 UART 等,可以方便地与其他器件进行通信。

(5) 广泛的应用领域:PIC 单片机在全球范围内的应用非常广泛,包括计算机的外设、家电控制、通信、智能仪器、汽车电子以及金融电子等诸多领域。

7.3.3 MSP 系列单片机

MSP 系列单片机是德州仪器(Texas Instruments,TI)推出的一款 16 位超低功耗的混合信号处理器(mixed signal processor,MSP),称为 MSP430 系列。MSP430 系列单片机的应用领域广泛,包括便携式设备、医疗电子、智能家居、汽车电子、工业自动化等。由于 MSP430 单片机的低功耗和高性能特点,它在物联网和可穿戴设备等领域也有着广泛的应用前景。MSP430 单片机的主要特点如下。

(1) 超低功耗:MSP430 单片机在功耗方面有着出色的表现,正常工作模式下功耗仅为数百微安,低功耗模式下功耗更是可以降低到几十微安,甚至更低。这使得 MSP430 单片机非常适合于对功耗要求严格的便携式设备和电池供电设备。

(2) 丰富的外设接口:MSP430 单片机拥有丰富的外设接口,包括 ADC、DAC、定时器、PWM、比较器、通信接口等,可以方便地与其他器件进行通信和控制。

(3) 高性能:MSP430 单片机采用了 16 位 RISC 指令集,单个时钟周期就可以执行一条指令,相同晶振下速度较传统的 8 位 51 单片机快 12 倍。同时,MSP430 单片机的中断响应速度快,可以快速响应外部事件。

(4) 大容量存储:MSP430 单片机的存储容量大,Flash 存储器最大可达 64KB,SRAM 最大可达 2KB,可以满足各种应用需求。

(5) 高集成度:MSP430 单片机的集成度高,将许多模拟电路、数字电路和微处理器集成在一个芯片上,以提供"单片"解决方案,减小了系统的体积和复杂度。

(6) 易于开发:MSP430 单片机的开发工具完善,包括仿真器、调试器、编译器等,可以方便地进行开发和调试。

7.3.4 STM32 系列单片机

STM32 系列单片机是由 STMicroelectronics(意法半导体)推出的一款基于 ARM Cortex-M 内核的 32 位微控制器。STM32 系列单片机功能强大、易于开发、性能出色、应用领域广泛。其丰富的外设接口和低功耗技术使得开发者可以更加灵活地进行设计和开发,满足各种应用需求。STM32 系列单片机的一些主要特性有以下几点。

(1) 高性能:STM32 系列单片机采用了 ARM Cortex-M 内核,具有出色的处理性能和运行速度。此外,它们还具有较大的 Flash 存储器和 SRAM 存储器,可以轻松处理复杂的应用程序。

(2) 丰富的外设接口：STM32 系列单片机拥有丰富的外设接口，包括多个定时器、计数器、PWM 输出、ADC、DAC、通信接口等。这些外设可以帮助开发人员实现各种不同的应用需求。

(3) 低功耗：STM32 系列单片机采用了先进的低功耗技术，可以在不降低性能的情况下降低功耗。这使得它们非常适合需要长时间运行或者依靠电池供电的设备。

(4) 易于开发：STM32 提供了丰富的软件和硬件工具，以帮助开发者快速开发嵌入式应用程序。一些易于使用的工具包括 STM32CubeIDE（集成开发环境）、STM32CubeMX（图形化配置工具）以及 HAL 库（硬件抽象层库）等。

(5) 多种型号选择：STM32 系列单片机涵盖了从低功耗、低成本到高性能的各种应用需求，提供了多种型号选择，包括不同封装、不同存储容量和不同外设接口的选项。

(6) 广泛的应用领域：STM32 系列单片机的应用领域广泛，包括工业自动化、智能家居、医疗电子、汽车电子、物联网等。由于其高性能和低功耗特点，STM32 在高端嵌入式系统和实时控制系统等领域也有着广泛的应用前景。

7.3.5 AVR 系列单片机

AVR 系列单片机是 1997 年由 ATMEL 公司研发出的增强型内置 Flash 的 RISC（reduced instruction set CPU，精简指令集 CPU）8 位单片机。AVR 系列单片机是一款功能强大、易于开发、性能出色、功耗低的 8 位单片机，广泛应用于计算机外部设备、工业实时控制、仪器仪表、通信设备、家用电器等各个领域。它的核心是将 32 个工作寄存器和丰富的指令集联结在一起，所有的工作寄存器都与 ALU（算术逻辑单元）直接相连，实现了在一个时钟周期内执行的一条指令同时访问（读取）两个独立寄存器的功能。这种结构提高了代码效率，使得大部分指令的执行时间仅为一个时钟周期。因此，AVR 单片机可以达到接近 1MIPS/MHz 的性能，运行速度比普通 CISC 单片机高出 10 倍。

AVR 单片机具有预取指令功能，即在执行一条指令时，预先把下一条指令取进来，使得指令可以在一个时钟周期内执行。AVR 单片机还有多个固定中断向量入口地址，可快速响应中断。中断响应速度快，中断向量地址直接映射到程序空间而不是跳转到中断服务程序的顶部。

AVR 单片机还具有功耗低、I/O 口功能强等特点。有的器件最低 1.8V 即可工作。AVR 单片机的 I/O 口是真正的 I/O 口，能正确反映 I/O 口输入/输出的真实情况。

7.4 单片机的编程语言

单片机的编程语言主要有汇编语言、C 语言、PL/M、BASIC 和 Python 等。

(1) 汇编语言：一种用助记符表示的面向机器的语言，具有直接、简洁、易懂等特点。汇编语言可以直接操作硬件，精确控制硬件，实现高度优化的程序。但是，汇编语言的语法复杂，编写和调试过程相对烦琐，不适合初学者或者对硬件了解不深的开发人员使用。

(2) C 语言：一种高级语言，具有简洁、高效、可移植等特点，适用于各种单片机平台。C 语言的语法相对简单，易于学习和理解，可以方便地进行底层硬件操作和控制。C 语言还具有丰富的函数库和工具支持,使得开发人员可以快速开发出高效稳定的嵌入式系统。此外,C语言程序具有完整的程序模块结构,为软件开发中模块化程序设计方法的使用提供了有力的保证。

(3) PL/M 语言:一种具有 L/M 语言的高级语言,不仅具有 L/M 语言的高级汇编功能,而且可以直接利用 CPU 的硬件特性进行编程。因此,与其他高级语言相比,它具有更多的功能和更广泛的应用,尤其是在 16 位机的应用领域。但在 51 系列单片机中,PL/M 语言系列不支持复杂的算术操作、浮点变量和丰富的库函数支持。学习 PL/M 语言相当于学习一种新语言,需要花费更多的时间和精力。

(4) BASIC 语言:一种高级语言,其英文意思是初学者通用符号代码。在过去的几十年里,BASIC 语言被认为是初学者编程的语言。与其他高级语言相比,它具有简单易学、结构化和模块化的特点。BASIC 语言可以直接访问硬件,也能和汇编语言一样对硬件进行位操作。此外,BASIC 语言还具有丰富的库函数支持,可以方便地实现各种功能。

(5) Python 语言:一种面向对象的解释型计算机程序设计语言,由荷兰人 Guido van Rossum 于 1989 年发明,第一个公开发行版发行于 1991 年。Python 广泛应用于各种领域,是一种通用语言,无论是从网站、游戏开发、机器人、人工智能、大数据、云计算或是一些高科技的航天飞机控制都可以用到 Python 语言。Python 提供了高效的高级数据结构,还能简单有效地面向对象编程。Python 语法和动态类型以及解释型语言的本质,使它成为多数平台上写脚本和快速开发应用的编程语言,随着版本的不断更新和语言新功能的添加,逐渐被应用于独立的、大型项目的开发。

7.5 单片机的开发工具

单片机的开发工具是单片机开发的重要组成部分,选择合适的开发工具对于提高开发效率和程序质量具有重要意义。

1. Keil 编程开发环境

Keil 是最核心的工具(见图 7-3),用来编写和编译程序,还有一个最重要的功能就是仿真,快速地帮助用户定位程序缺陷,不过要配合 ST-Link 或者其他仿真器使用。

图 7-3 Keil 图标

Keil 编程开发环境是一款由 Keil Software 公司出品的单片机 C 语言软件开发系统,与汇编相比,C 语言在功能性、结构性、可读性、可维护性上有明显的优势,因而易学易用。Keil 提供了包括 C 编译器、宏汇编、链接器、库管理和一个功能强大的仿真调试器等在内的完整开发方案,通过一个集成开发环境(μVision)将这些部分组合在一起。Keil 支持 Windows XP 和 Windows 7 等多种操作系统,并且可以同时支持多种不同的处理器架构,如 ARM Cortex-M、Cortex-R、Cortex-A 系列,以及 8051、C166 等。

2. Notepad++

Notepad++ 是 Windows 操作系统下的一套文本编辑器,有完整的中文化接口及支持多国语言编写的功能(见图 7-4)。Notepad++ 的功能比 Windows 中的 Notepad(记事本)强大,除了可以用来制作一般的纯文字说明文件,也十分适合编写计算机程序代码。它有语法高亮度显示、语法折叠等功能,并且支持宏以及扩充基本功能的外挂模组。Notepad++ 是免费软件,可以免费使用,自带中文,支持众多计算机程序语言。如果代码量很大,找函数和变量比较方便,一般是用 Notepad++ 来编写和修改程序,然后用 Keil 来编译。

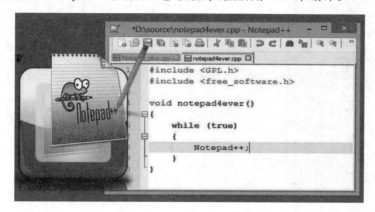

图 7-4　Notepad++ 开发界面

3. Altium Designer

Altium Designer 是原 Protel 软件开发商 Altium 公司推出的一体化电子产品开发系统,主要运行在 Windows 操作系统,用来进行原理图和 PCB 的绘制,在软件开发过程中通常用来看原理图,软件图标如图 7-5 所示。

这套软件通过把原理图设计、电路仿真、PCB 绘制编辑、拓扑逻辑自动布线、信号完整性分析和设计输出等技术的完美融合,为设计者提供了全新的设计解决方案,使设计者可以轻松进行设计,大大提升设计的质量和效率。此外,Altium Designer 还集成了 FPGA 设计等多个功能模块,可以实现从原理图设计到 PCB 布局的完整流程。

图 7-5　Altium Designer 软件图标

4. UartAssist 串口调试工具

UartAssist 串口调试助手是一款 Windows 平台下的串口通信调试工具,广泛应用于工控领域的数据监控、数据采集、数据分析等工作,是串口应用开发及调试工作必备的专业工具之一(见图 7-6)。UartAssist 可以帮助串口通信项目的应用设计、开发、测试人员检查所开发的串口通信应用软/硬件产品的数据收发状况,提高开发速度,简化开发复杂度,是串口通信应用开发调试的得力助手。UartAssist 只有一个执行文件,无须安装,适用于各版本 Windows 操作系统,不需要微软 dotNet 框架支持。

此外,还有一些其他的单片机开发工具,如 IAR Embedded Workbench、STM32CubeIDE、CodeBlocks、MPLAB X IDE 等。IAR Embedded Workbench 支持多种编程语言和文件格式,如 C、C++、汇编语言、ELF、COFF 等;STM32CubeIDE 支持图形化配置和外设初始化等功能;CodeBlocks 是一款免费的开源跨平台 C/C++ 集成开发环境,支持多种单片机开发,包括 AVR、ARM、PIC 等系列;MPLAB X IDE 具有强大的代码编写和调试工具,支持多种编程语言,包括 C、C++、Assembly 等。

图 7-6　UartAssist 串口调试助手

7.6　单片机的性能指标

单片机的性能指标主要包括主频、指令速度、指令集、存储容量、I/O 端口、功耗、温度范围和附加功能等。

1. 主频

主频是衡量单片机处理器性能的重要指标之一,它是指 CPU 每秒钟能够执行的时钟周期数。主频越高,CPU 每秒钟能够执行的指令数也越多,运算速度就越快。例如,一款主频为 100MHz 的单片机,其每秒可以执行 1 亿个时钟周期,因此具有较高的运算速度。

2. 指令速度

指令速度是指单片机处理器内部执行一条指令所需要的时钟周期数。指令速度越快,则单片机的执行速度越快。例如,一些高端单片机的指令速度可以达到几十纳秒甚至更快。

3. 指令集

指令集是处理器支持的指令类型的集合。不同的指令集会影响单片机的性能和功能。常见的指令集包括 AVR、ARM、PIC 等。例如,ARM 指令集具有高效、灵活和可扩展的特点,因此被广泛应用于各种嵌入式系统中。

4. 存储容量

存储容量是指单片机内部可用于存储程序和数据的容量大小。一般来说,存储容量越大,单片机能存储的程序和数据越多,从而实现的功能越复杂。例如,一些高端单片机的内部存储容量可以达到几百千字节甚至更大。

5. I/O 端口

I/O 端口是指单片机与外部设备连接时所使用的接口。I/O 端口的数量和类型会影响到单片机与外部设备的连接方式和通信效率。例如,一些单片机具有多个串行通信接口和 PWM 输出端口,可以方便地连接各种传感器和执行器。

6. 功耗

功耗是衡量单片机能耗大小的指标。一般来说,功耗越低,单片机的能效比就越高,从而延长了系统的使用寿命。例如,一些低功耗单片机的静态电流可以低至微安级或纳安级,具有极高的能效比。

7. 温度范围

温度范围是指单片机正常工作的温度区间。根据工作温度范围的不同,单片机可以分为民用级、工业级和军用级三种。例如,工业级单片机的温度范围通常为 $-40 \sim 85℃$,能够在恶劣的工业环境中正常工作。

8. 附加功能

附加功能是指除了基本性能之外,单片机所具备的其他特殊功能。例如,一些单片机内部集成了 A/D 转换器、D/A 转换器、LCD 驱动器等,从而减少了外部器件的使用,提高了系统的可靠性。

7.1 单片机技术在物联网中的应用

单片机技术是实现物联网智能化的重要手段之一,通过连接和控制各种设备和传感器,实现对环境和设备的智能感知和控制。

(1) 在家庭自动化领域,单片机技术可以用于控制家居设备,实现智能化的居住环境。通过连接灯光、暖气、空调等家居设备,单片机可以根据温度、湿度、光照等传感器数据进行自动调节,提高居住的舒适度和能源利用效率。例如,家庭中的灯光、空调、窗帘等设备可以通过手机应用远程控制,使家庭更加智能便捷。

(2) 在医疗保健领域,单片机可以控制医疗设备、监测患者的生理参数,从而实现医疗服务的智能化和便捷化。例如通过实时监测患者的生理参数可以预防并发症的发生提高医疗质量和安全性。

(3) 在工业领域,单片机可以用于监测和控制生产过程中的各种参数。通过传感器采集温度、压力、湿度等数据,并通过单片机进行处理和分析,可以实现设备状态的实时监测和远程控制,提高生产的效率和质量。此外,通过与各种传感器相结合,单片机可以实现对生产过程的全面监控,及时发现并解决问题,保障生产的安全性和稳定性。

(4) 在传感器网络应用中,单片机可以与各种传感器结合,构建一个传感器网络。在这个网络中,每个传感器都可以采集环境信息,并通过单片机进行数据处理和分析。这种传感器网络可以应用于环境监测、智能家居、农业生产等领域。

(5) 在嵌入式系统应用中,物联网中的许多设备都需要嵌入式系统来支持其运行。单片机可以作为嵌入式系统的核心组件,控制设备的运行和处理数据。例如,在智能家居中,嵌入式系统可以控制家庭安全系统、智能门锁等设备。

(6) 在智能仪表应用中,智能仪表是物联网中的重要组成部分,可以用于监测和控制能源的使用。单片机可以作为智能仪表的核心组件,实现数据的采集、处理和分析。例如,在智能电网中,智能电表可以实时监测用户的用电情况,并根据需要进行调节。

(7) 在云计算和大数据处理应用中,物联网产生的大量数据需要进行处理和分析。单片机可以与云计算和大数据技术结合,实现数据的存储、分析和可视化。例如,在工业生产中,通过对大量数据的分析可以预测设备的故障和维护需求从而提高生产效率和质量。

(8) 在智能交通系统应用中,单片机可以控制交通信号灯、车辆检测器等设备实现交通流量的优化和安全性的提高。例如,通过实时监测交通流量和路况信息可以调整信号灯的时间配比,提高道路的通行效率。

【工作任务 7】 阅读电路原理图

认真观察下面单片机芯片的电路图(见图 7-7),找出连接 LED1 的 I/O 口,并分析点亮 LED1 和 LED2 的电平情况。

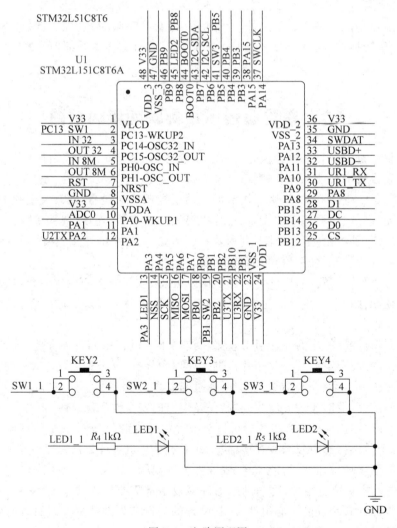

图 7-7 电路原理图

练习题

一、单选题

1. 单片机是将( )集成到一块芯片上。
   A. 控制器、CPU、RAM、ROM
   B. 控制器、CPU、RAM、ROM 和 I/O 口
   C. 控制器、CPU、I/O 口
   D. 控制器、CPU、ROM
2. 下列不是单片机的基本组成部分的是( )。
   A. 中央处理器(CPU)　　　　　　　B. 存储器(RAM/ROM)
   C. I/O 口　　　　　　　　　　　　D. 协处理器
3. 下列不是单片机的应用领域的是( )。
   A. 智能仪表　　B. 工业控制　　C. 个人计算机　　D. 机器人
4. 下列不是单片机主要特点的是( )。
   A. 高集成度　　　　　　　　　　　B. 低功耗
   C. 高速处理能力　　　　　　　　　D. 大容量存储
5. 下列不是单片机的分类方式的是( )。
   A. 根据芯片的集成规模分类　　　　B. 根据使用环境分类
   C. 根据数据总线宽度分类　　　　　D. 根据生产厂家分类

二、多选题

1. 下列是物联网中单片机的主要任务是( )。
   A. 数据采集　　B. 数据传输　　C. 控制执行　　D. 实现人机交互
2. 单片机的结构组成有( )。
   A. 微处理器　　B. 存储器　　　C. I/O 口　　　D. 时钟电路
3. 单片机的应用场景有( )。
   A. 智能家居　　B. 工业控制　　C. 医疗设备　　D. 自动驾驶汽车
4. 下列属于单片机主要特点的是( )。
   A. 低功耗　　　B. 高集成度　　C. 易于编程　　D. 实时性
5. 下列属于物联网中常见的单片机类型有( )。
   A. STM32 单片机　　　　　　　　　B. Arduino 单片机
   C. Raspberry Pi 单片机　　　　　　D. ESP32 单片机

三、判断题

1. 单片机是物联网中不可或缺的组件之一。( )
2. 单片机的存储容量通常很大,可以存储大量的程序和数据。( )
3. 单片机具有强大的计算和控制能力,可以替代传统的控制器。( )
4. 单片机的开发主要基于汇编语言,编程难度较大。( )
5. 单片机在物联网中的应用主要集中在智能家居、工业控制等领域。( )

四、简答题

简述物联网中单片机的作用。

第 8 章

嵌入式技术及其应用

学习目标

- 了解嵌入式系统的发展历史和发展趋势。
- 熟悉嵌入式系统的特点。
- 了解常见嵌入式处理器的分类。
- 掌握主流嵌入式处理器的应用领域。
- 熟悉 ARM 处理器的特点。
- 掌握 ARM 处理器的体系结构。

学习重难点

重点：主流嵌入式处理器。
难点：ARM 处理器。

课程案例

甘肃嘉峪关：智慧停车场建设项目有序推进

2023 年 2 月 9 日，在嘉峪关市玉泉中路，一辆高空作业车早早停靠在完工不久的电力设施立杆下，高架上、路基边，几名施工人员在各自岗位忙碌着，组装基架、安装监控设备，整个过程有条不紊，每个步骤力求严谨。

据悉，嘉峪关智慧停车场建设项目是嘉峪关某安保服务公司落实嘉峪关市停车设施"一难两乱"治理工作的具体举措，也是企业转型发展的重点项目。在项目论证前期，这家安保服务公司与包括海康威视、大华、百度等国内十余家智能停车先进企业开展了多轮技术交流和实地勘察，并邀请专家在结合嘉峪关市实际的情况下，确定了技术路线和设备选型。同时，委托第三方专业机构在发放了大量调查问卷的基础上，编制了项目社会风险稳定性评价报告，并取得了主管部门的审批。

据介绍，该智慧停车场项目主要建设内容为：通过安装具备 AI 识别功能的高位视频相机、安全监控设备等设施，同时建设智慧停车管理平台、综合安防平台及配套服务器等。对嘉峪关市 7 条城市道路共计 3007 个路内停车泊位和 17 处公共停车场进行智能化建设。项目借助大数据、云计算、物联网、嵌入式停车场技术，致力于全面提升嘉峪关市停车管理的智能化水平，助力解决车辆泊位利用率低、周转率低的问题，真正使有限的公共资源得到更高效的利用。

（资料来源：王颖丹，马俊春，张发东.甘肃嘉峪关：智慧停车场建设项目有序推进［EB/OL］.［2023-02-15］.https：//www.xuexi.cn/lgpage/detail/index.html?id＝4879262521628739092&amp；item_id＝4879262521628739092.）

知识点导图

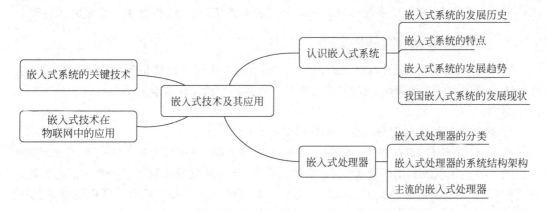

学习情景

通过学习单片机技术，小龙已经能制作简单的单片机小发明了。于是，小龙想尝试进行一些应用更广泛、结构更复杂的发明。小龙设想了很多场景，最终决定用简单的器件实现一个微型的智能家居场景。这个智能家居功能很丰富，包括目前市面上智能家居的大部分功能，这实现起来好像有些难度。小龙开始搜集各种资料并采购设备，最后准备在充分学习嵌入式相关知识后开始动手。那么，嵌入式技术和智能家居到底有什么联系呢？我们现在就来看一下吧。

知识学习

嵌入式系统由硬件和软件组成，是能够独立进行运作的器件，它是以计算机为基础的应用型系统。嵌入式系统的软件包括运行环境和操作系统，硬件系统包括嵌入式处理器、存储器、通信模块、外围设备等。嵌入式系统的主要特点就是能够根据用户需求（功能、可靠性、成本、体积、功耗、环境等）灵活裁剪软硬件模块。

8.1 认识嵌入式系统

嵌入式系统（embedded system）是一种"完全嵌入受控器件内部，为特定应用而设计的专用计算机系统"。根据英国电气工程师协会的定义，嵌入式系统为控制、监视或辅助设备、机器或用于工厂运作的设备。与个人计算机这样的通用计算机系统不同，嵌入式系统通常执行的是带有特定要求的预先定义的任务。由于嵌入式系统只针对一项特殊的任务，设计人员能够对它进行优化，减小尺寸，降低成本。

嵌入式系统是以应用为中心，以现代计算机技术为基础，能够根据用户需求（功能、可靠性、成本、体积、功耗、环境等）灵活裁剪软硬件模块的专用计算机系统。嵌入式系统必须根据应用需求对软硬件进行裁剪,满足应用系统的功能、可靠性、成本、体积等要求。

嵌入式系统通常由硬件和软件两部分组成。硬件部分包括处理器/微处理器、存储器及外设器件和I/O端口、图形控制器等。软件部分包括操作系统、中间件和应用软件等。嵌入式系统的硬件和软件必须紧密结合,以确保系统的稳定性和可靠性。

嵌入式系统的应用范围非常广泛,包括工业控制、智能家居、医疗设备、交通工具、航空航天等各个领域。例如,在智能家居中,嵌入式系统可以被用来控制灯光、温度、安防等系统;在医疗设备中,嵌入式系统可以被用来监测患者的生理参数,控制医疗设备的运行等。

8.1.1 嵌入式系统的发展历史

嵌入式系统的发展与计算机系统的发展基本同步,任何在计算机领域出现的新技术都会很快进入嵌入式系统领域。嵌入式系统中一些新技术的使用也会对其他计算机应用领域产生影响。

1. 嵌入式系统的出现和兴起(1960—1970年)

20世纪60年代,以晶体管(见图8-1)、磁芯存储器(见图8-2)为基础的嵌入式系统被用于控制各种机械系统和电子设备,如工业控制系统、航天航空设备等。这些系统通常需要进行实时控制和数据处理,因此对系统的可靠性和性能要求非常高。随着计算机技术、电子信息技术和半导体工艺的不断进步,嵌入式系统得以迅速发展。

图8-1 晶体管电子计算机

图8-2 磁芯存储器

2. 嵌入式系统开始走向繁荣(1971—1989年)

嵌入式系统大发展是在微处理器(见图8-3)问世之后。随着集成电路制造工艺水平越来越高,芯片制造商开始把嵌入式应用所需要的微处理器、I/O接口、A/D转换器、D/A转换器集成到一个芯片中,制造出面向应用的各种微控制器(见图8-4)。随着目前软件技术的进步,嵌入式系统也逐渐完善。

图8-3 世界上第一台微处理器——英特尔4004

图8-4 牛郎星——世界第一台装配微处理器的微型计算机

3. 嵌入式系统应用走向纵深（1990 年至今）

20 世纪 90 年代后，在分布控制、柔性制造、数字化通信和消费类电子等的巨大需求下，嵌入式系统的硬件、软件技术进一步加速发展，应用领域进一步扩大。手机、MP4、数码相机、DVD 播放机、数字电视、路由器、交换机等都是典型的嵌入式系统，如图 8-5 所示。

图 8-5　身边的嵌入式系统

8.1.2　嵌入式系统的特点

嵌入式系统的硬件和软件必须根据具体的应用任务，以功耗、成本、体积、可靠性、处理能力等为指标进行选择。嵌入式系统的核心是系统软件和应用软件，由于存储空间有限，因而要求软件代码紧凑、可靠，且对实时性有严格要求。

从构成上看，嵌入式系统是集软硬件于一体的、可独立工作的计算机系统；从外观上看，嵌入式系统像是一个"可编程"的电子"器件"；从功能上看，它是对目标系统（宿主对象）进行控制，使其智能化的控制器；从用户和开发人员的不同角度来看，与普通计算机相比较，嵌入式系统具有如下特点。

1. 专用性强

嵌入式系统是面向特定应用而设计的，因此其软件和硬件结合紧密，具有很强的专用性。每个嵌入式系统都是针对特定的任务或应用而开发的，能够高效地完成预定功能。

2. 实时性强

很多嵌入式系统需要在限定的时间内对外部事件做出响应，因此具有实时性。根据实时性的强弱，嵌入式系统可以分为实时嵌入式系统和非实时嵌入式系统，其中大部分为实时嵌入式系统。

3. 软硬件依赖性强

由于嵌入式系统的专用性，其软件和硬件必须协同设计，以达到共同实现预定功能的目的。这种依赖性要求在系统设计时需要同时考虑软件和硬件的需求和限制。

4. 处理器专用

嵌入式系统的处理器通常是专门为某一特定目的和应用而设计的，具有功耗低、体积小和集成度高等优点。这些处理器能够将许多在通用计算机上需要由板卡完成的任务和功能集成到芯片内部,从而有利于嵌入式系统的小型化和移动能力的增强。

5. 系统资源有限

与通用计算机系统相比,嵌入式系统的资源(如处理器能力、存储容量等)通常较为有限。因此,在设计和开发嵌入式系统时,需要充分考虑资源的限制,进行合理分配和优化。

6. 运行环境差异大

嵌入式系统可以应用在各种环境中,如飞机、汽车、工厂等。这些环境的差异可能导致对嵌入式系统的需求和限制有所不同,因此在设计时需要考虑不同环境的特殊需求。

7. 具有系统测试和可靠性评估体系

为了保证嵌入式系统的高效、可靠和稳定运行,通常需要建立完整的系统测试和可靠性评估体系。这些测试和评估可以对系统进行全面的检测和验证,以确保其满足设计要求和性能指标。

8.1.3 嵌入式系统的发展趋势

高性能与低功耗:处理器性能不断提升,同时保持低功耗,以满足复杂计算和长时间运行需求。

物联网集成:更多设备连接到互联网,实现智能互联和数据共享。

人工智能(AI)和机器学习(ML):嵌入式系统逐步集成 AI 和 ML 技术,实现智能感知和决策。

安全性增强:随着连接设备的增加,数据和系统安全性变得更加重要,强调硬件和软件的安全防护。

开源生态:越来越多的开源项目推动嵌入式系统的发展,降低开发成本和难度。

边缘计算:将数据处理和分析移至靠近数据源的边缘设备,提高响应速度和数据处理效率。

小型化与集成化:系统设计趋向更小型和高度集成,以适应空间受限的应用场景。

8.1.4 我国嵌入式系统的发展现状

1. 政策支持

近年来,我国政府出台了一系列支持嵌入式系统发展的政策,包括设立专项基金、建立研发平台、推动产业集聚等。这些政策不仅提供了资金和资源支持,还为嵌入式系统的发展创造了良好的环境和机遇。

2. 技术进步

我国在嵌入式系统技术研发方面取得了显著的进展,包括微处理器、存储器、外设器件等硬件技术的不断提升,以及操作系统、编译器等软件开发工具的逐步完善。此外,我国在物联网、人工智能等领域的技术研发也取得了重要突破,为嵌入式系统的发展提供了有力支撑。

3. 应用领域广泛

我国嵌入式系统的应用领域广泛,包括智能家居、智慧交通、智能制造、医疗电子等各个领域。随着物联网、人工智能等技术的不断发展,嵌入式系统的应用场景也在不断扩展。我国嵌入式系统的产业链已经逐步完善,从芯片设计、制造、封装到软件开发、系统集成等环节,都已经形成了较为完整的产业链,这不仅降低了嵌入式系统的成本,还提高了系统的性能和质量。

4. 创新企业涌现

在嵌入式系统领域,我国涌现出了一批创新型企业,这些企业在技术研发、产品创新、市场拓展等方面都表现出色。例如海思、中兴微电子、联发科、紫光系列、兆易创新、长江存储、芯原微电子、哲库、平头哥、汇顶、地平线机器人、黑芝麻智能、寒武纪、摩尔线程等。这些企业不仅在硬件设计、软件开发等方面有着丰富的经验和技术实力,还在物联网、人工智能等领域有着深入的研究和应用。这些企业的崛起不仅推动了我国嵌入式系统行业的发展,还为其他企业提供了借鉴和合作的机会。

5. 市场规模扩大

随着嵌入式系统应用的广泛普及和产业链的完善,我国嵌入式系统的市场规模也在不断扩大。据统计,我国嵌入式系统市场的年复合增长率较高,预计未来几年将继续保持快速增长趋势。

8.2 嵌入式处理器

嵌入式处理器是嵌入式系统的核心,是控制、辅助系统运行的硬件单元。处理能力极其广阔,从最初的 4 位处理器,目前仍在大规模应用的 8 位单片机,到最新的受到广泛青睐的 32 位、64 位嵌入式 CPU。嵌入式处理器是嵌入式系统的运算和控制核心,关系到整个嵌入式系统的性能。一般情况下嵌入式处理器被认为是对嵌入式系统中运算和控制核心器件的总称。

8.2.1 嵌入式处理器的分类

根据现状,嵌入式处理器可以分为嵌入式微控制器(MCU)、嵌入式微处理器(MPU)、嵌入式 DSP 处理器(DSP)、嵌入式片上系统(SoC)。

1. 嵌入式微控制器(MCU)

嵌入式微控制器(micro controller unit,MCU)是一种集成了微处理器、存储器、外设接口和其他必要组件的芯片,用于控制和执行嵌入式系统的各种任务。MCU 通常被嵌入各种设备中,如家电、汽车、工业控制系统、医疗设备等,以实现自动化、监测、控制等功能。MCU 的核心是一颗微处理器,它具有计算和处理能力,可以执行指令并进行数据处理和运算。除了微处理器,MCU 还包括存储器、外设接口和其他必要的组件,这些组件都被集成在一块芯片上,从而实现了高度集成化和小型化。MCU 具有高性能、低功耗、高可靠性等特点,适用于各种实时性要求较高的应用场合。

MCU 的存储器包括程序存储器和数据存储器,程序存储器用于存储程序代码和常量,数据存储器用于存储变量和临时数据。MCU 的外设接口包括模拟输入输出、数字输入输出、通信接口等,用于与外部设备进行连接和通信。此外,MCU 还具有定时/计数器、中断控制器等功能模块,用于实现定时、计数、中断等功能。

由于 MCU 的高度集成化和小型化,它可以实现快速开发和部署,降低了开发成本和时间。MCU 的广泛应用也促进了嵌入式系统的发展和普及。

2. 嵌入式微处理器（MPU）

嵌入式微处理器（micro processor unit，MPU）是一种专门为嵌入式系统设计的处理器，它是由通用计算机中的 CPU（中央处理器）演变而来的。与通用计算机中的 CPU 相比，嵌入式微处理器具有体积小、重量轻、成本低、功耗低、可靠性高等优点。嵌入式微处理器通常用于控制、监测和自动化系统中，例如智能家居、工业自动化、汽车电子、医疗设备等领域。嵌入式微处理器在性能、功耗和成本等方面的特点，使得它成为嵌入式系统中的重要组成部分。同时，嵌入式微处理器的应用也促进了嵌入式系统的发展和普及。

嵌入式微处理器（MPU）与嵌入式微控制器（MCU）有所不同。嵌入式微控制器通常集成了更多的外设和存储器等资源，可以直接用于控制外设和执行任务。而嵌入式微处理器则需要外接存储器和其他外设才能构成完整的系统。

3. 嵌入式 DSP 处理器（DSP）

嵌入式 DSP 处理器（digital signal processor，DSP）是一种专门用于数字信号处理任务的处理器。与通用处理器不同，DSP 具有高效的数字信号处理能力，可以在短时间内完成大量的数字信号处理运算，如滤波、变换、压缩等。DSP 内部通常采用了特殊的硬件结构和指令集，以优化数字信号处理算法的效率。

DSP 广泛应用于音频、视频、通信、雷达、医疗等领域，例如音频编解码器、图像处理器、通信调制解调器、雷达信号处理器等。在这些应用中，DSP 可以快速处理大量的数字信号，实现高质量的信号处理效果。

与通用处理器相比，DSP 的主要优势在于其高效的数字信号处理能力。DSP 可以通过并行处理、流水线技术、硬件加速等方式提高处理速度，同时还可以降低功耗和成本。此外，DSP 还具有高精度、可编程性强等特点，可以根据不同的应用需求进行灵活配置和优化。

需要注意的是，DSP 和通用处理器之间的区别并不是绝对的，一些通用处理器也具有数字信号处理能力，而一些 DSP 也可以执行通用处理器的任务。

4. 嵌入式片上系统（SoC）

嵌入式片上系统（system on chip，SoC）是一种将多个电子系统集成到单一芯片上的嵌入式系统。SoC 通常包含了微处理器、存储器、外设接口、通信接口等必要组件，以及其他特定的功能模块，如数字信号处理模块、图形处理模块等。这些组件都被集成在一块芯片上，从而实现了高度集成化和小型化。

SoC 的设计目的是将多个复杂的电子系统集成到一个芯片中，以提高系统性能和可靠性，同时降低功耗，并可实现高速的数据传输和处理。此外，SoC 还具有高可靠性、可编程性强等特点，可以根据不同的应用需求进行灵活配置和优化。

SoC 广泛应用于各种嵌入式系统中，如智能手机、平板电脑、数字电视、汽车电子等。在这些应用中，SoC 可以执行各种复杂的任务，如音频视频处理、通信、图形渲染等。

8.2.2 嵌入式处理器的系统结构架构

1. 冯·诺依曼体系结构

冯·诺依曼体系结构的特点是指令和数据共享内存，即使用一个共同的内存空间来存储指令和数据。这种结构中，处理器通过一条总线与内存进行通信，获取指令和数据。由于指令和数据共享内存,因此处理器在执行指令时需要不断地从内存中读取指令和数据。

ARM7 系列处理器采用了冯·诺依曼体系结构,其内部的指令总线和数据总线是共用的。

2. 哈佛总线体系结构

哈佛总线体系结构将存储指令和数据的单元彻底分开,指令总线和数据总线也完全分开独立。这种结构允许处理器同时读取指令和数据,提高了处理器的运算速度。ARM9 以上的处理器采用了哈佛总线体系结构。

8.2.3 主流的嵌入式处理器

1. ARM 系列

ARM(Advanced RISC Machine)公司是一家专门从事芯片 IP 设计与授权业务的公司,其产品有 ARM 内核以及各类外围接口。ARM 内核具有功耗低、性价比高、代码密度高等特点。目前,90%以上的移动电话、大量的游戏机、手持 PC 和机顶盒等都采用 ARM 处理器,ARM 已成为业界公认的嵌入式微处理器标准。

2. MIPS 系列

MIPS 是世界上很流行的一种 RISC 处理器。MIPS 的意思是"无内部互锁流水级的微处理器"(microprocessor without interlocked pipelined stages),其机制是尽量利用软件办法避免流水线中的数据相关问题。它最早是在 20 世纪 80 年代初期由斯坦福大学 Hennessy 教授领导的研究小组研制出来的。MIPS 公司的 R 系列就是在此基础上开发的 RISC 工业产品的微处理器。这些系列产品被很多计算机公司采用,构成各种工作站和计算机系统。MIPS 是出现最早的商业 RISC 架构芯片之一,新的架构集成了所有原来 MIPS 指令集,并增加了许多更强大的功能。

3. PowerPC 系列

PowerPC 是一种精简指令集(RISC)架构的中央处理器(CPU),其基本的设计源自 IBM 的 POWER 架构。

PowerPC 的历史可以追溯到 1990 年,它是基于 IBM 的 POWER 架构。该设计是从早期的 RISC 架构(如 IBM 801)与 MIPS 架构的处理器得到灵感的。

20 世纪 90 年代,IBM、Apple 和 Motorola 开发 PowerPC 芯片成功,并制造出基于 PowerPC 的多处理器计算机。PowerPC 架构的特点是可伸缩性好、方便灵活。第一代 PowerPC 采用 0.6 微米制程,晶体管达到单芯片 300 万个。

4. Super H 系列

Super H 是一种性价比高、体积小、功耗低的 32 位、64 位的 RISC 嵌入式微处理器,可以广泛应用到消费电子、汽车电子、通信设备等领域。Super H 处理器核心家族在 20 世纪 90 年代早期由日立公司开始开发,许多单片机与微处理器都在这个架构下,其中比较有名的是惠普 Jornada 掌上电脑用的 SH7709。Super H 系列目前从 SH-1 发展到了 SH-5,之后,Super H 架构的进化仍持续进行。最后的演进发生在 2003 年,SH-2 至 SH-4 统一成超标量的 SH-X 核心,有点类似之前架构的超集合。

8.3 嵌入式系统的关键技术

1. 实时操作系统(RTOS)技术

嵌入式实时操作系统(real-time operating system,RTOS)是一种专门为嵌入式系统设计的操作系统,具有实时性、可靠性、可维护性等特点。RTOS 的主要任务是管理嵌入式系统的硬件和软件资源,实现任务调度、中断处理、内存管理、设备驱动等功能,以保证系统的实时性和可靠性。

RTOS 的主要特点包括以下几个方面。

(1) 实时性:RTOS 能够提供高精度的计时系统和中断响应机制,保证系统在规定的时间内对外部事件做出响应,并执行相应的任务。

(2) 多任务管理:RTOS 能够管理多个任务,并根据任务的优先级和时间片轮转等调度算法,合理地分配 CPU 时间和系统资源,以保证任务的实时性和公平性。

(3) 内存管理:RTOS 能够有效地管理系统内存,包括内存的分配、释放、保护等功能,以避免内存泄露和越界访问等错误。

(4) 设备驱动:RTOS 能够提供丰富的设备驱动程序,支持各种外设接口和通信协议,如串口、以太网、USB、CAN 等,以方便开发者使用和管理外设。

(5) 可维护性:RTOS 通常提供完善的开发工具和调试接口,以方便开发者进行程序开发、调试和维护。

RTOS 广泛应用于各种嵌入式系统中,如航空航天、汽车电子、工业控制、医疗设备等领域。在这些应用中,RTOS 的实时性和可靠性对于系统的安全和稳定至关重要。例如,在航空航天领域,RTOS 被用于控制卫星、飞机等设备的运行,需要保证系统的高度可靠性和实时性;在汽车电子领域,RTOS 被用于控制发动机、制动系统、安全气囊等关键部件,需要保证系统的安全性和稳定性。

2. 嵌入式软件开发技术

嵌入式软件开发技术是指在嵌入式系统中进行软件开发的技术,主要包括嵌入式软件的设计、编码、测试、调试和维护等过程。

(1) 编程语言选择:在嵌入式软件开发中,常见的编程语言包括 C、C++、Java 等。在选择编程语言时,需要考虑到语言的实时性、代码大小、执行效率等因素。

(2) 交叉编译技术:由于嵌入式系统的硬件资源有限,通常需要在高性能的计算机上进行软件开发,然后将程序下载到嵌入式系统中运行。交叉编译技术是指在一台计算机上生成可在另一台计算机(嵌入式系统)上运行的代码的技术。

(3) RTOS 的使用:RTOS 是嵌入式系统中常用的操作系统之一,能够提供多任务管理、中断处理、内存管理等功能。在嵌入式软件开发中,需要熟悉 RTOS 的使用,包括任务管理、信号量、互斥量等机制的使用。

(4) 调试技术:嵌入式软件开发中的调试技术包括仿真调试和目标调试。仿真调试是指在高性能的计算机上模拟嵌入式系统的运行环境进行调试;目标调试是指直接在嵌入式系统上进行调试。常见的调试工具包括 JTAG 调试器、串口调试器等。

(5) 内存管理技术:嵌入式系统的内存资源有限,因此需要合理地管理内存,避免内存泄露和越界访问等错误。常见的内存管理技术包括静态内存分配、动态内存分配、内存池技术等。

(6) 优化技术：嵌入式系统的硬件资源有限，因此需要对软件进行优化，以提高软件的执行效率和代码质量。常见的优化技术包括代码压缩、代码重构、算法优化等。

(7) 测试技术：嵌入式软件开发中需要进行各种测试，包括单元测试、集成测试、系统测试等。测试技术能够提高软件的质量和可靠性，减少软件缺陷和错误。

3. 通信与网络技术

嵌入式通信与网络技术是嵌入式系统中的重要组成部分，主要涉及将嵌入式系统与外部设备或网络进行连接和通信的技术。这些技术使得嵌入式系统能够与其他设备或系统进行信息交换和协同工作，实现各种智能化控制和监测功能。

(1) 串行通信技术：串行通信是一种常见的嵌入式通信技术，通常使用串口(如 RS-232、RS-485)进行通信。串行通信具有简单、可靠、成本低等优点，适用于近距离的设备间通信。

(2) 以太网技术：以太网是一种常见的有线网络技术，具有高速、稳定、可靠等特点。通过将嵌入式系统连接到以太网，可以实现远程监控、控制和数据处理等功能。以太网通信通常使用 TCP/IP 进行数据传输。

(3) 无线通信技术：无线通信是一种无须线缆连接的通信技术，包括 Wi-Fi、蓝牙、ZigBee、LoRa 等。无线通信技术使得嵌入式系统能够方便地进行远程监控和控制，适用于各种移动设备和无线传感器网络等场景。

(4) 现场总线技术：现场总线是一种用于工业自动化领域的通信技术，如 CAN(控制器局域网络)、Modbus 等。通过将嵌入式系统与现场总线进行连接，可以实现各种工业设备的互联互通和智能化控制。

(5) MQTT 协议：MQTT(消息队列遥测传输)是一种基于发布/订阅模式的轻量级消息协议，适用于物联网场景中的设备间通信。MQTT 协议具有低功耗、可靠传输等特点，适用于各种嵌入式设备和传感器之间的信息交换。

(6) CoAP 协议：CoAP(受限应用协议)是一种适用于物联网场景的轻量级协议，具有低功耗、易实现等特点。CoAP 协议使得嵌入式设备能够方便地进行信息交换和协同工作，适用于各种智能家居、工业自动化等场景。

4. 功耗管理技术

嵌入式功耗管理技术是指在嵌入式系统中，通过对硬件和软件的优化和管理，降低系统的功耗，延长系统的使用寿命的技术。功耗管理是嵌入式系统中的重要问题，因为嵌入式系统通常需要长时间运行，而功耗过高会导致系统发热、电池耗电快等问题，甚至影响系统的稳定性和可靠性。

嵌入式功耗管理技术的实现需要对硬件和软件进行综合优化和管理，包括电源管理策略的制定、硬件设备的选择、软件的优化等方面。同时，还需要考虑系统的实时性、可靠性和稳定性等因素，以保证系统的正常运行和性能。

(1) 动态电源管理技术：动态电源管理技术是一种根据系统的运行状态和负载情况，动态调整系统的电源电压和频率的技术。当系统负载较低时，可以适当降低电源电压和频率，从而降低功耗；当系统负载较高时，可以适当提高电源电压和频率，以保证系统的性能，这种技术可以有效地降低系统的功耗，同时保证系统的性能。

(2) 时钟门控技术：时钟门控技术是一种通过关闭系统中未使用的时钟信号来降低功

耗的技术。在嵌入式系统中,很多模块都需要时钟信号来同步工作,但是并不是所有模块都需要一直工作。当某个模块不需要工作时,可以通过关闭其时钟信号来降低功耗,这种技术可以在保证系统正常工作的前提下,降低系统的功耗。

(3) 休眠和唤醒技术:休眠和唤醒技术是一种将系统进入休眠状态,并在需要时唤醒系统的技术。在嵌入式系统中,当系统长时间没有任务需要执行时,可以将系统进入休眠状态,关闭大部分硬件设备,从而降低功耗。当需要执行任务时,再通过唤醒机制将系统唤醒,这种技术可以在保证系统响应速度的前提下,降低系统的功耗。

(4) 内存压缩技术:内存压缩技术是一种通过对内存数据进行压缩来降低功耗的技术。在嵌入式系统中,内存是耗能的主要来源之一。通过对内存数据进行压缩,可以减少内存的访问次数和数据传输量,从而降低功耗。这种技术可以在保证系统性能的前提下,降低内存的功耗。

(5) 硬件加速技术:硬件加速技术是一种通过硬件实现一些计算任务来降低功耗的技术。在嵌入式系统中,一些计算任务可以通过硬件加速来实现,从而减少 CPU 的负载和功耗。例如,一些图形处理任务可以通过 GPU 来实现,从而减少 CPU 的负载和功耗。

5. 安全与可靠性技术

嵌入式安全与可靠性技术是指在嵌入式系统中,通过一系列技术手段和方法,保证系统的安全性和可靠性的技术。嵌入式安全与可靠性技术的实现需要对硬件和软件进行综合优化和管理,包括安全策略的制定、安全机制的实现、测试与评估等方面。

(1) 硬件安全设计:在嵌入式系统的硬件设计阶段,需要考虑系统的安全性。例如,可以采用加密芯片、安全启动等技术,防止系统被非法复制或者篡改。

(2) 软件安全设计:在嵌入式系统的软件设计阶段,也需要考虑系统的安全性。例如,可以采用加密算法、访问控制等技术,保护系统的数据和代码不被非法访问或者篡改。

(3) 电磁兼容性设计:电磁兼容性是指嵌入式系统在电磁环境中的稳定性和可靠性。在嵌入式系统设计中,需要考虑电磁干扰的问题,采取相应的措施进行防护和抑制。

(4) 容错与冗余设计:容错是指在系统出现故障时,仍然能够保证系统的正常运行;冗余是指在系统中增加备份设备或者模块,以提高系统的可靠性和稳定性。在嵌入式系统设计中,可以采用容错和冗余设计,提高系统的可靠性。

(5) 安全性测试与评估:在嵌入式系统开发完成后,需要进行安全性测试和评估,以检测系统中存在的安全隐患和漏洞,并采取相应的措施进行修复和改进。

(6) 实时监控与诊断:实时监控是指对嵌入式系统进行实时监测和管理,以及时发现和解决系统中出现的问题;诊断是指对系统中出现的故障进行定位和排查,找出故障的原因并进行修复。

6. 不同应用领域的相关技术

嵌入式系统应用领域广泛,不同领域需要不同的嵌入式技术。

(1) 在工业自动化领域:嵌入式系统被广泛应用于各种工业控制系统中,如 PLC(可编程逻辑控制器)、SCADA(数据采集与监视控制系统)等。这些系统需要实现各种控制算法、传感器数据采集、网络通信等功能,因此需要掌握嵌入式实时操作系统、嵌入式控制器、现场总线等技术。

(2) 在智能家居领域:智能家居是利用嵌入式系统将各种智能设备、传感器、执行器等集成在一起,实现对家庭环境的智能监控和控制的系统。在这个领域,需要掌握嵌入式操作系统、无线通信技术(如 Wi-Fi、蓝牙、ZigBee 等)、传感器技术、云计算等技术。

(3) 在智慧交通领域:嵌入式系统被应用于各种交通设施中,如交通信号灯、智能车辆、高速公路收费系统等。这些系统需要实现车辆检测、交通流量分析、交通控制等功能,因此需要掌握嵌入式图像处理、传感器融合、无线通信等技术。

(4) 在消费电子领域:消费电子是指围绕消费者应用而设计的与生活、工作娱乐息息相关的电子类产品,最终实现消费者自由选择资讯、享受娱乐的目的。在这个领域,嵌入式系统被广泛应用于各种智能电子产品中,如智能手机、平板电脑、智能手表等。这些产品需要实现各种人机交互、多媒体处理、网络通信等功能,因此需要掌握嵌入式操作系统、触摸屏技术、音频视频处理等技术。

(5) 在医疗保健领域:在医疗保健领域,嵌入式系统被应用于各种医疗设备中,如医疗监护仪、血液透析机、医疗成像系统等。这些设备需要实现生理信号采集与处理、医疗数据分析与存储、医疗设备控制等功能,因此需要掌握嵌入式实时操作系统、生物电信号处理、医学图像处理等技术。

8.4 嵌入式技术在物联网中的应用

嵌入式技术在物联网中的应用广泛而深入,通过将嵌入式技术与物联网技术相结合,可以实现各种智能化管理和控制功能,提高生产效率和服务水平,推动各行业的数字化转型和升级。

(1) 在智能家居领域:通过嵌入式技术,将各种智能设备、传感器和执行器集成在一起,实现对家庭环境的智能监控和控制。例如,智能门锁可以通过指纹识别或手机 App 进行远程开锁,智能灯光可以根据环境光线自动调节亮度,智能空调可以通过温度传感器实现自动调节温度等功能。

(2) 在智慧交通领域:通过嵌入式技术和传感器,交通信号灯可以实现根据交通流量实时调整信号灯配时;智能车辆可以实现自动驾驶、车道偏离预警等功能;高速公路收费系统可以实现 ETC 自动缴费等功能。

(3) 在工业物联网领域:通过嵌入式技术和传感器,可以实现对工业设备的实时监控和数据采集,提高生产效率和质量。例如,通过嵌入式技术和无线通信技术,可以实现设备的远程监控和维护,降低运营成本。

(4) 在智慧城市领域:通过嵌入式技术和物联网技术,将城市基础设施、公共服务、交通管理等各个领域连接起来,实现城市的智能化管理。例如,通过嵌入式技术和传感器,可以实现对城市环境、交通流量、能源消耗等实时监测和分析,提高城市管理效率和服务水平。

(5) 在医疗保健领域:通过嵌入式技术和物联网技术,可以实现医疗设备的远程监控和维护,提高医疗服务水平。例如,通过嵌入式技术和云计算技术,可以实现医疗数据的实时上传和分析,为医生提供更加准确和及时的医疗信息。

【工作任务8】 嵌入式系统在智能家居中的应用

请同学们根据本章所学嵌入式技术和智能家居相关知识,为小龙设计一套基于嵌入式技术的智能家居系统解决方案,具体分析嵌入式系统都应用在了智能家居的哪些场景中。

请大家以小组为单位,编写你们团队的设计方案。

练习题

一、单选题

1. 嵌入式系统的主要特点是( )。
   A. 高功耗、高成本、低可靠性　　　　B. 低功耗、低成本、高可靠性
   C. 高功耗、低成本、高可靠性　　　　D. 低功耗、高成本、低可靠性
2. 嵌入式系统的核心是( )。
   A. 嵌入式处理器　　B. 存储器　　C. I/O接口　　D. 通信模块
3. 下列不是嵌入式系统的应用领域的是( )。
   A. 智能家居　　B. 工业控制　　C. 云计算　　D. 医疗设备
4. 下列不是嵌入式系统开发语言的是( )。
   A. C语言　　B. Java语言　　C. Python语言　　D. 汇编语言
5. 下列不是物联网中嵌入式系统作用的是( )。
   A. 数据采集和传输　　　　B. 控制执行和人机交互
   C. 存储和处理大量数据　　D. 实现智能化控制和管理

二、多选题

1. 嵌入式系统的硬件组成包括( )。
   A. 嵌入式处理器　　B. 存储器　　C. I/O接口　　D. 通信模块
2. 嵌入式系统常用的开发工具是( )。
   A. Keil　　B. Eclipse　　C. Visual Studio　　D. Code::Blocks
3. 物联网中嵌入式系统的主要任务包括( )。
   A. 数据采集和传输　　　　B. 控制执行和人机交互
   C. 存储和处理大量数据　　D. 实现智能化控制和管理
4. 物联网中嵌入式系统的应用领域有( )。
   A. 智能家居　　B. 工业控制　　C. 智慧交通　　D. 医疗设备
5. 嵌入式系统的特点有( )。
   A. 高集成度　　B. 低功耗　　C. 实时性　　D. 高性能

三、判断题

1. 嵌入式系统是相对于通用计算机系统而言的,它不是一种计算机系统。( )
2. 嵌入式系统的应用范围非常广泛,它可以应用于各种领域,如航空航天、医疗设备、智能家居等。( )
3. 嵌入式系统的硬件和软件都是针对特定应用而设计的,因此具有更高的性能和更低的功耗。( )
4. 嵌入式系统只能使用低级编程语言进行开发,如C语言和汇编语言。( )
5. 物联网中嵌入式系统的主要作用是实现智能化控制和管理,以及实现人机交互。( )

四、简答题

简述物联网嵌入式系统的特点。

第 9 章

物联网其他关键技术

学习目标

- 了解大数据处理和分析技术。
- 了解安全与隐私保护技术。
- 了解标准化与协调技术。
- 了解应用开发与服务支撑技术。

学习重难点

重点：大数据处理和分析技术。
难点：标准化与协同技术。

课程案例

精准有效维护数字印记安全

当前，随着数字技术广泛应用，人们对手机移动支付、在平台上点外卖、人脸识别等已经习以为常，数字技术在改变人们的生活方式、提升生活品质、赋能美好生活的同时也留下了大量数字印记。这些印记有可能会被追踪、收集甚至滥用，损害公众在网络空间的合法权益，影响人们的美好数字生活。

2023年年初，中共中央、国务院印发了《数字中国建设整体布局规划》，指出建设数字中国是数字时代推进中国式现代化的重要引擎，是构筑国家竞争新优势的有力支撑，强调要筑牢可信可控的数字安全屏障。维护数据安全不仅是建设数字中国的必然要求，也是一个亟待回应的现实考题。为此，当前需要采取更精准有效的举措维护数字印记安全。

首先，加强数据安全立法，为维护数字印记安全构筑法治保障。党的十八大以来，党中央高度重视新兴领域的立法工作。当前，我国已经制定并颁布了《中华人民共和国网络安全法》《中华人民共和国数据安全法》和《中华人民共和国个人信息保护法》等法律法规，为维护数字印记安全确立基本法律规范。然而，算法滥用和平台垄断等问题使数字印记安全面临新的挑战，数据安全法律制度建设稍显滞后并且存在空白区，需要进一步完善相关法律体系。

其次，引导数字技术向善，为维护数字印记安全提供技术支持。数字技术产生的问题必然要回到技术本身寻求解决方案，这实质是一个技术应否和能否向善的问题。从技术发展史来看，技术进步并不等同于技术向善，数字技术向善是一个需要引导并不断内化的过程，技术迭代速度之快，导致数字技术向善面临的情况更复杂、任务更紧迫。当前，数字技术带来的"大数据杀熟""精准推送"等乱象，以及引发的数字印记安全问题表明，我们要在引导数字技术向善上下更大功夫。

最后，提升数据安全意识，为维护数字印记安全汇聚多方合力。据中国信通研究院发布的《中国数字经济发展研究报告（2023年）》显示，2022年我国数字经济规模达到50.2万亿元，数字产业化规模与产业数字化规模分别为9.2万亿元和41万亿元，其中三、二、一产业数字经济渗透率分别为44.7%、24%和10.5%。数字经济规模的壮大和对三、二、一产业渗透率的提升不仅表明我国数字经济在高质量发展的道路上阔步前行，也意味着数字化正在深刻地改变着人们的生产、生活方式。公众作为数据的生产者和使用者，也应成为数字印记安全的保护者与行动者。维护数字印记安全离不开全民数据安全意识和数字素养提升。

（资料来源：尚靖凯，张式泽. 精准有效维护数字印记安全[N]. 光明日报，2023-11-09(16).）

知识点导图

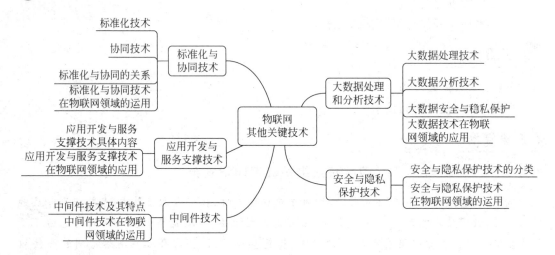

学习情景

小龙经常会通过手机上网购买一些物联网开发用到的设备和耗材。他发现一个非常有意思的现象，当他在购物网站上对某个商品进行搜索后，经常会看到购物网站向他推送购买商品类似的产品广告。小龙于是开始担心自己的任何查询动作都会受到平台的监控，这是否是一种安全隐患呢？在学习物联网专业知识的过程中，小龙也越来越多地接触到大数据技术，了解到标准化的含义，本章我们就一起来学习物联网其他的一些关键技术吧。

知识学习

9.1 大数据处理和分析技术

大数据处理和分析技术是一种用于处理、管理和分析大规模数据集的技术和方法。这些技术可以帮助企业、组织和个人从海量数据中提取有用的信息和知识，以支持决策、优化业务流程和发现新的商业机会。

大数据处理和分析技术的主要步骤包括数据采集、存储、处理、分析和可视化。海量的数据需要从各种来源（传感器、日志文件、社交媒体等）收集。这些数据通常以分布式的方式存储在大型集群中，使用如 Hadoop 或 Spark 等大数据存储和处理框架。

数据处理包括数据清洗、整合和转换，以消除错误和不一致性，使数据更加规范和易于分析；分析阶段可以使用各种技术，如机器学习、数据挖掘和自然语言处理，以发现数据中的模式、关联和趋势。

分析结果可以通过可视化工具进行展示，帮助用户更直观地理解和解释数据。这些分析结果可以用于支持决策、改进产品、优化运营等。

大数据处理和分析技术的优势在于能够处理和分析传统数据处理方法无法处理的大规模数据集，从而揭示出隐藏在数据中的新的洞察和知识。然而，这也带来了技术和管理上的挑战，如数据安全和隐私保护、计算资源的需求等。

9.1.1 大数据处理技术

1. 分布式存储

Hadoop 分布式文件系统（HDFS）是大数据领域常用的分布式存储系统。它将数据分散存储在多个节点上，提高了数据的可靠性和可扩展性。

2. MapReduce 编程模型

MapReduce 是 Google 开发的分布式计算模型，用于处理大规模数据集。它将计算任务分为两个阶段：Map 阶段将数据划分为多个子集，并在每个子集上进行独立计算；Reduce 阶段将 Map 阶段的结果进行汇总和整理。

3. Spark 处理框架

Apache Spark 是一个快速、通用的大数据处理框架，支持批处理、流处理和图处理等多种数据处理模式。它引入了内存计算的概念，将数据加载到内存中进行高速处理，提高了数据处理效率。

9.1.2 大数据分析技术

1. 数据挖掘与机器学习

数据挖掘是从大量数据中提取有用信息和知识的过程，而机器学习是利用算法让机器从数据中自动学习和改进的技术。这两者结合可以实现数据的智能分析和预测。

2. 数据可视化

通过将数据以图表、图像等形式展示，帮助用户更直观地理解数据和分析结果。常见的数据可视化工具包括 Tableau、Power BI 等。

3. SQL 与 NoSQL 数据库

关系数据库（SQL，包括 MySQL、Oracle 等）和非关系数据库（NoSQL，包括 MongoDB、Cassandra 等）在大数据领域都有广泛应用。SQL 用于结构化数据的查询和分析，而 NoSQL 则适用于非结构化数据和半结构化数据的存储和查询。

4. 图计算

图计算是针对图结构数据进行处理和分析的技术,常用于社交网络分析、推荐系统等场景。常见的图计算框架包括 Apache Giraph、Neo4j 等。

5. 实时流处理

实时流处理是对实时生成的数据流进行实时分析和处理的技术,常用于物联网、金融等领域。常见的实时流处理框架包括 Apache Flink、Storm 等。

9.1.3 大数据安全与隐私保护

在大数据处理和分析过程中,安全和隐私保护是一个重要的问题。通过数据加密、访问控制、匿名化处理等手段可以保护数据的安全和隐私。同时,差分隐私和安全多方计算等技术也为数据隐私保护提供了新的解决方案。

9.1.4 大数据技术在物联网领域的应用

大数据技术在物联网领域的应用非常广泛,可以帮助企业更好地了解设备的运行状态、提高设备的效率和安全性、优化运营成本等,从而为企业创造更大的价值。

1. 数据采集和处理

物联网中产生大量的数据,包括传感器数据、设备运行数据等,大数据技术可以帮助对这些数据进行采集、存储和分析。

2. 预测性维护

通过分析设备运行数据,可以预测设备的维护需求,减少意外停机时间,提高设备运行效率。

3. 优化运营成本

通过分析物联网中产生的数据,可以优化运营成本,例如优化能源使用、减少浪费等。

4. 提高产品质量

通过分析生产过程中产生的数据,可以改进生产工艺,提高产品质量。

5. 智能决策支持

基于大数据分析结果,可以为管理层提供决策支持,例如,制定战略规划、市场分析等。

6. 业务连续性保障

通过大数据技术,可以实时监控物联网设备的运行状态,及时发现并处理故障,保障业务的连续性。

7. 客户行为分析

利用大数据技术分析客户的消费行为、偏好等,可以帮助企业更好地了解客户需求,提供个性化服务。

8. 供应链优化

通过大数据技术分析供应链中的数据,可以优化物流、采购等环节,提高供应链的效率和准确性。

9. 安全管理

通过大数据技术分析物联网中的数据,可以及时发现并处理安全威胁,提高设备的安全性。

9.2 安全与隐私保护技术

安全与隐私保护技术是一种旨在保护网络系统和用户数据免受恶意攻击、非法访问、窃取或滥用的技术手段和方法。在大数据时代,由于数据的海量性和多样性,安全与隐私保护显得尤为重要。

9.2.1 安全与隐私保护技术的分类

1. 数据加密技术

数据加密是通过加密算法将数据转换为不可读的乱码,以确保数据在传输和存储过程中的机密性。常用的加密算法包括对称加密算法(如 AES)和非对称加密算法(如 RSA)。数据加密可以保护数据免受未经授权的访问和窃取。

2. 访问控制技术

访问控制是通过身份认证和权限管理来限制对数据的访问。它确保只有经过授权的用户或系统可以访问特定的数据资源。访问控制可以通过用户名和密码、数字证书、生物识别等方式进行身份认证,并根据用户的角色和权限来管理对数据的访问。

3. 匿名化处理技术

匿名化处理是通过去除或修改数据中的个人标识信息,使得数据无法与特定的个体相关联,从而保护个人隐私。常见的匿名化处理方法包括 k-匿名、l-多样性和 t-接近性等。通过匿名化处理,可以在一定程度上保护个人隐私,同时仍然允许数据用于分析和挖掘。

4. 差分隐私技术

差分隐私是一种通过在原始数据中添加随机噪声来保护个人隐私的技术。它通过在查询结果中引入一定的不确定性,使得攻击者无法准确推断出原始数据中的敏感信息。差分隐私可以在保护个人隐私的同时提供一定程度的数据可用性,被广泛应用于数据发布、统计分析等场景。

5. 安全多方计算技术

安全多方计算是一种保护多个参与方之间数据隐私的计算方法。它允许多个参与方在不泄露各自原始数据的情况下,协同完成某些计算任务。安全多方计算可以通过密码学、秘密共享等技术实现,被广泛应用于金融、医疗等领域的数据隐私保护。

6. 区块链技术

区块链技术通过去中心化、分布式存储和加密算法等手段,为数据安全与隐私保护提供了一种新的解决方案。它通过将数据存储在多个节点上,并确保数据的完整性和不可篡改性,从而增强了数据的安全性。同时,通过对数据进行加密和权限控制,可以保护个人隐私不被侵犯。

9.2.2 安全与隐私保护技术在物联网领域的运用

安全与隐私保护技术在物联网领域的运用非常重要,可以保护数据的安全性和隐私性,保障设备的正常运行和安全性,防止被黑客攻击等恶意行为。

1. 网络安全

物联网设备之间的通信需要保证网络安全,防止被黑客攻击。这可以通过加密通信、使用安全的协议等方式实现。

2. 数据隐私保护

物联网设备采集的数据可能涉及用户的隐私,例如位置信息、个人喜好等,因此需要保护数据的隐私性。这可以通过数据脱敏、加密存储等方式实现。

3. 设备安全

物联网设备本身也需要保证安全性,例如防止被恶意攻击、不被未经授权的第三方使用等。这可以通过设备认证、访问控制等方式实现。

4. 应用安全

物联网应用也需要保证安全性,例如确保数据传输过程中的加密和设备身份验证的可靠性等。这可以通过应用认证、访问控制等方式实现。

5. 安全监测

物联网设备和应用需要进行安全监测,及时发现并处理安全威胁,防止被黑客攻击。这可以通过部署安全监控系统、定期进行安全审计等方式实现。

9.3 标准化技术与协同技术

标准化技术与协同技术是现代信息管理领域的重要技术,旨在提高数据的互操作性、一致性和可重用性,促进不同系统之间的协同工作。下面将详细讲解这两种技术。

9.3.1 标准化技术

1. 标准制定

标准是共同使用和重复使用的一种规范性文件,其目的是在一定的范围内获得最佳秩序。标准化组织(如 ISO、IEC 等)负责制定和发布各种标准,包括数据格式、通信协议、接口规范等,以确保不同系统之间的互操作性和一致性。

2. 标准实施

标准实施是指将标准应用于实际系统中,确保系统的设计和开发符合标准要求。这包括对系统进行标准符合性测试、认证和审计,以确保系统的互操作性和一致性。

3. 标准推广

标准推广是指通过各种渠道和手段宣传和推广标准,提高人们对标准的认识和重视程度,主要包括举办培训课程、发布宣传资料、建立标准信息平台等。

9.3.2 协同技术

1. 数据交换与共享

协同技术可以实现不同系统之间的数据交换和共享,消除信息孤岛,提高数据的利用率。常见的数据交换与共享技术包括 API 接口、数据总线、数据湖等。

2. 业务流程协同

业务流程协同是指不同系统之间在业务流程层面上的协同工作,确保业务流程的顺畅进行。这可以通过工作流引擎、业务流程管理系统等技术实现。

3. 多系统集成

多系统集成是指将多个系统进行集成,实现数据的共享和业务的协同。这可以通过企业服务总线(ESB)、微服务架构等技术实现。

4. 语义互操作

语义互操作是指不同系统之间在语义层面上的理解和交互,确保数据的一致性和准确性。这可以通过本体建模、语义网等技术实现。

9.3.3 标准化与协同的关系

标准化与协同是相辅相成的,标准化为协同提供了基础和保障,而协同则可以实现标准化的价值和应用。

标准化可以促进协同,通过制定和实施标准,可以确保不同系统之间的互操作性和一致性,为协同工作提供基础和保障。

协同可以推动标准化,通过实践和应用协同技术,可以发现和解决不同系统之间的互操作性问题,推动标准的制定和完善。

9.3.4 标准化技术与协同技术在物联网领域的运用

标准化技术与协同技术在物联网领域的应用对于推动物联网的发展、提高设备的互操作性、促进跨行业的协作等方面都具有重要的意义。

1. 在物联网系统层标准化方面

这种标准化是在物联网系统的各个层次进行的,包括物理层标准化、传感器网络层标准化、应用层标准化等。这些标准化技术包括网络协议、数据格式、信息交换等,可以提供统一的数据格式和数据传输方式,保证不同设备之间的互通。这有利于消除设备间的互操作性问题,使各种设备能够无缝地连接和协作。

2. 在物联网垂直行业标准化方面

这是针对具体行业实现物联网协作共赢的制定标准。例如,在智慧城市、智慧医疗等领域,通过制定和执行相关标准,可以确保不同行业之间的标准化,促使不同行业的设备和技术相互协作。这有助于实现跨行业的设备连接和数据共享,推动物联网在各行各业中的广泛应用。

9.4 应用开发与服务支撑技术

应用开发与服务支撑技术是指为了支持应用系统的开发、部署、运行和维护而提供的一系列技术和工具。这些技术和工具可以帮助开发人员更加高效地进行应用开发,同时确保应用系统的稳定性、安全性和可扩展性。下面将详细介绍一些关键的应用开发与服务支撑技术。

9.4.1 应用开发与服务支撑技术具体内容

1. 容器化技术

容器化技术是一种将应用程序和其依赖项打包成一个独立的容器,并在容器中运行的技术。通过容器化技术，开发人员可以更加轻松地将应用程序从一个环境迁移到另一个环境，提高应用程序的可移植性和可扩展性。常见的容器化技术包括 Docker 和 Kubernetes。

2. 微服务架构

微服务架构是一种将应用程序拆分成一系列小型、独立的服务，每个服务都具有明确定义的接口和功能的技术。通过微服务架构，开发人员可以更加灵活地进行应用程序的开发和部署，提高应用程序的可扩展性和可维护性。同时，微服务架构也可以帮助开发人员更加容易地进行服务之间的集成和协同。

3. 持续集成与持续部署（CI/CD）

持续集成与持续部署是一种自动化地将代码变更集成到应用系统中，并进行测试和部署的技术。通过 CI/CD，开发人员可以更加高效地进行应用开发，同时确保代码的质量和稳定性。CI/CD 通常与容器化技术和微服务架构结合使用，以实现快速、可靠的应用开发和部署。

4. API 管理技术

API 管理技术是一种对应用程序接口（API）进行统一管理和维护的技术。通过 API 管理技术，开发人员可以更加容易地创建、发布和维护 API，同时确保 API 的安全性和可用性。API 管理技术通常包括 API 网关、API 文档生成、API 版本控制等功能。

5. 服务治理与注册中心技术

服务治理与注册中心技术是一种对微服务进行统一管理和维护的技术。通过服务治理与注册中心技术，开发人员可以更加容易地管理和监控微服务的状态和性能，同时确保微服务之间的协同和集成。常见的服务治理与注册中心技术包括 Consul、Eureka 等。

6. 日志管理与监控技术

日志管理与监控技术是一种对应用程序的日志进行收集、存储、分析和展示的技术。通过日志管理与监控技术，开发人员可以更加容易地发现和解决应用程序的问题，同时确保应用程序的稳定性和安全性。常见的日志管理与监控技术包括 ELK（Elasticsearch、Logstash 和 Kibana）等。

7. 安全技术与隐私保护技术

安全技术与隐私保护技术是确保应用系统的安全性和用户数据隐私的关键技术。这包括数据加密、访问控制、安全审计等方面。通过应用安全技术和隐私保护技术，开发人员可以确保应用系统的数据安全和用户隐私不被侵犯。

9.4.2 应用开发与服务支撑技术在物联网领域的应用

应用开发与服务支撑技术在物联网领域的应用非常广泛，可以用于开发各种智能化的应用软件，处理和分析大量的数据，建设各种云平台，保障网络安全，以及进行系统集成和优化等。

1. 物联网应用软件开发

物联网应用软件是实现物联网功能的核心部分，应用开发技术可以开发各种物联网应用软件，包括智能家居控制软件、智能安防软件等。这些软件可以与各种物联网设备和传感器进行连接和通信，实现智能化控制和管理。

2. 物联网数据处理与分析

物联网产生大量的数据,包括传感器数据、设备运行数据等。应用开发与服务支撑技术可以对这些数据进行处理、分析和挖掘,提取出有价值的信息,用于决策支持、优化运营等方面。

3. 物联网云平台建设

物联网云平台可以为物联网系统提供数据存储、处理、分析等方面的支持,提高物联网系统的效率和性能。应用开发与服务支撑技术可以用于建设各种物联网云平台,包括公有云、私有云和混合云等。

4. 物联网网络安全保障

物联网网络安全是保障物联网系统安全运行的重要方面。应用开发与服务支撑技术可以提供网络安全保障服务,包括数据加密、访问控制、漏洞扫描等方面,保障物联网系统的安全性和稳定性。

5. 物联网系统集成与优化

物联网系统涉及各种设备和协议,需要进行集成和优化。应用开发与服务支撑技术可以提供系统集成和优化服务,包括网络规划、协议转换、数据同步等方面,提高物联网系统的效率和性能。

9.5 中间件技术

9.5.1 中间件技术及其特点

中间件技术是一种位于操作系统和应用程序之间的软件层,它的主要作用是为应用程序提供一组通用的服务和接口,以便应用程序能够更加灵活、高效地与底层硬件和操作系统进行交互。这些服务和接口通常包括数据整合、消息队列、远程过程调用等,可以帮助应用程序实现各种复杂的功能。

具体来说,中间件技术具有以下的特点和作用。

1. 独立性

中间件独立于底层硬件和操作系统,这使得它可以在不同的平台和环境中运行,为应用程序提供了更大的灵活性和可移植性。

2. 标准化

中间件提供了一组标准的接口和协议,这些接口和协议是公开的、标准的,可以被各种应用程序所使用。这降低了应用程序的开发和维护成本,提高了系统的互操作性。

3. 安全性

中间件可以提供数据加密、身份验证等安全措施,确保数据在传输和存储过程中的安全性。

4. 可扩展性

中间件可以根据需要进行扩展和定制,支持各种设备和协议,这使得它可以适应各种不同的应用场景和需求。

9.5.2 中间件技术在物联网领域的运用

在物联网领域中，中间件技术的作用尤为重要。由于物联网系统中存在大量的设备和传感器，这些设备和传感器可能使用不同的通信协议和数据格式，因此需要一种中间件技术来实现这些数据的整合和标准化。同时，物联网系统还需要实现设备之间的实时通信和协同工作，这也需要中间件技术的支持。

1. 数据整合中间件

在物联网系统中，各种设备产生的数据格式和协议可能不同，数据整合中间件可以将这些数据进行标准化处理，转换为统一的数据格式，并发送到上层应用程序中进行处理和分析。

数据整合中间件可以实现以下功能。

（1）协议转换：该中间件可以支持多种不同的通信协议，包括 Wi-Fi、蓝牙、ZigBee 等，实现不同设备之间的无缝连接。

（2）数据标准化：该中间件可以将来自不同设备的数据进行标准化处理，转换为统一的数据格式，方便上层应用程序进行处理和分析。

（3）安全性保障：该中间件可以提供数据加密、身份验证等安全措施，确保数据传输和存储的安全性。

（4）可扩展性：该中间件可以根据需要进行扩展和定制，支持各种新设备和协议，适应不同的应用场景和需求。

在智能家居领域中，不同品牌的智能家居设备可能使用不同的通信协议和数据格式，这导致用户难以将这些设备连接在一起并实现智能化控制。为了解决这个问题，某个智能家居平台使用了一种基于云计算的数据整合中间件，该中间件可以接收来自不同设备的数据，并将这些数据转换为统一的数据格式。用户可以通过该平台的手机应用程序或网页界面，实现对各种设备的远程监控和控制。同时，该平台还提供了 API 接口，允许第三方开发者开发自己的智能家居应用程序，并与该平台进行数据交互。

2. 消息队列中间件

消息队列中间件可以实现异步通信，将各种设备发送的消息进行排队和处理，以确保数据的实时性和可靠性。这种中间件广泛应用于智能家居、智慧交通等领域，可以实现设备之间的实时通信和协同工作。

物联网平台中常用的 MQTT 协议就是一种消息队列中间件。MQTT（message queuing telemetry transport）是一种基于发布/订阅模式的轻量级消息协议，广泛应用于物联网领域中。MQTT 协议可以在设备和服务器之间进行异步通信，实现数据的实时传输和共享，同时还可以保证数据的安全性和可靠性。

3. 远程过程调用中间件

远程过程调用中间件可以实现不同设备之间的远程调用和数据共享，从而提高了系统的灵活性和可扩展性。这种中间件应用于智能制造、智慧城市等领域，可以实现设备的远程监控和控制。

RMI 和 RPC 就是远程过程调用中间件。RMI（remote method invocation）是 Java 的一组用户开发分布式应用程序的 API。通过 RMI 的实例，可以利用 Java 语言接口定义远程对象,集合 Java 的序列化和与远程对象通信的 Java 网络编程接口。客户程序可以通过调用远程对象上的方法,执行远程服务器上的程序。例如,一个客户程序可以通过 RMI 向远程服务器请求复杂数学问题的计算,服务器将计算结果返回给客户程序。

RPC(remote procedure call)是一种通过网络从远程计算机程序上请求服务,而不需要了解底层网络技术的协议。在 RPC 的实例中,客户端可以像调用本地函数一样调用远程服务器上的函数。RPC 跨越了传输层和应用层,使得开发包括网络分布式多程序在内的应用程序更加容易。

【工作任务9】 物联网关键技术在各个领域的具体体现

请同学们根据本章所学知识,开展行业调研,整理关于物联网关键技术在各个行业具体运用的技术文档。

练习题

一、单选题

1. 在大数据处理中,下列主要用于处理和分析大规模数据集,并允许在商用硬件集群上进行分布式存储和处理的是(　　)。

    A. 机器学习　　　　B. 数据挖掘　　　　C. 云计算　　　　D. Hadoop

2. 大数据分析中的 MapReduce 主要指的是(　　)。

    A. 一种用于处理和分析大数据的编程模型

    B. 一种用于存储大数据的分布式文件系统

    C. 一种用于可视化大数据的工具

    D. 一种用于加密大数据的算法

3. 下列不是大数据分析的主要特点的是(　　)。

    A. 数据量大　　　　　　　　　　B. 数据处理速度快

    C. 数据类型多　　　　　　　　　D. 数据精确性高

4. 在大数据应用中,主要用于保护个人隐私数据,通过隐藏或模糊化处理来防止敏感信息泄露的是(　　)。

    A. 数据脱敏　　　　B. 数据压缩　　　　C. 数据加密　　　　D. 数据备份

5. 在大数据和人工智能应用中,主要用于促进不同系统之间互操作性和数据共享的是(　　)。

    A. API 标准化　　　B. 数据脱敏　　　　C. 云计算　　　　D. 访问控制

二、多选题

1. 常用于大数据存储和管理的技术是(　　)。

    A. Hadoop Distributed File System(HDFS)

    B. NoSQL 数据库

    C. 关系型数据库

    D. 云计算

2. 在大数据分析中,数据挖掘过程的步骤有(　　)。

    A. 数据清洗　　　　B. 数据集成　　　　C. 数据可视化　　　　D. 数据压缩

3. 常用于大数据分析和可视化的工具有（　　）。
    A. Apache Spark　　B. Tableau　　C. Power BI　　D. TensorFlow
4. 在数据安全和隐私保护领域，常用于确保数据的机密性、完整性和可用性的是（　　）。
    A. 数据加密　　B. 访问控制　　C. 数据脱敏　　D. 数据备份
5. 在信息技术领域，对于促进系统间的互操作性和合作至关重要的标准化和协同技术是（　　）。
    A. API 标准化　　　　　　　　B. 数据模型标准化
    C. 消息队列　　　　　　　　　D. 版本控制

三、判断题

1. 大数据处理技术主要用于处理结构化的数据，而对于非结构化和半结构化数据的处理能力有限。（　　）
2. Apache Hadoop 和 Apache Spark 是两个常用的大数据处理和分析平台，它们都使用 MapReduce 编程模型来处理数据。（　　）
3. 数据挖掘是大数据分析的一个重要步骤，它的主要目的是从大规模的数据集中发现有用的模式和趋势。（　　）

四、简答题

简述什么是微服务架构，并说明它在现代应用开发与服务支撑技术中的重要性。

第 4 篇

物联网相关技术

物联网涉及计算机、通信技术、电子技术、测控技术等专业基础知识,以及管理学、软件开发等多方面知识。物联网专业的学生除了要求掌握基础的计算机编程技术、网络通信技术(应用层和传输层)等之外,还需学习有关底层硬件设备(传感器、RFID、自动识别)的物联网感知层方面的知识,并掌握相关技术。

物联网专业学科综合性强,专业跨度大,涉及的知识和技能面广,因此涉及的各种技术非常繁杂。从物联网的三层体系结构来看,可以大体归纳为底层硬件技术、下位机部署与运维技术、上位机开发技术、产品运营管理技术四个层面。我国从 2010 年开始建设物联网工程专业。此后十多年时间,教育部一共批复成立五百多个物联网工程本科专业,一批职业学校也开始建设物联网相关专业,据统计,国内有一千多所学校开办了物联网相关专业。从 2011 年开始,中等职业技术学校开始开设"物联网"专业。目前我国已经完成从中职、高职、职业本科到应用型本科各个层次的物联网教学体系的布局。

本篇主要介绍物联网专业的相关技术,帮助学生全面了解物联网技术,构建完整的专业知识体系,为后续更深入地进行专业学习打下基础。

本篇内容提要:
- PCB 设计与开发技术。
- LabVIEW 数据采集技术。
- Proteus 仿真测试技术。
- 弱电工程安装技术(点亮 LED 灯)。
- Axure RP 前端设计技术。
- Arduino 物联网开发技术。
- VS 物联网开发技术。
- Java 物联网开发技术。
- Android 物联网开发技术。
- Docker 容器技术。
- 产品设计技术。
- 项目运营与管理技术。

第10章

底层硬件设计与开发

学习目标

- 了解 PCB 设计与制作的流程。
- 了解 LabVIEW 数据采集技术。

学习重难点

重点：了解 PCB 的基本原理。

难点：了解 LabVIEW 图形化编程软件的使用方法。

课程案例

精美的布线工艺

弱电工程施工的工艺主要体现在布线的布局和走线上。要想把布线做好，非常考验施工人员的工艺水平。图 10-1～图 10-5 是一些优秀工程布线示例。

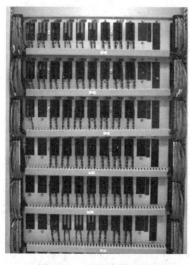

图 10-1　机柜布线工艺

图 10-2　机柜接口工艺

图 10-3　电源配电线工艺

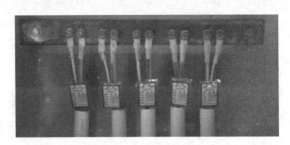

图 10-4　接地汇排工艺

要让自己的弱电工程部署效果也达到这样优秀的水平,不仅需要掌握基本的理论知识,还需要持之以恒地勤学苦练。时代需要从事一线技术的大国工匠。技术工人作为推动制造业发展的重要力量,在当前社会发展进程中发挥着越来越重要的作用。

图 10-5　信号机配线工艺

但是目前,我国技术工人发展总体水平与经济社会发展需要相比,还有很多不适应的地方。在很多制造业企业中,一线技术工人和高级工、技师等高技能人才短缺问题十分严重,技能人才的数量、结构难以满足企业需求,难以适应加快建设制造强国、加快发展现代服务业的需要。

时代需要技术人才,平凡的岗位也能做出伟大的业绩。

知识点导图

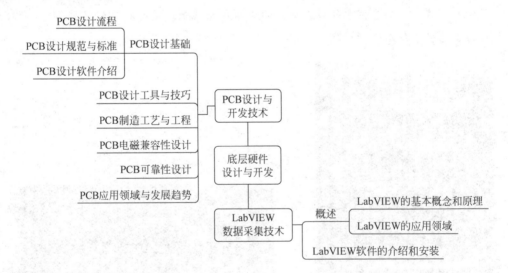

学习情景

小龙经过一段时间的工作,被正式分配到了公司的产品研发部门。在那里,他看到了公司其他同事在自己开发制作电路板,这让他羡慕不已。电路板设计出来以后还需要检查在实际工程中的运用情况,他看到工程师们还采用了一种软件,模仿一个真实工程,检查各个工程环节运行的数据。学过电工电子基础的他也想要试试,那么我们就跟小龙一起来了解一下相关技术吧!

知识学习

10.1 PCB 设计与开发技术

10.1.1 认识 PCB

PCB(printed circuit board,印制电路板)又称印刷线路板,是重要的电子部件,是电子元器件的支撑体,是电子元器件电气连接的载体。由于它是采用电子印刷术制作的,故被称为"印刷"电路板。其主要功能是使各种电子元器组件通过电路进行连接,起到导通和传输的作用,是电子产品的关键电子互连件。几乎每种电子设备都离不开印制电路板,因为它提供了电子元器件的机械支撑、实现了元器件之间的布线和电气连接或电绝缘,并提供所需的电气特性。其制造质量直接影响电子产品的稳定性和使用寿命,并且关系到系统产品的整体竞争力,因此被誉为"电子产品之母"。作为电子终端设备不可或缺的组件,印制电路板产业的发展水平在一定程度体现了国家或地区电子信息产业发展的速度与技术水准。图 10-6 是一种复杂的多层 PCB 计算机主板。

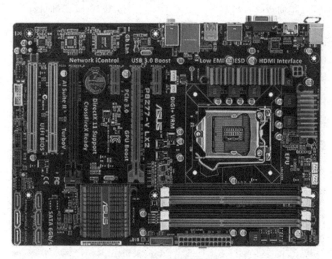

图 10-6 计算机主板

10.1.2 PCB 的分类

1. 按产品结构进行分

按产品结构分类可分为刚性板(硬板)、挠性板(软板)、刚挠结合板、HDI 板和封装基板。其中,刚性板由不易弯曲、具有一定强韧度的刚性基材制成,具有抗弯能力,可以为附着其上的电子元件提供一定的支撑;挠性板则是用柔性的绝缘基材制成的印制电路板,可以自由弯曲、卷绕、折叠,可依照空间布局要求任意安排,并在三维空间任意移动和伸缩;刚挠

结合板则包含刚性区和挠性区,兼具两者的优点;HDI板采用积层法制造,使用激光打孔技术对积层进行打孔导通,具有高布线密度、优良信号输出品质和外观小巧等特点;封装基板直接用于搭载芯片,可为芯片提供电连接、保护、支撑、散热、组装等功效。

2. 按线路图层数进行分类

可将 PCB 分为单面板(见图 10-7)、双面板(见图 10-8)和多层板(见图 10-9)。单面板的零件集中在其中一面,导线则集中在另一面上;双面板的两面都有布线,不过要用上两面的导线,必须要在两面间有适当的电路连接才行;多层板则使用了更多单或双面的布线板,以增加可以布线的面积。

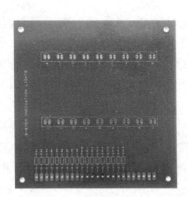
图 10-7 单面板

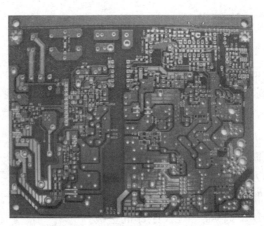
图 10-8 双面板

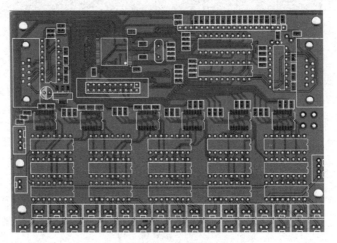
图 10-9 多层板

10.1.3 PCB 设计基础

1. PCB 设计流程

(1) 前期准备:包括准备元件库和原理图。元件库可以用 Protel 自带的库,但最好是根据所选器件的标准尺寸资料自己做元件库。原则上先做 PCB 的元件库,再做 SCH 的元件库。PCB 的元件库要求较高,它直接影响板子的安装,SCH 的元件库要求相对比较松,只要注意定义好引脚属性和与PCB元件的对应关系就行。之后就是原理图的设计,做好后就准备开始做PCB设计了。

(2) PCB结构设计:这一步根据已经确定的电路板尺寸和各项机械定位,在PCB设计环境下进行。设计时要考虑板子的层数、各层的功能、布线方式、元件封装等因素。

(3) PCB布局:将电路原理图上的元器件按照一定的规则和要求摆放到PCB板上。布局时要考虑元件的布局密度、散热、电磁干扰等因素。

(4) 布线:在PCB板上连接各个元器件的引脚,形成电路。布线时要考虑导线的宽度、间距、走向等因素。

(5) 布线优化和丝印:在完成布线后,对布线进行优化,以提高电路性能和可靠性。同时还要添加丝印,方便后续焊接和维修。

(6) 网络、DRC(设计规则检查)和结构检查:利用网络检查工具检查电路是否连通,是否存在未连接的引脚等;利用DRC工具检查电路是否符合设计要求,是否存在违规布线等;最后还要进行结构检查,检查PCB板的结构是否符合要求。

(7) 制版:将设计好的PCB图转换成实际可以制作的PCB板。这一步通常由专业的制版厂家完成。

2. PCB设计规范与标准

PCB设计规范与标准是电子行业中至关重要的技术指导和准则,旨在确保电路板的可靠性和安全性。这些规范与标准涵盖了电路板尺寸、元件布局、布线规则、焊盘和过孔设计、丝印和标记、电源和地线设计、安全和可靠性等各个方面,为电路设计师和制造商提供了明确的设计要求和操作流程。遵循PCB设计规范与标准,能够有效地优化电路板设计、提高生产效率、降低质量风险,并推动电子技术的不断创新和发展。这些规范与标准是电子行业长期实践和研究的结晶,对于保证电路板的稳定性和可靠性具有重要意义。

(1) PCB尺寸和板层:尺寸要符合加工要求,PCB长、宽、厚度等尺寸要符合制造厂家的生产能力。板层数量应根据电路复杂程度和需要实现的功能来确定,通常包括信号层、电源层、地线层等。

(2) 元件布局:元件布局应遵循一定的规则,如按照电路功能划分区域,按照信号流程布局,保持合理的间距,避免相互干扰等。同时,还要考虑元件的封装形式、散热、机械强度等因素。

(3) 布线规则:布线应遵循一定的规则和标准,如采用合适的线宽、线间距、过孔大小等,避免电磁干扰、信号串扰等问题。电源线、地线、信号线等应分别布在不同的层上,并保持适当的距离。对于高频信号线,还要考虑采用屏蔽、滤波等措施。

(4) 焊盘和过孔设计:焊盘和过孔的设计应符合元件引脚尺寸和PCB制造工艺要求,保证焊接质量和可靠性。焊盘大小、形状、间距等要符合标准,过孔大小、数量、位置等也要适当。

(5) 丝印和标记:丝印和标记应清晰、易读,方便后续焊接和维修。丝印内容包括元件名称、型号、引脚号等,标记内容包括测试点、参考点等。

(6) 电源和地线设计:电源和地线设计是PCB设计中非常重要的一部分,应遵循一定的规则和标准。如采用合适的电源线和地线宽度、过孔大小等,避免电源和地线的干扰问题。同时,还要考虑电源和地线的去耦、滤波等措施。

(7) 安全和可靠性:PCB设计应考虑安全和可靠性问题,如避免使用易燃材料、采用防火措施等。同时,还要考虑PCB的机械强度、耐热性等因素。

(8) 制版要求：制版要求包括 PCB 的材质、厚度、铜厚等要符合制造厂家的生产能力，同时还要考虑制版的成本和时间等因素。

3. PCB 设计软件

（1）Altium Designer：这是一款功能强大的 PCB 设计软件，包含了丰富的设计工具和元件库，可以方便地进行电路原理图设计、PCB 布局和布线、电路仿真等工作。Altium Designer 功能强大、易于使用，适用于各种规模的电子产品设计和制造。其全面的技术覆盖和一体化的设计环境可以帮助工程师更加高效地进行电路设计、仿真、PCB 布局布线等工作，从而加速电子产品的开发进程。

（2）Eagle：这是一款易于使用的 PCB 设计软件，适合初学者和爱好者使用。它包含了基本的电路图设计和 PCB 设计工具，可以快速地进行电路设计和 PCB 制作。

（3）KiCad：这是一款开源的 PCB 设计软件，具有强大的功能和灵活性。它支持多种操作系统，可以方便地进行电路图设计、PCB 布局和布线、3D 视图等工作。

（4）AutoCAD Electrical：这是一款基于 AutoCAD 平台的电气 CAD 软件，包含了丰富的电气设计工具和元件库，可以方便地进行电路图设计、PLC 编程、电气控制设计等工作。它也支持 PCB 设计功能。

（5）OrCAD：这是一款功能强大的电路设计和 PCB 设计软件，支持多种操作系统，包含了丰富的元件库和设计工具，可以快速地进行电路原理图设计、PCB 布局和布线、信号完整性分析等工作。

（6）PADS：这是一款专业的 PCB 设计软件，包含了高级的设计工具和算法，可以进行复杂的 PCB 设计和分析。它支持高速电路设计、射频电路设计、多板协同设计等功能。

（7）Protel：这是一款经典的 PCB 设计软件，曾经是许多电子工程师的首选工具。它包含了电路原理图设计、PCB 设计、电路仿真等功能，可以快速地进行电子产品的设计和制作。

（8）嘉立创 EDA：这是一款由深圳市嘉立创科技有限公司开发的 EDA（electronic design automation，电子设计自动化）软件。其是一款云端在线的电路设计工具，具备高效的设计体验和大规模电路设计能力。通过百万共享元件库和实时信息查看功能，它能够帮助工程师快速进行电路设计和选型，缩短项目周期。嘉立创 EDA 还支持翻转板子、2D/3D 预览等高级功能，提供模块化设计，实现电路高度复用。

10.1.4 PCB 设计工具与技巧

PCB 设计工具与技巧是现代电子技术中不可或缺的重要组成部分。随着科技的不断发展，PCB 设计已经成为电子工程师日常工作中必须掌握的一项基本技能。

1. PCB 设计工具

目前，市场上有许多 PCB 设计软件可供选择。这些软件都提供了丰富的设计工具和元件库，可以方便地进行电路原理图设计、PCB 布局和布线、电路仿真等工作。选择一款功能强大、易用性好的 PCB 设计软件对于提高设计效率和设计质量至关重要。

2. 元件库管理

建立完善的元件库是 PCB 设计的关键之一。工程师需要积累并整理常用的元件封装、尺寸、引脚定义等信息，以方便后续的设计工作。同时，还需要关注元件库的更新和维护，确保元件库的准确性和完整性。

3. 布局规划

在布局时,应遵循一定的规则和标准,如按照电路功能划分区域,保持合理的间距,避免相互干扰等。此外,还需要考虑元件的散热、机械强度等因素。合理的布局规划可以有效地提高电路板的性能和可靠性。

4. 布线策略

布线是 PCB 设计中非常重要的一环。布线时应遵循一定的规则和标准,如采用合适的线宽、线间距、过孔大小等,避免电磁干扰、信号串扰等问题。同时,电源线、地线、信号线等应分别布在不同的层上,并保持适当的距离。布线完成后,还需要进行 DRC 和结构检查,确保电路符合设计要求。

5. 丝印和标记

丝印和标记在 PCB 设计中起着至关重要的作用。它们应清晰、易读,方便后续的焊接和维修工作。丝印内容包括元件名称、型号、引脚号等,标记内容包括测试点、参考点等。合理的丝印和标记设计可以提高电路板的生产效率和维修便利性。

6. 电源和地线设计

电源和地线设计是 PCB 设计中的核心问题之一。它们对于整个电路板的性能和稳定性具有重要影响。在设计时,应遵循一定的规则和标准,如采用合适的电源线和地线宽度、过孔大小等,避免电源和地线的干扰问题。同时,还需要考虑电源和地线的去耦、滤波等措施,以确保电源的稳定性和可靠性。

10.1.5　PCB 制造工艺与工程

PCB 制造工艺与工程是电子制造行业的核心流程,涵盖设计到成品的多个环节。这一过程始于工程师根据电路需求进行原理图设计,并转化为实际的 PCB 布局。板材选择是制造的首要步骤,要求考虑耐用性、导电性和成本等因素。随后,通过精密的钻孔技术,确保导通孔的准确性。电镀和覆铜工艺则确保了导电层的完整性和均匀性。

在制造阶段,还需要进行精细的割线和焊盘制作,为后续的元件焊接打下基础。喷镀和印刷工艺则进一步增强了电路板的外观和标识清晰度。完成制造后,进入组装环节,工程师需根据设计要求,精确安装并焊接各类电子元件。为确保最终产品的质量,每个阶段都伴随着严格的测试和质量控制。从设计到制造,再到组装,PCB 制造工艺与工程体现了技术、精度和质量的完美结合,是电子产品可靠性的重要保障。

10.1.6　PCB 电磁兼容性设计

PCB 电磁兼容性设计是确保电子设备在复杂电磁环境中正常工作的关键。在设计阶段,工程师需充分考虑元件布局、布线策略、地层设计等因素,以实现最小化电磁干扰。选择低辐射元件、优化布局可减少电磁辐射,而合理的布线策略和地层设计则能降低电路间的耦合和干扰。同时,利用多层板、盲埋孔等技术,进一步提高信号完整性和屏蔽效果。在整个设计过程中,电磁兼容性预测和仿真软件是不可或缺的工具,它们能有效预测并优化设计的电磁性能。PCB 电磁兼容性设计是一门综合艺术,需要工程师结合理论知识和实践经验,精心设计、反复优化,以实现电子设备在电磁环境中的稳定、可靠运行。

10.1.7 PCB 可靠性设计

PCB可靠性设计是确保电路板在长时间使用过程中保持稳定性和性能的关键因素。为实现这一目标,工程师需要从多个方面进行设计优化。选择高质量的材料、优化布局和布线策略、控制PCB厚度以及应用合适的表面处理和导电材料,都能提高电路板的电气性能和防腐蚀能力。同时,为确保信号质量和防止电磁干扰,特殊布线也是必不可少的。此外,合理的敷铜设计、通孔数量和位置的确定,以及精细化的质检和测试流程,也是提升PCB可靠性的重要环节。PCB可靠性设计需综合考虑材料、工艺、结构和环境因素,通过不断的设计优化和严格的质量控制,确保电路板在各种工作条件下都能表现出持久的稳定性和出色的性能。

10.1.8 PCB 应用领域与发展趋势

PCB其应用领域广泛且多元化。通信、航空航天、工控医疗、消费电子、汽车电子等行业都离不开PCB的支持。

在发展趋势上,PCB行业正朝着微型化、高层化、柔性化和智能化的方向进化。微型化意味着PCB需要搭载更多的元器件并缩小尺寸,以满足消费电子产品的小型化和功能多样化需求;高层化则是为了满足计算机和服务器在5G和AI时代的高速高频发展需求,要求PCB具备更多的层数和更复杂的结构;柔性化趋势的兴起则是因为可穿戴设备和柔性显示屏等新兴应用需要PCB具备良好的柔韧性和可弯曲性;智能化趋势要求PCB具备更强的数据处理能力和智能控制能力,以适应物联网、智能汽车等领域的发展需求。

10.2 LabVIEW 数据采集技术

10.2.1 认识 LabVIEW

1. LabVIEW 的基本概念和原理

LabVIEW是一种程序开发环境,由美国国家仪器(NI)公司研制开发,类似于C和BASIC开发环境,但是LabVIEW与其他计算机语言的显著区别是:其他计算机语言都是采用基于文本的语言产生代码,而LabVIEW使用的是图形化编辑语言G编写程序,产生的程序是框图的形式。

LabVIEW利用图标代表不同的函数,用连线表示数据流向。它尽可能利用了技术人员、科学家、工程师所熟悉的术语、图标和概念。因此,LabVIEW是一个面向最终用户的工具。用户使用它进行原理研究、设计、测试并实现仪器系统时,可以大大提高工作效率。

虚拟仪器是基于计算机的仪器,以通用的计算机硬件及操作系统为依托,实现仪器的各种功能。虚拟仪器的主要特点有:尽可能使用通用的硬件,各种仪器的差异只在于软件;可以充分发挥计算机的能力,有强大的数据处理功能,可以创造出功能强大的仪器;用户可以根据自己的需要,定义和制造各种仪器。

总体而言,LabVIEW的基本原理是"软件就是仪器",虚拟仪器的核心是利用计算机来显示、控制和处理数据。

2. LabVIEW 的应用领域

LabVIEW 的应用领域广泛,包括科学、工程、医疗、教育等多个领域。此外,LabVIEW 还支持多种硬件平台,可以与各种传感器、执行器、控制器等硬件设备进行无缝集成,进一步拓宽了其应用领域。

(1) 自动化控制:LabVIEW 可以用于设计、测试并实现自动化控制系统。例如,通过 LabVIEW,用户可以快速配置和控制三维打印机、机器人、流程控制系统等。此外,LabVIEW 还支持模块化设计,使得各种设备和传感器之间的通信更加容易,并可轻松实现不同设备之间的数据传输和协作。

(2) 数据采集:LabVIEW 的另一个广泛应用领域是数据采集。无论是在科学研究还是工业生产中,数据采集都是非常重要的。LabVIEW 可以让用户轻松地采集、处理和分析各种数据,无论是来自传感器、仪器还是其他设备。通过 LabVIEW,数据可以轻松地转换成用户友好的格式,以便进行更深入的研究。

(3) 仪器控制与测试:LabVIEW 非常适用于集成仪器的控制和测试。通过连接各种硬件设备(如传感器、运动控制器、信号发生器等),可以使用 LabVIEW 编写程序来控制和监测仪器,采集和处理实时数据。这对于工程师和科学家来说是非常有用的,可以帮助他们更好地理解和优化系统和设备。

(4) 数据分析与可视化:LabVIEW 提供丰富的数据分析和可视化工具,可以对采集到的数据进行处理、分析和展示。开发者可以使用内置的分析函数库和绘图工具,进行数据处理、统计分析、信号处理、傅里叶分析等。这对于需要对大量数据进行处理和分析的用户来说是非常有价值的。

(5) 教育和研究:由于其直观的图形化编程界面和广泛的应用领域,LabVIEW 在教育和研究领域也被广泛使用。它可以帮助学生和研究人员快速搭建实验环境、进行数据采集与分析、进行模拟仿真等。

(6) 通信系统:在通信系统中,LabVIEW 可以用于设计、模拟和分析各种通信系统,如无线通信、卫星通信等。它可以帮助工程师更好地理解和优化通信系统的性能。

(7) 生物医学工程:在生物医学工程领域,LabVIEW 可以用于设计和分析医疗设备,如医疗成像系统、生理信号采集系统等,从而可以帮助医生更好地理解病人的生理状况,提高诊断的准确性和治疗的效率。

10.2.2 LabVIEW 软件的介绍和安装

1. LabVIEW 软件的介绍

LabVIEW 软件具有以下功能和特点。

(1) 图形化编程:使用图形化编程界面,通过简单的拖曳和连接来构建程序。这种编程方式使得程序的编写和调试变得简单易行。

(2) 多种数据类型支持:支持多种数据类型,包括数值、字符串、布尔值等,可以轻松地进行数据分析和处理。

(3) 广泛的应用领域:被广泛应用于自动化控制、测试测量、机器视觉、信号处理、数据采集等领域。

(4) 易于扩展:支持多种硬件设备和软件平台,可扩展性强。用户可以通过编写自定义模块来扩展 LabVIEW 的功能。

（5）可视化编程：以可视化编程的方式展示程序逻辑，使得程序设计更加直观，易于理解和维护。

（6）集成开发环境：提供一整套集成开发环境，包括编辑器、调试器、代码管理工具等，方便用户进行开发、测试和部署。

（7）丰富的工具箱：提供众多工具箱，如信号处理、控制系统等，用户可以根据自己的需求选择相应的工具箱，提高开发效率。

2．LabVIEW 软件的安装

下面学习下载和安装 LabVIEW 开发工具。安装好这个工具以后，你可以尝试创建一个 IoT 的项目，或许能让你对物联网领域产生更多奇妙的想法。

1）获取安装包

通过 NI 官网（美国国家仪器有限公司）获取最新 LabVIEW 安装包，去官网可以下载最新的 LabVIEW 试用版本，下载前首先需要注册一个 NI 账户。

2）安装 LabVIEW

安装步骤与常规软件安装一致，直接单击"下一步"按钮即可，如图 10-10 所示，当出现图 10-11 页面，要求输入许可信息时，可以不用填写信息，直接单击"下一步"按钮。最后一步时，安装 LabVIEW 硬件支持选择不需要支持（如有需要可以去官网下载驱动，选择安装）。例如，使用 Arduino 作为下位机，LabVIEW 作为上位机，可以快捷开发出一套软硬件联控的演示系统。

图 10-10　安装启动页面

3）运行软件

安装完成后运行 LabVIEW 即可，将出现图 10-12 的运行页面。当提示是否需要激活信息时，可以勾选不提示需要激活信息。

安装完成后，我们还可以按需安装其他的更多扩展模块，以满足不同的开发和应用场景。这些扩展模块大家可以去官网下载，如图 10-13 和图 10-14 所示。

图 10-11　输入许可页面

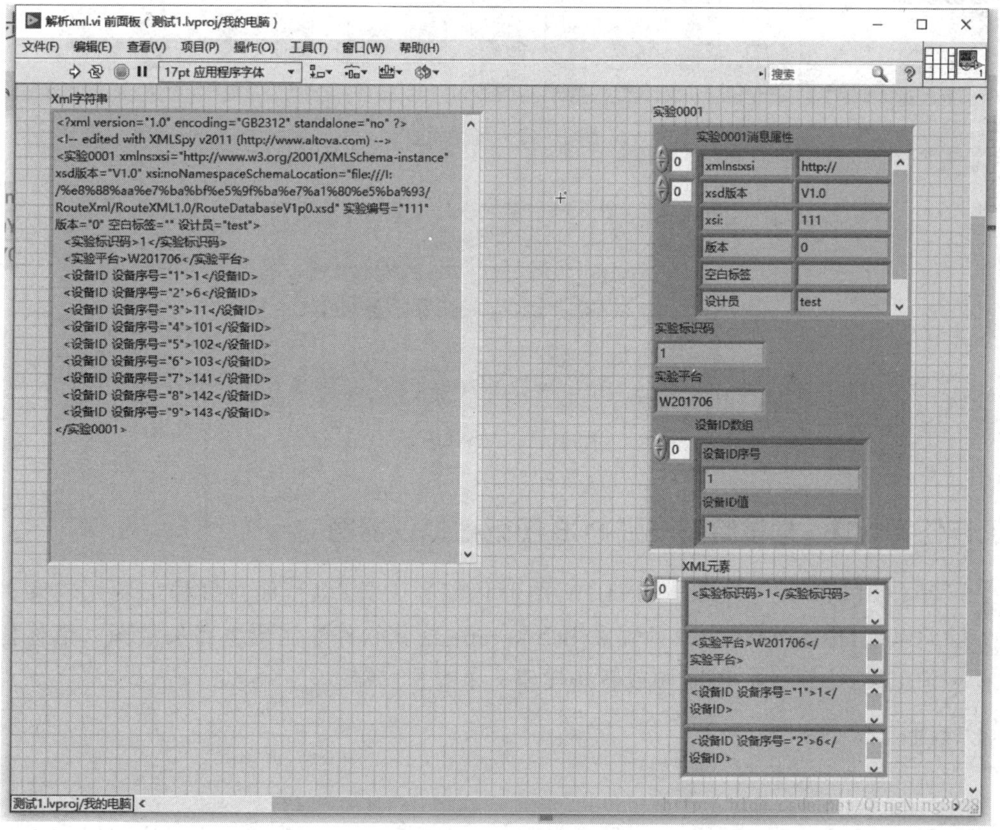

图 10-12　运行页面

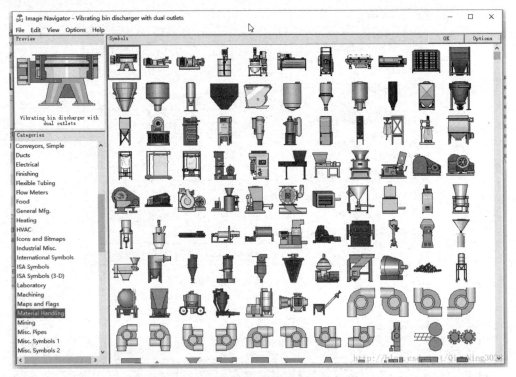

图 10-13　场景页面

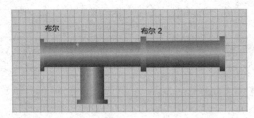

图 10-14　部分场景

【工作任务 10】 尝试绘制一张 PCB 图或虚拟仪器图

了解 PCB 的开发方法和 LabVIEW 图形化编程工具以后,你对哪种工具比较感兴趣呢?除此以外,你还可以尝试一下,采用 Inkscape 这款软件绘制出电路矢量图。请你任意选择一种工具,绘制一张 PCB 图或者是构建一个虚拟仪器。

练习题

一、单选题

1. 以下不是 PCB 设计的主要步骤的是(　　)。
   A. 原理图设计　　　B. 布线设计　　　C. 3D 建模　　　D. 制造输出
2. 当考虑 PCB 的电磁兼容性(EMC)时,不是关键的布局和布线策略的是(　　)。
   A. 使用地线平面

B. 保持电源和地线走线的宽度一致

C. 最小化环路面积

D. 使用高阻抗的元件

3. 不是 PCB 制造过程中常见的表面处理方法的是（　　）。
   A. HASL（热风整平）　　　　　　B. ENIG（化学镍金）
   C. OSP（有机保护膜）　　　　　　D. SMD（表面贴装器件）

4. 在 LabVIEW 中，主要用于数据采集的工具是（　　）。
   A. DAQ Assistant　　　　　　　　B. SignalExpress
   C. VI Analyzer　　　　　　　　　D. Measurement Studio

5. 不是 LabVIEW 数据采集系统的典型组件的是（　　）。
   A. 数据采集设备（DAQ 硬件）　　B. 信号调理电路
   C. LabVIEW 软件　　　　　　　　D. 3D 打印机

二、多选题

1. 在 PCB 设计过程中，需要特别考虑以确保电路板的电气性能的因素有（　　）。
   A. 元件的布局　　B. 布线的策略　　C. PCB 的厚度　　D. PCB 的颜色

2. 常用于 PCB 设计和开发的工具或软件是（　　）。
   A. AutoCAD　　　　　　　　　　B. Altium Designer
   C. LabVIEW　　　　　　　　　　D. SolidWorks

3. 当考虑 PCB 的可靠性设计时，有效策略是（　　）。
   A. 选择高质量的材料　　　　　　B. 优化布局和布线策略
   C. 控制 PCB 的厚度和重量　　　　D. 应用合适的表面处理和导电材料

4. 常用于数据采集系统的 LabVIEW 工具或组件是（　　）。
   A. DAQ Assistant　　　　　　　　B. SignalExpress
   C. MathScript RT Module　　　　　D. Vision Development Module

5. 在构建 LabVIEW 数据采集系统时，必要的步骤是（　　）。
   A. 配置和测试硬件设备　　　　　B. 设计和编写程序逻辑
   C. 进行系统校准和验证　　　　　D. 选择合适的连接器和电缆

三、简答题

简述 PCB 设计中的主要挑战，并说明如何克服这些挑战以确保电路板的质量和性能。

第 11 章

下位机部署及运维

学习目标

- 了解 Proteus 虚拟仿真辅助技术。
- 掌握简单的弱电工程部署方法。

学习重难点

重点：能正确制作网线。
　　　能掌握简单继电器的接线方法。
难点：Proteus 虚拟仿真的使用。

课程案例

中国制造"开门红"国产手机和新能源汽车走俏

近年来，持续不断的技术创新推动了国产手机品牌崛起。OPPO 公司在影像、5G、AI 等领域持续突破，成为我国企业出海的一张名片。华为公司 2023 年 8 月底发布的手机 Mate 60，甚至出现了"线下门店大排长龙、线上商城一秒卖光"的"一机难求"火热消费场景。

OPPO 公司相关负责人说，国产手机"一机难求"，本质上是由于技术提升，各个品牌都全力在创新上做大文章，大力解决消费者痛点、着眼提升手机性能。

站在岁末年初的新起点上，我国的创新动力、发展活力勃发奔涌，日新月异的创新产品不断涌现，给中国制造增添新亮色。

让我们把目光转向国产手机的生产基地——东莞松山湖高新技术产业开发区。2023 年 1 月至 11 月，松山湖开发区完成规上工业总产值 3356.85 亿元，同比增长 8.9%，实现工业投资 142.39 亿元，同比增长 6.7%，工业技改投资 91.87 亿元，同比增长 21%，投资者用真金白银投下"信心票"。

无独有偶。同样在开年之际，珠三角的新能源汽车产业也传出捷报——1 月 1 日，比亚迪公司公布产销快报，2023 年第四季度纯电动乘用车销量首次成为全球第一。至此，比亚迪 2023 年全年新能源汽车累计销售超过 302 万辆，继续保持全球新能源汽车销售冠军地位。

中国电动汽车百人会副理事长、清华大学 21 世纪发展研究院执行副院长张永伟表示，新一代的电动汽车，最新的车型基本都在我国率先推出；全球新一代汽车相关技术，也往往是在我国推出的产品中率先应用，为新能源汽车产业巩固领先地位奠定了坚实基础。

手机、新能源汽车……在过去的 2023 年里，从操作系统、EDA 等软件攻关取得阶段性突破,到国产ECMO打破外企长期垄断,再到核磁共振设备实现国产替代并量产,一个个代表新质生产力的新技术、系统、产品、项目在我国诞生、落地,在底层技术突破方面多点开花、产业链条不断完善,带来"开门红"。

制造业亮点频出的背后,是创新体系建设不断加强、创新动能持续增强。就在1月7日,我国国产首艘大型邮轮"爱达·魔都号"完成首航,标志着我国造船业能级进一步提升。

放眼神州大地,广东把实现新型工业化作为现代化建设的关键任务,尤其是在珠三角的一系列大科学装置加快布局,将成为未来产业的"孵化器";重庆8日发布《重庆市工业产业大脑建设指南(1.0)》《重庆市未来工厂建设指南(1.0)》,对产业大脑和未来工厂的建设做出具体规划指导,将聚焦制造业细分行业,重塑产业组织形态和资源配置模式。

(资料来源:王攀,陈宇轩,黄浩苑.中国制造"开门红" 国产手机和新能源汽车走俏[N].经济参考报,2024-01-11.)

知识点导图

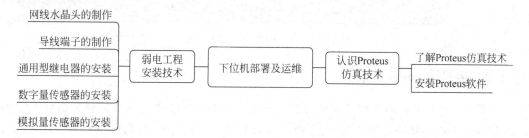

学习情景

小龙在研发部,经常要帮忙做一些底层硬件环境的搭建和测试工作,所以小龙开始接触到了一些虚拟仿真软件,并时常需要自己去制作网线,部署弱电工程。我们一起来跟着小龙,学习和了解相关知识吧!

知识学习

11.1 认识Proteus仿真技术

11.1.1 了解Proteus仿真技术

Proteus软件是英国Labcenter Electronics公司出版的EDA工具软件,用于单片机等数字电路仿真。Proteus分为两个版本:ISIS和ARES,ISIS主要用于仿真设计,ARES主要用于PCB设计。Proteus从原理图布图、代码调试到单片机与外围电路协同仿真,一键切换到PCB设计,真正实现了从概念到产品的完整设计,是将电路仿真软件、PCB设计软件和虚拟模型仿真软件三合一的设计平台,其处理器模型支持8051、HC11、PIC10/12/16/18/24/30/DSPIC33、AVR、ARM、8086和MSP430等,2010年又增加了Cortex和DSP系列处理器,并持续增加其他系列处理器模型。在编译方面,它也支持IAR、Keil和MATLAB等多种编译器。

常用 ISIS 仿真软件，其绘制的虚拟仿真对话框如图 11-1 所示。

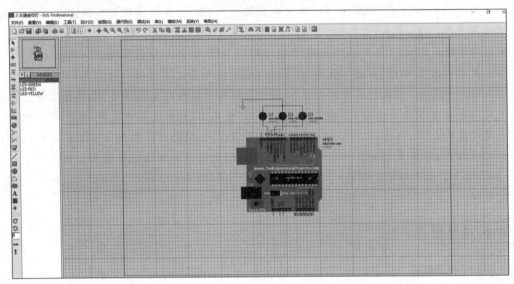

图 11-1　Proteus 软件工作对话框

11.1.2　安装 Proteus 软件

下面学习 Proteus 的下载和安装方法。安装好以后，大家就可以尝试着去搭建自己的仿真模型了。在物联网的单片机开发、嵌入式开发等下位机的开发设计过程中，这款虚拟仿真软件将发挥出非常重要的作用，帮助开发人员在没有硬件设备的情况下，对自己开发的工程效果进行仿真和验证，降低开发成本。

（1）进入 Proteus 官网，下载安装程序包。从官网上就可以获得 Proteus 最新的下载版本，如图 11-2 所示。Proteus 是一款非常常用的软件，不但可以进行仿真，还可以进行 PCB 的绘制。下面以 Proteus 7.8 为例介绍 Proteus 的安装过程。

图 11-2　官网对话框

(2)下载程序,进行安装。解压安装包,单击安装程序进行安装,图 11-3 为从官网下载的安装启动程序,双击打开即可进入安装导航。

(3)进入安装导航对话框(见图 11-4),直接单击 Next 按钮,进入安装流程。

(4)当进入软件版权授权对话框后(见图 11-5),提示用户是否接受该软件的相关协议,直接单击 Yes 按钮即可。

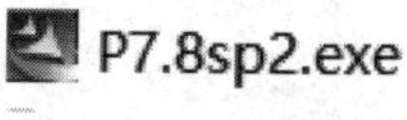

图 11-3　安装程序

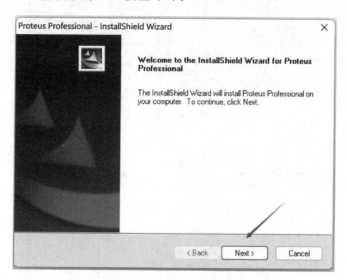

图 11-4　安装对话框

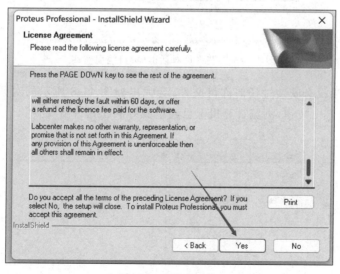

图 11-5　授权对话框

(5)在安装类型对话框(见图 11-6),选择第一条选项,采用本地许可密码进行安装,然后单击 Next 按钮,继续安装。

(6)在项目注册密钥对话框,如图 11-7 所示,若之前没有安装过任何版本的 Proteus 软件,将会在信息提示栏中显示 No licence key is intalled。此时,只需要单击 Next 按钮即可。

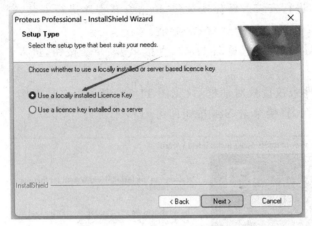

图 11-6　许可对话框(安装类型)

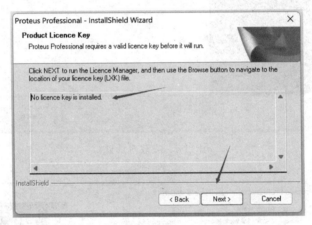

图 11-7　安装许可对话框(项目注册密钥)

(7) 用户如果没有安装过任何许可文件,会弹出如图 11-8 所示的对话框,勾选左下方 Browse For Key File 按钮,浏览计算机上已经下载好的密钥许可文件。

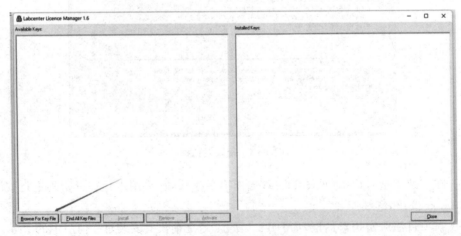

图 11-8　浏览许可对话框

(8)根据提示,选择下载好的密钥文件后,单击"打开"按钮即可,如图11-9所示。

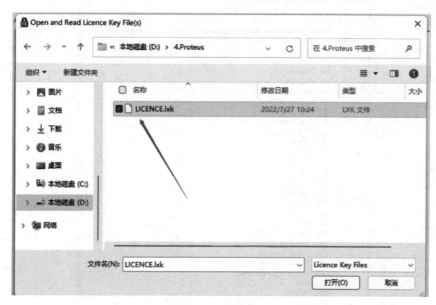

图11-9 选择密钥

(9)回到之前的对话框,该对话框中已经添加上了密钥相关文件,相关信息已经出现在对话窗格的左侧,如图11-10所示。单击Install按钮,进入下一步。

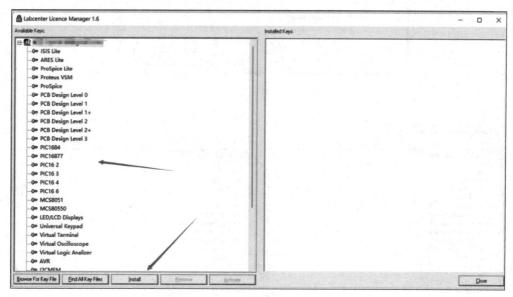

图11-10 添加许可

(10)安装程序会弹出安装信息提示框,如图11-11所示,让用户进行安装信息核对。这里不需要其他操作,直接单击"是"按钮。

(11)出现如图11-12所示方框中的内容时,说明添加成功,密钥安装成功,单击Close按钮。

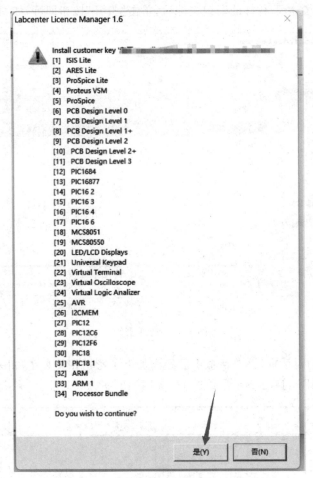

图 11-11　核对安装信息

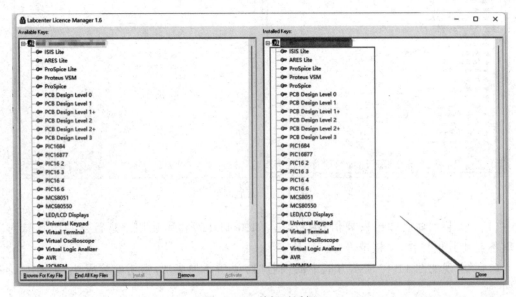

图 11-12　关闭对话框

(12) 回到安装主对话框,在该对话框上可以看到刚才安装的密钥的相关信息,单击 Next 按钮,进入下一步,如图 11-13 所示。

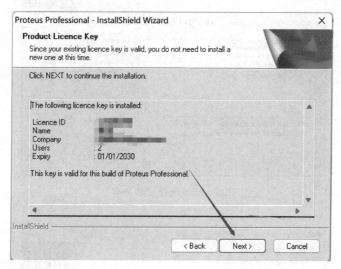

图 11-13　继续安装对话框

(13) 安装对话框提示你选择安装路径,一般选择默认路径,也可以单击 Browse 按钮进行修改路径。然后单击 Next 按钮,如图 11-14 所示。

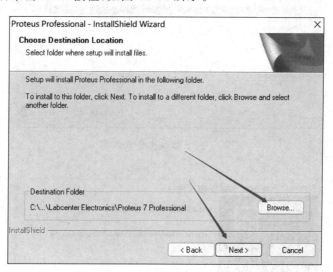

图 11-14　选择安装路径

(14) 在出现的如图 11-15 所示对话框中,根据安装图中的内容进行勾选,一般为默认选项,然后单击 Next 按钮,进入下一步。

(15) 安装对话框提示可以对安装文件夹名称进行修改,用户可以根据自己的需要,进行修改,然后单击 Next 按钮,进入下一步,如图 11-16 所示。

(16) 等待软件继续完成安装,安装完成后,单击 Finish 按钮,如图 11-17 所示。

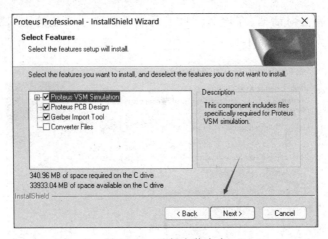

图 11-15　选择安装内容

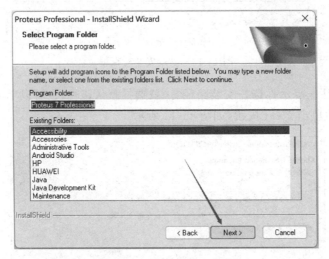

图 11-16　修改文件夹名称

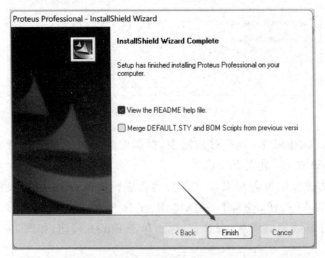

图 11-17　单击完成

（17）安装完成后，运行软件，可以看到如图 11-18 所示的工作窗口，此时即可开始仿真设计的绘制。

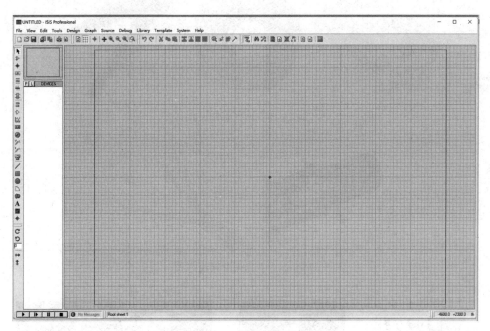

图 11-18　软件工作窗口

11.2　弱电工程安装技术

物联网工程涉及下位机的部署和上位机的开发。下位机部署是上位机开发的基础和前提条件。因此，下位机的部署是物联网工程实施的第一步。由于物联网下位机设计到的电路和设备大都是 36V 安全电压以下的电子设备，因此物联网下位机部署是属于弱电工程的范畴。弱电工程安装过程中，主要涉及网线的制作、导线端子的制作、相关设备的连接等。不同的设备，安装的要求各不相同，本节简单地对一些通用的弱电安装技术进行介绍。这部分内容在各种物联网专业技能竞赛中占有很大的比例和分值，由此可见这部分的知识和技能非常基础和重要。

11.2.1　网线水晶头的制作

在物联网弱电工程安装和部署工程中，首先需要解决的一个问题就是网络问题。正确地制作网线，压制网线水晶头，是物联网弱电工程中的首要任务。

第一步：准备好水晶头、网线、网线压线钳，如图 11-19 所示。

第二步：用网线压线钳拨开网线，整理出网线中的八根信号线，如图 11-20 所示。

第三步：按照橙白、橙、绿白、蓝、蓝白、绿、棕白、棕的顺序将网线拉直，整理好，用压线钳修剪整齐，如图 11-21 所示。

第四步：按照这个线序，将网线插入水晶头。按照工艺要求，网线一定要顶到头，并且网线外的胶皮要插入水晶头内，不能让网线的芯线裸露在水晶头外，如图 11-22 所示。

图 11-19　网线制作工具

图 11-20　剥出来的网线芯线

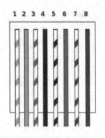

图 11-21　网线压线图

第五步：用网线压制钳压制水晶头，如图 11-23 所示。

第六步：用网线检测仪检测网线是否正确接通，如图 11-24 所示。

图 11-22　网线排线图　　　图 11-23　网线压线图　　　图 11-24　网线检测仪

11.2.2　导线端子的制作

导线的作用是进行设备之间的信号、电路的连接。根据弱电工程部署工艺要求，不允许导线裸接设备，需要对导线制作接线端子后，才可以进行相应的接入工序。

(1) 用剥线钳,拨开胶皮,露出铜质芯线,如图 11-25 所示。
(2) 将电线穿过针形接线端子,并用专用的钳子(压线钳)夹紧,如图 11-26 所示。

图 11-25　剥线工具　　　　　　　　图 11-26　压线钳

(3) 压制好的接线端子(见图 11-27(a)),可以接入其他的连接端子中,安装后的端子如图 11-27(b)所示。

11.2.3　通用型继电器的安装

1. 继电器基本电路原理

电磁式继电器一般由铁心、线圈、衔铁、触点簧片等组成。只要在线圈两端加上额定电压,线圈中就会流过一定的电流,从而产生电磁效应,衔铁就会在电磁力吸引下克服返回弹簧的拉力吸向铁心,从而带动衔铁的动触点与静触点(常开触点)吸合;当线圈断电后,电磁吸力消失,衔铁就会在弹簧的反作用力下返回原来的位置,使动触点与原来的静触点(常闭触点)吸合,如图 11-28 所示。这样的吸合、释放,实现了电路的导通、断开。继电器线圈未通电时处于断开状态的静触点,称为常开触点;处于接通状态的静触点称为常闭触点。

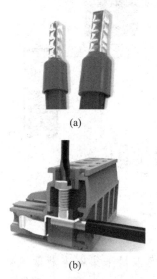
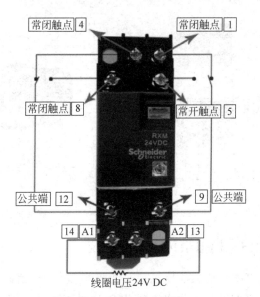

图 11-27　压制好的端子　　　　　　图 11-28　继电器电路图

2. 继电器与负载的连接

继电器就是控制负载开、闭的一个开关设备,因此继电器主要与终端负载进行连接。图 11-29 就是用虚拟仿真软件绘制的用继电器控制 LED 灯的接线图。

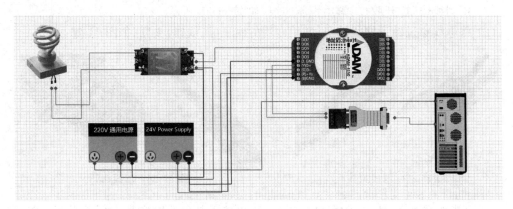

图 11-29　继电器控制负载接线图

11.2.4　数字量传感器的安装

数字量传感器输出信号为数字量信号,因此需要通过数字量采集器来采集信号。在对数字量传感器进行设备安装时,需要认真阅读设备安装说明书,根据设备的要求,选择正确的供电电压。本案例采用 24V 火焰传感器,因此选择 24V 的供电电源与传感器相连接。再根据传感器的接线说明,将信号线接入数字量采集器的采集口 DIx,具体接线图如图 11-30 所示。

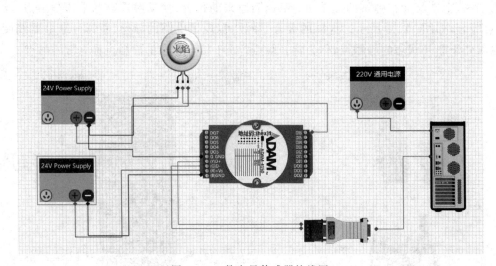

图 11-30　数字量传感器接线图

11.2.5　模拟量传感器的安装

模拟量传感器输出信号为模拟量信号,因此需要采用模拟量采集器来获取该数据信号。我们选择了供电电压为 24V 的 PM2.5 传感器作为接入演示。根据该传感器的安装说明,接入 24V 供电电源,信号线接入模拟量传感器的 VINX 口中,具体接线如图 11-31 所示。

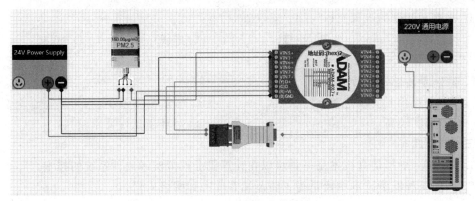

图 11-31　模拟量传感器接线图

【工作任务 11】　在实验设备上实现 LED 灯控制

学习了本章物联网弱电工程的基本安装方法以后,你可以尝试一下,用一个 12V 的灯泡,一个继电器和一个 4150 采集器,按照本章中的内容部署弱电图,去搭建自己的第一个物联网下位机系统,用继电器去控制一盏 LED 灯吧!

练习题

一、单选题

1. 下列不是 Proteus 虚拟仿真技术的特点(　　)。
   A. 实时性　　　　　B. 可视化　　　　　C. 灵活性　　　　　D. 高成本
2. 弱电工程安装技术中,下列不是常见的线缆类型的是(　　)。
   A. 双绞线　　　　　B. 同轴电缆　　　　C. 光纤电缆　　　　D. 平行线
3. 制作网线时,下列不是必需的工具有(　　)。
   A. 剥线钳　　　　　B. 压线钳　　　　　C. 剪刀　　　　　　D. 焊锡枪
4. 水晶头制作技术的步骤不包括(　　)。
   A. 剥线　　　　　　B. 排线　　　　　　C. 压线　　　　　　D. 焊接
5. 继电器安装过程中,不需要注意的事项是(　　)。
   A. 选择合适的继电器　　　　　　　　　B. 确定继电器的触点类型
   C. 确定继电器的控制方式　　　　　　　D. 确定继电器的颜色

二、多选题

1. Proteus 虚拟仿真技术的特点有(　　)。
   A. 实时性　　　　　B. 可视化　　　　　C. 灵活性　　　　　D. 高成本
   E. 集成性
2. 弱电工程安装技术中常见的线缆类型有(　　)。
   A. 双绞线　　　　　B. 同轴电缆　　　　C. 光纤电缆　　　　D. 平行线
   E. 电话线
3. 制作网线的步骤是(　　)。
   A. 剥线　　　　　　B. 压线　　　　　　C. 排线　　　　　　D. 焊接
   E. 测试

4. 水晶头制作的步骤有（　　）。
   A. 剥线　　　　　　B. 压接　　　　　　C. 排线　　　　　　D. 焊接
   E. 套管
5. 数字量传感器的特点有（　　）。
   A. 输出信号为二进制　　　　　　B. 测量范围较小
   C. 精度较高　　　　　　　　　　D. 对环境条件要求较高

三、判断题

1. Proteus 虚拟仿真技术是一种可以在计算机上模拟实际硬件系统的技术。（　　）
2. 弱电工程安装技术主要是为了防范黑客攻击和网络入侵。（　　）
3. 制作网线时，只需要保证线缆的长度合适，标识清晰即可。（　　）
4. 水晶头制作技术的步骤包括剥线、排线和压线。（　　）
5. 数字量传感器和模拟量传感器的区别在于输出信号的类型不同，前者为数字信号，后者为模拟信号。（　　）

四、简答题

简述模拟量传感器的工作原理。

第 12 章

上位机设计与开发

学习目标

- 了解原型绘制工具 Axure RP。
- 了解 Arduino 开发系统。
- 了解 VS 物联网上位机开发技术。
- 了解物联网 Java 开发工具。
- 了解 Andriod 移动端开发工具。
- 了解 Docker 容器技术。

学习重难点

重点：了解 Axure RP 前端开发工具；了解 Arduino 开发系统。
难点：了解 Docker 容器技术。

课程案例

用代码敲出世界冠军

双眼紧盯计算机屏幕，十指飞快地敲击键盘，随着一排排代码的生成，一款以世界技能大赛为主题的展示性移动 App 初具雏形……在 2022 年世界技能大赛特别赛韩国赛区，中国选手杨书明凭借扎实的编程基础，从韩国、日本、德国等国家和地区的 11 名选手中脱颖而出，夺得移动应用开发项目金牌，成为这一世赛新增项目的首位金牌获得者。

"移动应用开发项目包含原型设计、界面实施、功能开发、App 测试 4 个模块，简单来说，就是在有限的时间内，从无到有制作一个移动 App 产品。"广州市工贸技师学院移动应用开发项目教练叶重涵介绍，在企业里，开发一款 App 至少需要 UI 设计师、系统开发者和软件测试员，专人专岗完成各个部分功能开发，而在比赛中，这些任务要由选手一人完成，"从开发流程来说，书明是全能的。"

全能选手的练成并非一朝一夕。2015年，抱着"开发一款属于自己的游戏"的想法，杨书明来到广州市工贸技师学院网站开发与维护专业学习。开学后，他第一次了解到世赛，看着获奖选手们身戴奖牌、手捧鲜花的模样，少年心里默默埋下一颗种子：参加世赛，为国争光！

网站开发与维护专业对算法和代码的掌握要求很高，初中毕业的杨书明数学基础薄弱，学起来有些吃力。他利用课余时间，一点点地"啃"编程专业知识，反复刷在线算法题库中的题目，不懂之处追着老师和同学请教。为了避免理论和实践脱节，杨书明从临摹小部件开始，琢磨他人的思路和方案，乐此不疲地积攒经验。

"完成指定任务后，书明会及时总结分析，将一些复杂的技术点进行拆分，从理论到实践全方面掌握。"叶重涵说，碰上不懂的问题，杨书明常常凌晨三点都不睡觉，不弄明白不罢休。

热爱、专注和刻苦让杨书明练就了迅速破解难题的本领。一次，在研发图案验证码时，一道"在不依赖任何工具的情况下，实现将异形图案拖曳到指定位置"的题目拦住了大家的脚步。"当时，我和企业专家一起研究了两天都没有彻底解决，没想到，书明根据开发原理从头做了一遍，2个多小时就解决了问题。"国家级技能大师、广州市工贸技师学院高级技师陈立准笑着说。技艺的精进让杨书明离世赛越来越近，但追梦路上总是波澜起伏。2019年，杨书明一路过关斩将，以第45届世赛网站设计与开发项目全国选拔赛第一名的成绩进入国家队。本以为征战世赛已是板上钉钉，不承想，在最后一次考核中，他因粗心出现失误，与世赛擦肩而过。"这一次对书明的打击很大，他一度不想再打比赛了。"陈立准看在眼里、急在心里。

这时，俄罗斯2019喀山未来技能大赛即将举办移动应用开发项目竞赛的消息传了过来，杨书明内心的火苗重新燃起，作出一个大胆决定：跨项目参赛！在教练团队的支持下，他迅速转变思维，在原有网站设计与开发项目的基础上，突击学习移动应用开发技术。"当时每天有将近16个小时都待在集训基地，针对比赛模块做了大量训练。"杨书明回忆。

星光不负赶路人。杨书明一举斩获2019喀山未来技能大赛移动应用开发项目银牌。而这次比赛也为他圆梦世赛打了一剂"强心针"。

（资料来源：孙家琪.用代码敲出世界冠军——记2022年世界技能大赛特别赛移动应用开发项目冠军杨书明[N].中国组织人事报，2023-04-07.）

第 12 章 上位机设计与开发

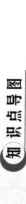
知识点导图

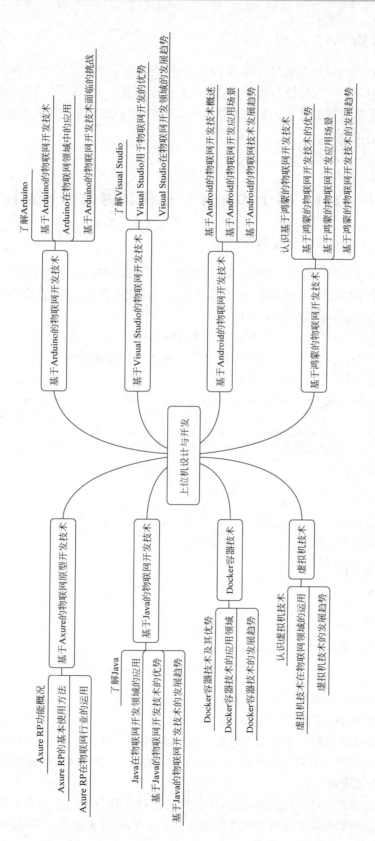

学习情景

小龙到了公司研发部门以后,发现自己还有太多的知识盲点,有太多新的技术和知识需要深入学习,继续学习,终身教育是未来人们的学习新方向,小龙也主动地开始了边干边学、边学边干的继续教育模式。我们也跟着小龙一起,看看他都学习了哪些有趣的新技术吧!

知识学习

12.1 基于 Axure 的物联网原型开发技术

12.1.1 Axure RP 功能概况

Axure RP 是一款专业的快速原型设计工具,可以帮助网站需求设计者快速创建基于网站构架图的带注释页面示意图、操作流程图以及交互设计,并可自动生成用于演示的网页文件和规格文件,以提供演示与开发。

Axure RP 的使用者主要包括商业分析师、信息架构师、可用性专家、产品经理、IT 咨询师、用户体验设计师、交互设计师、界面设计师等,另外,架构师、程序开发工程师也在使用 Axure RP。其工作对话框如图 12-1 所示。

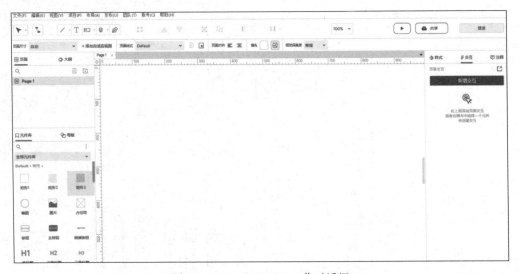

图 12-1　Axure RP RP 工作对话框

Axure RP 的功能和特点主要有以下几点。

1. 快速创建原型

Axure RP 提供了丰富的组件和交互功能,使用户可以快速创建高保真度的原型。设计师和产品经理可以使用 Axure RP 来创建交互式原型,以便团队成员之间进行沟通和反馈。

2. 交互设计

Axure RP 支持各种交互设计,例如可交互的按钮、链接、表单元素等。用户可以使用 Axure RP 模拟真实的应用程序或网站的交互过程,以便更好地了解用户体验。

3. 多种输出格式

Axure RP 支持多种输出格式，包括 HTML、PDF 和 PNG 等。用户可以将原型导出为不同格式的文件，方便在不同平台上展示和共享。

4. 易于使用

Axure RP 具有直观的用户界面和简单的操作方式，即使没有编程经验的设计师和产品经理也可以轻松上手。

5. 团队协作

Axure RP 支持团队协作，团队成员可以在 Axure RP 上共享和编辑原型，以便更好地进行沟通和合作。

6. 自动生成规格说明书

Axure RP 可以自动生成 Word 格式的规格说明书，方便开发人员进行开发。

12.1.2　Axure RP 的基本使用方法

打开 Axure RP 后，在首页选择"文件"→"新建"菜单命令，这样便可以开始建立一个新的项目，如图 12-2 所示。

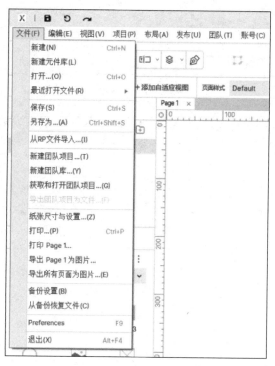

图 12-2　新建项目

元件库里有很多操作框，默认在左侧。只需要用鼠标选中需要的图形，拖动到绘图区域就可以，如图 12-3 所示。

此时就可以根据自己的设计，利用好元件库的所有图形，在工作窗口区绘制出想要设计的前端页面了。各个页面之间、元件与页面之间都可以设计出各种交互效果，如图 12-4 所示。

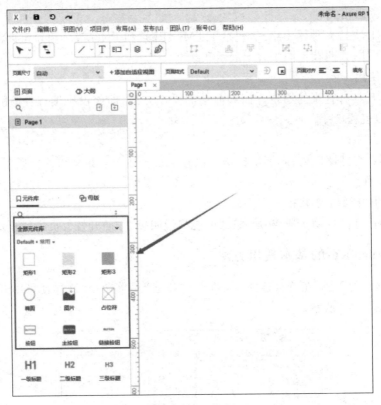

图 12-3　元件库

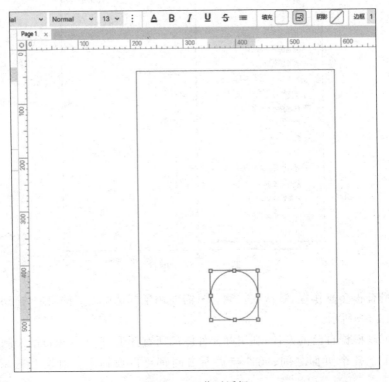

图 12-4　工作对话框

绘制的元件上可以任意添加自己需要的文字内容，也可以添加各种 JPG、PNG 格式的图片。值得一提的是，Axure RP 还支持各种 GIF 格式的图片。文字和图片的属性可以根据需求进行修改设置，这些设置都可在工具栏中找到，如图 12-5 所示。

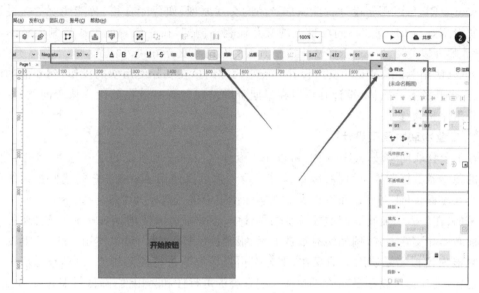

图 12-5　工具栏

绘制好想要的前端界面以后，单击菜单栏中的"发布"，可以生成 HTML 文件，通过网页进行浏览，如图 12-6 所示。也可以选择"预览选项"进行预览。

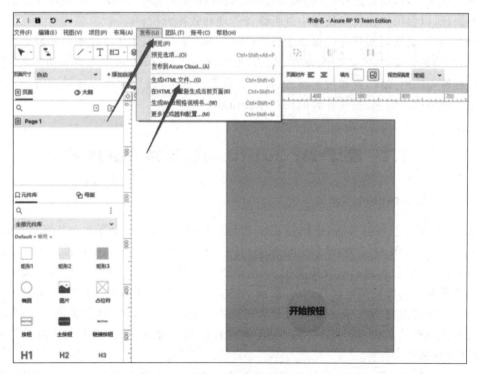

图 12-6　发布选项

12.1.3 Axure RP 在物联网行业的运用

1. 智能家居原型设计

Axure RP 可以用于设计智能家居产品的交互原型,如智能音箱、智能照明等。设计师可以使用 Axure RP 创建不同场景下的交互流程。例如,在一款智能家居控制面板的设计中,设计师可以使用 Axure RP 设计控制面板的布局和交互方式,如温度调节、设备开关等;然后,可以使用 Axure RP 的交互设计功能来模拟用户在实际使用中的操作,例如滑动调节温度、点击开关等。这样,设计师可以在早期阶段发现和解决潜在的用户体验问题,提高产品的易用性和满意度。

2. 工业物联网原型设计

在工业物联网领域,Axure RP 可以用于设计监控和管理系统的交互原型,如工厂生产线上的传感器数据监控、设备故障预警等。设计师可以使用 Axure RP 创建监控系统的界面和交互流程,以便工程师和操作人员在实际使用中进行监控和管理。

例如,在一款工业物联网监控系统的设计中,设计师可以使用 Axure RP 设计监控系统的界面布局和交互方式,例如实时数据显示、报警提示等;然后,可以使用 Axure RP 的交互设计功能来模拟实际使用中的操作,例如点击报警提示进行故障排查、滑动查看历史数据等。这样,设计师可以在早期阶段验证监控系统的可行性和易用性,降低后期开发和维护的成本。

3. 物联网平台原型设计

物联网平台通常需要连接和管理大量的设备和数据,Axure RP 可以用于设计物联网平台的交互原型,如设备连接、数据可视化等。设计师可以使用 Axure RP 创建平台的界面和交互流程,以便用户在实际使用中进行设备管理和数据分析。

例如,在一款物联网平台的设计中,设计师可以使用 Axure RP 设计平台的界面布局和交互方式,例如设备列表、数据图表等;然后,可以使用 Axure RP 的交互设计功能来模拟用户在实际使用中的操作,例如搜索设备、筛选数据等。这样,设计师可以在早期阶段发现和解决平台使用中的问题,提高平台的用户体验和效率。

12.2 基于 Arduino 的物联网开发技术

12.2.1 了解 Arduino

Arduino 是一款便捷灵活、方便上手的开源电子原型平台。这个平台包括硬件(各种型号的 Arduino 板,图 12-7)和软件(Arduino IDE,图 12-8)。Arduino 构建于开放原始码 Simple I/O 界面版,并且具有使用类似 Java、C 语言的 Processing/Wiring 开发环境。它基于一个源码开放的微控制器电路板,并提供了相应的集成开发环境来进行软件的开发,可以用来开发交互式对象,例如从一组开关或者传感器中获得用户输入,或是控制一组灯光、电动机或其他物理输出设备。此外,Arduino 具有自己的编程语言,可以与其他软件进行通信,共同完成相应的任务。

Arduino 能够让用户的计算机更好地感知和控制外部的物理世界,是一款物理计算平

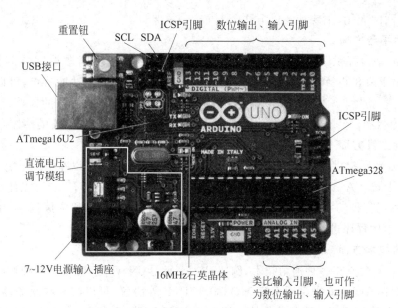

图 12-7 Arduino 开发主板

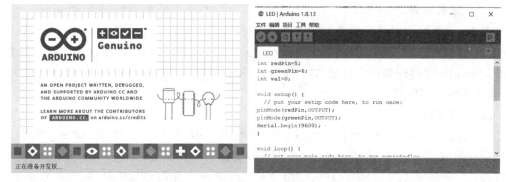

图 12-8 Ardunio 的开发软件工具

台。在使用 Arduino 之前,并不需要有用过电子原型平台的经验,只需简单地将它连接到计算机,然后使用 Arduino 编程语言(基于 Wiring)来编写程序,再上传到 Arduino 电路板。接着,Arduino 电路板就会根据程序做出相应的动作。

Arduino 可用于独立项目或与其他软件(如 Flash、Processing、Max/MSP)互动。板上的微控制器可通过 USB 接口或者其他方式与计算机进行通信,还可以使用传统的编程语言(C/C++等)进行编程。与其他单片机和嵌入式系统相比,Arduino 的优势在于简洁的编程环境和硬件实现的便捷性。同时,它能方便地与其他媒体和软件互动,但它并不能替代其他单片机和嵌入式系统,例如在一些需要极高效能或者极低成本的场合就不适合使用 Arduino 平台了。

12.2.2 基于 Arduino 的物联网开发技术

Arduino 物联网开发技术是一种基于 Arduino 平台的开发技术,用于连接和管理物联网设备和数据。Arduino 平台提供了易于使用的硬件和软件工具,使得用户可以快速地开发出各种物联网应用,主要涉及以下几个方面。

1. 硬件平台方面

Arduino 平台提供了多种型号的 Arduino 板,包括基于不同微控制器的板卡,例如 ATmega328、ESP8266 和 ESP32 等。这些板卡具有不同的性能和功能特点,可以根据具体的应用需求进行选择。此外,Arduino 平台还支持各种传感器和执行器的连接,例如温度传感器、湿度传感器、光线传感器、电动机、LED 等,从而实现对环境和设备的感知和控制。

2. 软件工具方面

Arduino 平台提供了易于使用的集成开发环境(IDE),用户可以在 IDE 中编写程序,并进行编译和上传。Arduino IDE 支持多种编程语言,包括 C、C++等,用户可以使用这些语言编写程序,实现各种功能。此外,Arduino 平台还提供了丰富的库和示例程序,用户可以基于这些库和示例程序进行二次开发,快速实现各种物联网应用。

3. 通信技术方面

Arduino 平台支持多种通信技术,例如 Wi-Fi、蓝牙、NFC 等,可以与各种物联网设备进行通信。此外,Arduino 平台还支持 MQTT、HTTP 等协议,可以与云端服务器进行通信,实现数据的上传和下载。这些通信技术使得用户可以方便地连接和管理各种物联网设备和数据。

4. 云服务方面

Arduino 平台提供了云服务支持,用户可以将数据上传到云端服务器进行存储和分析。Arduino 云服务支持多种云端平台,例如阿里云、腾讯云等,用户可以根据需要进行选择。此外,Arduino 平台还提供了云端 API 和 SDK,用户可以基于这些 API 和 SDK 进行二次开发,实现各种云端应用。

5. 应用领域

Arduino 物联网开发技术广泛应用于智能家居、智慧城市、工业控制等领域。例如,在智能家居领域,用户可以使用 Arduino 平台开发智能家居控制系统,实现对家庭设备的控制和管理;在智慧城市领域,用户可以使用 Arduino 平台开发环境监测系统、智能交通系统等,实现对城市环境的感知和管理;在工业控制领域,用户可以使用 Arduino 平台开发工业控制系统、机器人等,实现对工业设备的控制和管理。

12.2.3 Arduino 在物联网领域中的应用

1. 在智能温室控制系统中的运用

在这个系统中,Arduino 控制器通过传感器监测温室内的温度、湿度、光照等环境参数,并根据预设的参数范围自动控制温室内的加热、通风、灌溉等设备,从而保持温室内的环境稳定。同时,用户还可以通过手机 App 或网页端查看温室内的实时数据和历史数据,并进行远程控制和设置。

2. 在智能家居控制系统中的运用

在这个系统中,Arduino 控制器通过无线通信技术连接家庭内的各种智能设备,例如智能门锁、智能照明、智能空调等,并实现智能化管理和控制。例如,用户可以通过手机 App 或语音控制命令来控制家庭设备的开关、模式、亮度等参数,实现智能家居生活的便利和舒适。

3. 在智能环境监测系统中的运用

在这个系统中,Arduino 控制器通过传感器监测环境中的温度、湿度、空气质量等参数,并将数据传输到云端服务器进行存储和分析。用户可以通过手机 App 或网页端查看实时监测数据和历史数据,并接收警报和提醒。这种系统可以应用于室内空气质量监测、工厂废气排放监测等场景。

4. 在智能农业灌溉系统中的运用

在这个系统中,Arduino 控制器通过传感器监测土壤湿度、光照等参数,并根据作物的需水量和生长阶段自动控制灌溉设备的开关和时间。同时,用户还可以通过手机 App 或网页端实时查看监测数据和历史数据,并进行远程控制和设置。这种系统可以提高农作物的产量和质量,节约水资源。

5. 在智能安防系统中的运用

在这个系统中,Arduino 控制器通过连接红外传感器、摄像头等设备来监测家庭或办公室的安全状况,并在发现异常情况时及时发送警报信息给用户。同时,用户还可以通过手机 App 或网页端查看实时监控视频和历史记录,确保家庭或办公室的安全。

12.2.4 基于 Arduino 的物联网开发技术面临的挑战

Arduino 物联网开发技术在面临巨大的发展机遇的同时,在安全性、标准化和互操作性、数据处理和分析能力、能耗和续航以及成本等方面依然面临挑战。

1. 安全性问题

随着物联网设备的普及,安全性问题日益突出。黑客可能会利用漏洞攻击物联网设备,导致隐私泄露、设备损坏等问题。因此,Arduino 物联网开发技术需要不断加强安全性,采取加密、认证等措施保护用户数据和设备安全。

2. 标准化和互操作性问题

目前,物联网设备和平台众多,标准化和互操作性成为一个重要的问题。不同的物联网设备和平台之间可能存在兼容性问题,导致数据传输和共享困难。因此,Arduino 物联网开发技术需要推动标准化和互操作性的发展,促进不同设备和平台之间的互联互通。

3. 数据处理和分析能力

物联网设备产生大量的数据,如何有效地处理和分析这些数据成为一个重要的挑战。传统的数据处理和分析方法可能无法满足物联网数据的需求。因此,Arduino 物联网开发技术需要结合云计算、大数据等技术,提高数据处理和分析的能力,挖掘数据的价值。

4. 能耗和续航问题

物联网设备通常需要长时间运行,因此能耗和续航成为一个关键的问题。如果设备的能耗过高或者续航时间过短,可能会影响用户的使用体验。因此,Arduino 物联网开发技术需要优化设备的能耗和续航性能,提高设备的使用寿命和稳定性。

5. 成本问题

物联网设备的成本也是一个重要的问题。如果设备的成本过高,可能会限制用户的购买和使用。因此,Arduino 物联网开发技术需要降低设备的成本,提高性价比,促进物联网的普及和应用。

12.3 基于 Visual Studio 的物联网开发技术

12.3.1 了解 Visual Studio

Visual Studio 是一个开发工具集，可用于编写、编辑、调试和生成代码，然后部署应用。Visual Studio 不仅支持代码编辑和调试，还集成了编译器、代码完成工具、源代码管理、扩展等功能，可以改进软件开发过程的每个阶段。使用 Visual Studio，开发人员可以从编写简单的"Hello World"程序开始，逐渐进化到开发和部署复杂的应用。Visual Studio 支持多种语言和框架，包括.NET 和 C++，并且在 Web 设计器视图中可以编辑 ASP.NET 页面，使用.NET 开发跨平台移动和桌面应用，或在 C♯中生成响应式 Web UI。

12.3.2 Visual Studio 用于物联网开发的优势

Visual Studio 因其具有强大的开发环境、丰富的组件库、智能的代码助手、高效的调试工具、良好的可扩展性、与 Azure 的无缝集成、跨平台支持和安全可靠等优势，可以帮助开发人员快速构建高质量、高效率的物联网解决方案，因此广泛应用于物联网及其相关产品的开发过程中。

1. 强大的开发环境

Visual Studio 提供了一个集成的开发环境，支持多种编程语言和开发工具，使得开发人员可以更加方便地进行物联网应用的开发。

2. 丰富的组件库

Visual Studio 拥有丰富的组件库，包括各种传感器、执行器、通信协议等，开发人员可以利用这些组件快速构建物联网应用。

3. 智能的代码助手

Visual Studio 的代码助手功能可以帮助开发人员快速编写和调试代码，提高开发效率。

4. 高效的调试工具

Visual Studio 提供了强大的调试工具，可以帮助开发人员快速定位和解决问题，缩短开发周期。

5. 良好的可扩展性

Visual Studio 支持各种插件和扩展，开发人员可以根据自己的需求定制开发环境，提高开发效率。

6. 与 Azure 的无缝集成

Visual Studio 与微软 Azure 云平台无缝集成，开发人员可以利用 Azure 提供的各种服务，如云计算、大数据、人工智能等，快速构建物联网解决方案。

7. 跨平台支持

Visual Studio 支持跨平台开发，开发人员可以利用同一套代码在不同的平台上进行开发，降低开发成本。

8. 安全可靠

Visual Studio 提供了丰富的安全特性和工具，可以帮助开发人员构建安全可靠的物联网应用，保护用户数据和隐私。

12.3.3　Visual Studio 在物联网开发领域的发展趋势

Visual Studio 在物联网开发领域的发展趋势主要体现在跨平台支持、人工智能和机器学习、安全性、云计算和边缘计算、RTOS 支持、开源和生态系统以及 CI/CD 等方面。

1. 跨平台支持

随着物联网设备的多样性和碎片化，跨平台支持成为物联网开发的重要需求。未来，Visual Studio 将继续加强对不同平台和设备的支持，如 Windows、Linux、iOS、Android 等，帮助开发人员更加便捷地在不同的平台上进行开发。

2. 人工智能和机器学习

人工智能和机器学习在物联网领域的应用日益广泛，未来，Visual Studio 将进一步加强与人工智能和机器学习技术的集成，为开发人员提供更加智能化的开发工具和解决方案。

3. 安全性

随着物联网应用的普及，安全性问题日益突出。未来，Visual Studio 将继续加强在安全性方面的投入，提供更加全面的安全保障和工具，帮助开发人员构建更加安全可靠的物联网应用。

4. 云计算和边缘计算

云计算和边缘计算是物联网应用的重要支撑技术。未来，Visual Studio 将进一步加强与云计算和边缘计算技术的集成，提供更加高效、灵活的解决方案，帮助开发人员更好地管理和处理物联网数据。

5. 实时操作系统（RTOS）支持

RTOS 是物联网设备中常用的操作系统之一，未来，Visual Studio 将进一步加强对 RTOS 的支持，提供更加全面的开发工具和解决方案，满足物联网设备对实时性的需求。

6. 开源和生态系统

开源和生态系统在物联网领域具有重要意义。未来，Visual Studio 将继续加强与开源社区的合作，推动物联网生态系统的建设和发展，为开发人员提供更加丰富的资源和支持。

7. 持续集成和持续部署（CI/CD）

随着物联网应用的复杂度不断提高，持续集成和持续部署成为开发过程中的重要环节。未来，Visual Studio 将进一步强化 CI/CD 功能，帮助开发人员更加高效地进行代码管理、测试和部署。

12.4　基于 Java 的物联网开发技术

12.4.1　了解 Java

Java 是一种面向对象的编程语言，广泛用于企业级应用开发、Web 开发、移动应用开发、游戏开发等多个领域。Java 开发技术以其高效、稳定、安全、跨平台等特点，受到全球开发人员的青睐。

Java 具有卓越的跨平台能力。Java 采用"一次编写，到处运行"的设计理念，通过 Java 虚拟机(JVM)实现了代码在不同操作系统上的无缝运行。这一特性使得 Java 成为企业级应用和 Web 应用的首选语言，可以轻松应对各种复杂环境。

Java 拥有丰富的开发工具和生态系统。Java 拥有庞大的开发者社区，提供了大量的开源框架、库和工具，如 Spring、Hibernate、Maven 等，这些工具和框架可以帮助开发人员提高开发效率，降低开发成本。

Java 具有强大的性能和可扩展性。Java 虚拟机具有优秀的内存管理和垃圾回收机制，可以有效避免内存泄漏和性能下降。同时，Java 支持多线程编程，可以充分利用多核处理器提高程序的并行处理能力。这使得 Java 在大数据、云计算等高性能计算领域有着广泛的应用。

Java 还具有良好的安全性。Java 提供了丰富的安全特性和工具，如访问控制、加密、代码签名等，可以帮助开发人员构建安全可靠的应用程序，保护用户数据和隐私。

Java 拥有广泛的应用领域。无论是企业级应用、Web 开发、移动应用开发还是游戏开发，Java 都可以提供全面的解决方案。特别是在企业级应用领域，Java 凭借其稳定性、安全性和可扩展性成为首选语言。

12.4.2　Java 在物联网开发领域的应用

1. 在嵌入式系统开发领域

嵌入式系统是指将计算机系统嵌入其他机器或电子设备中的一种计算机系统。Java 语言在嵌入式系统中具有很强的适应性和灵活性，可以极大地降低开发和维护的成本。通过使用 Java 的轻量级版本，例如 Java ME(Java micro edition)，开发人员可以为资源受限的设备编写代码，这些设备通常只有有限的处理能力、内存和存储容量。

2. 在智能家居系统开发领域

智能家居系统是指通过物联网技术将家居设备连接到一起，并通过智能化的方式进行管理和控制的一种家居系统。在这个领域，Java 可以通过开源的 Java 平台，例如 Eclipse Smarthome 来支持开发。Eclipse Smarthome 提供了一套完整的功能模块和 API 接口，可以快速构建智能家居系统。通过使用 Java，开发人员可以编写与各种传感器和设备交互的代码，实现自动化控制、远程监控和数据分析等功能。

3. 在物流管理系统开发领域

物流管理系统是指通过物联网技术将物流过程进行智能化和自动化的一种管理系统。在这个领域，Java 可以通过开源的 JavaWeb 框架，例如 SpringMVC 进行开发和部署。同时，利用 Java 的消息中间件，例如 ActiveMQ，可以实现不同设备之间的信息传递和处理。通过使用 Java，开发人员可以构建具有实时跟踪、路径优化和预测分析等功能的物流管理系统。

4. 在智慧城市系统开发领域

智慧城市系统是指通过物联网技术对城市的各个方面进行智能化管理和控制的一种城市系统。在这个领域，Java 可以通过开源的 Java 微服务框架，例如 SpringBoot 进行构建和部署。利用 Java 的多线程机制，可以实现大规模并发访问和处理，从而满足智慧城市系统中大量设备和用户的需求。

12.4.3 基于Java的物联网开发技术的优势

1. 跨平台性

Java可以在多个不同的操作系统上运行,这使得开发者无须针对特定的硬件环境进行编码,减少了开发成本和工作量。这一特性在物联网领域尤为重要,因为物联网设备通常包括各种不同的硬件平台和操作系统。

2. 高可靠性

Java具有特殊的内存管理机制,如垃圾回收和异常处理,可以有效地提高应用程序的稳定性和可靠性。这对于需要长时间运行且要求高度可靠的物联网应用来说至关重要。

3. 强大的库支持

Java拥有丰富的第三方库和框架,如Spring、Hibernate等,这些库可以极大地简化物联网应用的开发过程,降低开发难度,提高开发效率。

4. 面向对象编程

Java是一种面向对象的编程语言,这使得代码更易于理解和维护。在物联网开发中,可以利用Java的面向对象特性,对设备、传感器等实体进行抽象和封装,提高代码的可重用性和可维护性。

5. 安全性

Java语言在设计时考虑了安全性,因此具有内置的安全特性,可以防止许多常见的编程错误,如内存泄漏和指针越界。这对于物联网应用来说非常重要,因为物联网设备通常涉及隐私数据和敏感信息。

6. 良好的生态环境

Java拥有庞大的开发者社区和丰富的资源,这意味着开发者可以更容易地找到问题的解决方案和相关的技术支持。此外,Java的开源特性也使得开发者可以根据项目需求进行定制和优化。

7. 与云计算的无缝集成

Java与云计算平台(如AWS、Azure等)的无缝集成使得开发者可以将物联网应用与云服务相结合,实现数据的存储、分析和可视化等功能。

12.4.4 基于Java的物联网开发技术的发展趋势

基于Java的物联网开发技术正向着更加边缘化、安全强化、云端融合、人工智能化和开源生态化的方向深入发展。随着物联网设备数量的爆炸性增长,数据处理和分析的需求也在急剧增加,Java以其高效稳定的特性在边缘计算领域将展现巨大潜力,助力实现设备端的数据处理和分析。同时,面对日益突出的物联网安全问题,Java的内置安全特性将进一步得到强化,提供更丰富的加密和认证机制,确保物联网应用的安全性。另外,Java与云计算平台的无缝集成特性将进一步深化,与云计算的联结逐渐优化,从而提升开发效率和应用性能。

人工智能和机器学习在物联网领域的广泛应用,使得Java与其结合成为可能,从而为物联网应用提供更强大的智能化支持。随着开源在物联网领域的重要性日益突出,Java作为一种具有开源特性的语言,将在物联网开源生态系统中发挥更大的作用,促进更多开源项目和社区的形成,为 Java 物联网开发者提供更丰富的资源和支持。

12.5 基于 Android 的物联网开发技术

12.5.1 基于 Android 的物联网开发技术概述

基于 Android 的物联网开发技术是一种利用 Android 操作系统和相关开发工具进行物联网应用开发的技术。Android 操作系统是一款基于 Linux 内核的移动操作系统,广泛应用于智能手机和平板电脑等设备上。在物联网领域,Android 系统的应用也越来越广泛。

基于 Android 的物联网开发技术的核心是将 Android 设备与物联网设备相连接,实现数据的共享和交互。Android 系统提供了一系列的 API,包括网络连接 API、传感器 API、蓝牙 API、NFC(近场通信)API 等,使得设备能够轻松连接互联网、获取传感器数据、控制外部设备等。这些 API 为开发人员提供了广泛的选择,可以根据实际需求进行定制和开发。

利用 Android Studio 等开发工具,开发人员可以快速构建物联网应用,实现设备的监控、控制、数据分析和可视化等功能。同时,Android 系统的开源性和良好的生态环境也为开发人员提供了丰富的资源和支持。

基于 Android 的物联网开发技术的应用场景非常广泛,包括但不限于智能家居、智能车载、智能机器人等。例如,在智能家居领域,可以利用 Android 系统开发智能家居控制系统,实现对家居设备的远程控制和监控;在智能车载领域,可以利用 Android 系统开发车载信息系统,实现导航、音乐播放、车辆状态监控等功能;在智能机器人领域,可以利用 Android 系统开发机器人控制系统,实现机器人的运动控制、语音识别等功能。

12.5.2 基于 Android 的物联网开发应用场景

1. 智能家居系统应用场景

通过 Android 系统的支持,智能家居设备如智能灯泡、智能插座、智能安防系统等可以互相连接和交互,实现智能化的家庭管理。例如,用户可以通过 Android 手机或平板控制家中的灯光、空调、电视等设备,或者设置定时任务,让家庭更加舒适和便捷。

2. 智能健康管理系统应用场景

基于 Android 系统的智能健康管理系统可以连接各种健康监测设备,如智能手环、智能血压计等,实时监测用户的健康状况,并提供健康咨询和建议。用户可以通过 Android 设备查看自己的健康数据,并进行管理和分析。

3. 智能农业系统应用场景

利用 Android 系统的物联网技术,智能农业系统可以实现对农作物生长环境的实时监测和控制,如土壤湿度、温度、光照等。用户可以通过 Android 设备查看农作物的生长情况,并进行远程控制和调节,提高农业生产效率和质量。

4. 智能物流系统应用场景

基于 Android 系统的智能物流系统可以通过 GPS、RFID 等技术实现对物流车辆和货物的实时监控和管理,提高物流效率和准确性。例如,用户可以通过 Android 设备查看物流车辆的位置和状态,或者追踪货物的运输情况。

5. 智能工业控制系统应用场景

利用 Android 系统的物联网技术,智能工业控制系统可以实现对工业设备的远程监控和控制,提高生产效率和质量。例如,用户可以通过 Android 设备控制工业机器人的运动,或者监测生产线的运行状态。

12.5.3　基于 Android 的物联网技术发展趋势

基于 Android 的物联网技术发展趋势正在不断演进和深化。随着物联网设备数量的迅猛增长,边缘计算逐渐成为主流,Android 系统将更加注重实现设备本地的数据处理和分析能力,以降低延迟并提高响应速度。同时,安全性问题日益凸显,Android 物联网技术将不断加强数据加密、身份验证等安全措施,确保设备和数据的安全性。

此外,人工智能和机器学习的应用将越来越广泛,为物联网设备提供更高级别的自动化和智能化。随着开源社区的不断发展,Android 物联网技术将进一步拥抱开源生态系统,促进更多创新项目的涌现。另外,5G 技术的普及将为物联网应用带来革命性的网络连接速度,Android 系统将紧密融合 5G 技术,提升物联网应用的性能和用户体验。

最后,跨平台开发成为迫切需求,Android 物联网技术将致力于实现代码的一次编写、多处运行,降低开发成本并提高效率。基于 Android 的物联网技术发展趋势正朝着边缘计算、安全性增强、人工智能和机器学习应用、开源生态发展、5G 融合以及跨平台开发的方向迈进,为物联网领域带来更加智能、高效和安全的解决方案。

12.6　基于鸿蒙的物联网开发技术

12.6.1　认识基于鸿蒙的物联网开发技术

鸿蒙操作系统是一款面向万物互联时代的全新分布式操作系统,其物联网开发技术具有独特的特点和优势。

首先,鸿蒙操作系统采用分布式架构,能够支持多种设备形态,包括智能手机、平板电脑、智能家居设备等,实现设备间的无缝连接和高效协作。这种分布式架构为物联网应用提供了更灵活的设备连接方式,使得物联网设备能够更好地协同工作,为用户提供更便捷、智能的服务。

其次,鸿蒙操作系统具有统一的应用开发平台,支持多种编程语言和开发框架,为开发者提供了更广阔的开发选择。开发者可以使用自己熟悉的编程语言和框架进行物联网应用开发,降低开发难度和开发成本,提高开发效率。

此外,鸿蒙操作系统还提供了丰富的设备管理和安全措施,包括设备认证、访问控制、数据加密等功能,确保物联网设备和数据的安全性。这种安全性保障措施对于物联网应用至关重要,可以有效防范各种网络攻击和安全风险。

鸿蒙操作系统的物联网开发技术还支持云端协同和跨平台开发,可以实现物联网设备与云端的无缝连接和高效协作,同时降低开发成本和提高开发效率。

12.6.2 基于鸿蒙的物联网开发技术的优势

基于鸿蒙的物联网开发技术具有分布式架构、轻量级、应用一次多端运行、弹性部署、分布式安全体系、开发工具丰富以及云端协同与跨平台开发等诸多优势,为物联网应用提供了更高效、更安全、更智能的解决方案。

1. 分布式架构

鸿蒙采用分布式架构,允许不同类型的设备之间更轻松地进行通信和协作。这意味着用户可以更容易地控制和协调多个设备,实现更流畅的跨设备体验。这种架构有助于提高设备的互联互通能力,使得物联网应用更加便捷、高效。

2. 轻量级

鸿蒙在资源消耗方面比传统操作系统更轻量级,适合嵌入式和物联网设备,这些设备通常具有有限的计算和存储资源。这有助于降低设备的能耗和成本,提高物联网应用的可持续性。

3. 应用一次,多端运行

开发者可以编写一次应用程序,然后在多种不同类型的设备上运行,无须重新编写或修改代码,这有助于简化开发和维护过程,降低开发成本,提高开发效率。

4. 弹性部署

鸿蒙的分布式架构支持跨终端的弹性部署,即一个操作系统可以适应不同硬件设备的硬件能力,让每个设备都发挥出最大潜力。这有助于充分发挥物联网设备的性能,提高物联网应用的质量和效率。

5. 分布式安全体系

鸿蒙提供可信执行环境,确保分布式安全架构能够使人、设备、数据之间建立可信关系。这有助于保障物联网设备和数据的安全性,防范各种网络攻击和安全风险。

6. 开发工具丰富

鸿蒙提供面向多终端的集成开发环境(IDE),支持多语言和多框架的开发,帮助开发者提高开发效率和应用性能。此外,鸿蒙还提供丰富的开发文档和社区支持,降低开发门槛,吸引更多开发者参与物联网应用的开发。

7. 云端协同与跨平台开发

鸿蒙支持物联网设备与云端的无缝连接和高效协作,实现数据的实时同步和共享。同时,鸿蒙还支持跨平台开发,降低开发成本和提高开发效率,满足不同平台和设备的需求。

12.6.3 基于鸿蒙的物联网开发应用场景

1. 智能家居

通过鸿蒙的分布式架构和物联网技术,可以实现智能家居设备的互联互通,如智能照明、智能安防、智能家电等。用户可以通过手机、平板等设备控制家中的各种设备,实现智能化的家庭管理,提高生活质量和舒适度。

2. 工业物联网

鸿蒙的物联网技术可以应用于工业领域,实现工业设备的远程监控和管理,提高生产效率和质量。例如,可以通过鸿蒙系统连接工业传感器和执行器,实现生产线的自动化控制和优化调度。

3. 智慧交通

鸿蒙的物联网技术可以应用于交通领域,实现智能交通管理和优化。例如,可以通过鸿蒙系统连接交通信号灯、摄像头等设备,实现交通流量的实时监测和调度,提高交通运行效率和安全性。

4. 智慧医疗

鸿蒙的物联网技术可以应用于医疗领域,实现医疗设备的互联互通和智能化管理。例如,可以通过鸿蒙系统连接医疗传感器、监测设备等,实现患者健康数据的实时监测和分析,提高医疗服务的质量和效率。

5. 农业物联网

鸿蒙的物联网技术可以应用于农业领域,实现农业设备的智能化管理和精准农业的实施。例如,可以通过鸿蒙系统连接农田传感器、无人机等设备,实现农作物生长环境的实时监测和调节,提高农业生产效率和质量。

6. 智慧城市

鸿蒙的物联网技术可以应用于城市管理的各个领域,如公共安全、环境监测、能源管理等。通过鸿蒙系统的支持,可以实现城市各种设备的互联互通和智能化管理,提高城市管理的效率和水平。

12.6.4 基于鸿蒙的物联网开发技术的发展趋势

基于鸿蒙的物联网开发技术在未来的发展趋势中,将不断追求卓越的创新和拓展。

(1) 鸿蒙将进一步推进标准化和开放化进程,力求打破设备间的壁垒,实现物联网设备的无缝连接与互通,为开发者提供更广阔的创新空间。

(2) 安全性强化将成为鸿蒙物联网技术的核心要务,通过数据加密、身份验证等安全措施,确保设备和数据的机密性与完整性,为用户带来可靠的安全保障。

(3) 鸿蒙将深度融合人工智能和机器学习技术,赋予物联网设备更高级别的智能化能力,实现自动化控制、预测分析等先进功能,提升物联网应用的智慧水平。

(4) 鸿蒙将充分发挥边缘计算和云计算的协同优势,让设备在本地进行高效的数据处理和分析,同时与云端实现无缝对接,为用户提供更快速、更灵活的智能服务。

(5) 随着5G技术的普及,鸿蒙将进一步融合5G网络特性,打破传输瓶颈,实现物联网设备之间的高速连接与实时通信,为物联网应用带来革命性的提升。

(6) 鸿蒙将坚持产业协同和生态共建的理念,汇聚更多的合作伙伴和开发者,共同推动鸿蒙物联网生态系统的繁荣发展,引领物联网技术不断创新与突破。

基于鸿蒙的物联网开发技术将在标准化、安全性、智能化、协同发展和生态共建等方面不断演进和提升,为物联网领域注入更强大的动力,开创更加智能、高效、安全的未来。

12.7 Docker 容器技术

12.7.1 Docker容器技术及其优势

随着物联网、云技术的发展,物联网数据需要越来越多云技术的支撑,Docker容器技术是其中较为重要、运用也较广的一项技术,如图12-9所示。

图12-9 Docker容器技术图标

Docker容器技术是一种应用程序级别的隔离技术,它可以让开发者使用容器在标准化环境中工作,从而简化开发的生命周期。容器非常适合持续集成和持续交付(CI/CD)工作流程,使得开发人员可以在本地编写代码,并使用Docker容器与同事共享他们的工作。

具体来说,Docker是一个基于容器的平台,它允许高度可移植的工作负载。Docker容器可以在开发人员的本机上、数据中心的物理或虚拟机上、云服务上或混合环境中运行。Docker的可移植性和轻量级的特性,还可以轻松地完成动态管理的工作负担,并根据业务需求指示,实时扩展或拆除应用程序和服务。此外,Docker是为开发者和系统管理员设计的,用来发布和运行分布式应用程序的一个开放性平台。

Docker优势主要有以下几个方面。

1. 快速部署

Docker容器可以在秒级内进行启动和停止,这使得它能够在短时间内快速部署成百上千个应用,并快速交付到线上。

2. 高效虚拟化

Docker是在系统层面上实现的虚拟化,不需要基于硬件层面的支持,相比传统的虚拟机技术,Docker大幅度提高了性能和效率。

3. 节省开支

Docker可以更好地提高服务器的利用率,降低IT成本。

4. 简化配置

Docker可以将运行环境打包至容器,使用时直接启动即可,大大简化了应用的配置和管理工作。

5. 快速迁移扩展

Docker容器具有良好的兼容性,可以轻松将容器打包并迁移到需要的平台上进行应用,实现快速迁移和扩展。

6. 版本控制

Docker使用类似于Git的版本管理机制,能够轻松地对容器镜像进行版本控制和跟踪,方便管理和维护。

7. 社区支持

Docker拥有庞大的社区支持和丰富的文档资源,用户在使用过程中遇到问题可以得到及时解答和帮助。

8. 安全性

Docker提供了丰富的安全措施,包括容器隔离、访问控制、数据加密等,确保容器应用的安全性。

12.7.2 Docker容器技术的应用领域

Docker容器技术的应用领域非常广泛,可以在各行各业中发挥重要作用。通过采用

Docker容器技术,企业可以提高应用程序的可移植性、可重复性和可伸缩性,从而降低成本、提高效率并加速创新。

1. Web应用

Docker非常适用于部署和管理Web应用程序,例如基于微服务架构的应用程序。使用Docker容器可以轻松构建、测试和部署Web应用程序,并确保在不同环境中具有一致的运行方式。

2. 大数据处理

Docker容器可以帮助企业轻松构建和管理大数据处理环境,例如Hadoop和Spark等集群。使用Docker可以简化配置和管理,并提高资源利用率和可扩展性。

3. 云计算

Docker容器技术可以在云计算环境中发挥重要作用,例如在云原生应用、无服务器计算和Kubernetes等容器编排系统中。Docker容器可以轻松地在不同云提供商之间迁移,并实现快速扩展和自动化管理。

4. 人工智能和机器学习

Docker容器可以用于部署和管理人工智能和机器学习工作负载,例如TensorFlow和PyTorch等深度学习框架。使用Docker可以简化配置和管理,并提高实验和生产环境的可重复性。

5. 物联网

Docker容器可以用于部署和管理物联网应用程序和设备,例如嵌入式系统、边缘计算和智能家居等。使用Docker可以确保物联网应用程序在不同设备上的一致性和安全性,并提高设备的可靠性和性能。

6. 持续集成和持续交付(CI/CD)

Docker容器与CI/CD工具链紧密结合,可以实现自动化构建、测试和部署应用程序。使用Docker可以提高开发效率和质量,并加速应用程序的上市时间。

7. 金融科技

金融科技行业对安全性、可靠性和性能要求很高,Docker容器技术可以满足这些需求。使用Docker可以简化配置和管理,并提高应用程序的安全性和可扩展性。

8. 游戏开发

游戏开发需要处理大量的数据和复杂的逻辑,使用Docker容器可以简化游戏服务器的部署和管理,并提高游戏的性能和可扩展性。

12.7.3 Docker容器技术的发展趋势

Docker容器技术的发展正在经历一场深刻的变革,引领着企业IT架构向更高效、灵活和安全的方向发展。

未来,Docker容器技术将继续拓展其应用场景,涵盖更多行业和领域,为企业带来创新突破和业务增长。在这个过程中,容器编排和管理工具的发展将成为重点,以满足企业对大规模容器集群管理的需求。无服务器计算的兴起将促使Docker容器技术与之融合,为开发者提供更大的便利性和灵活性。同时,随着多云和混合云环境的广泛应用,Docker容器的跨平台特性将在不同云提供商之间实现无缝迁移,满足企业多云策略的需求。安全性是容器技术发展中的核心问题,未来将有更多的安全工具和解决方案涌现,确保企业数据的安全性。此外,随着边缘计算的普及,Docker容器技术将被广泛应用于边缘设备和节点上,提升分布式应用和服务的处理能力。最后,生态系统的扩展以及与人工智能和机器学习的融合将进一步丰富和完善Docker容器的功能和性能。

Docker容器技术的发展趋势正朝着自动化、安全性提升、多云和混合云应用、边缘计算推进以及生态系统的不断扩展方向发展,为企业数字化转型提供强大的技术支持。

12.8 虚拟机技术

12.8.1 认识虚拟机技术

虚拟机技术和Docker技术都是一种虚拟化技术,它将一台物理计算机分割成多个虚拟计算机,每个虚拟计算机都可以运行不同的操作系统和应用程序。虚拟机技术具有以下特点。

1. 隔离性

每个虚拟机都运行在独立的虚拟环境中,与其他虚拟机完全隔离,这有助于提高系统的安全性和稳定性。

2. 灵活性

虚拟机可以在不同的物理计算机之间进行迁移,而不会影响其运行状态,这使得虚拟机具有很高灵活性,可以根据需要进行调整和优化。

3. 可扩展性

虚拟机可以根据需要进行扩展,例如增加虚拟机的CPU、内存和存储空间等,这可以满足不断变化的业务需求。

4. 易于管理

虚拟机可以通过软件进行创建、配置和管理,这使得虚拟机的管理比物理计算机更加简单和高效。

虚拟机技术在许多领域都有广泛的应用,例如,服务器虚拟化、桌面虚拟化、云计算、软件开发和测试等。虚拟机技术可以提高硬件资源的利用率、降低IT成本、提高系统的灵活性和可扩展性,因此在企业和组织中得到了广泛的应用。

12.8.2 虚拟机技术在物联网领域的运用

1. 嵌入式虚拟化

在物联网设备中,通常存在许多不同种类的传感器和执行器,需要运行不同的应用程序和操作系统。嵌入式虚拟化技术可以在单个物联网设备上创建多个虚拟机,每个虚拟机运行不同的操作系统和应用程序,这可以提高设备的灵活性,同时降低硬件成本。

2. 网关虚拟化

物联网网关是连接物联网设备和云端的重要节点,需要具备多种协议转换、数据处理和安全防护等功能。网关虚拟化技术可以在单个网关上创建多个虚拟机,分别处理不同的协议和工作负载,提高网关的处理效率和安全性。

3. 云端虚拟化

在物联网云端,需要对大量的物联网数据进行存储、分析和可视化等操作。云端虚拟化技术可以在云端创建多个虚拟机,分别运行不同的数据处理和分析应用程序,提高云端的处理效率和灵活性。

4. 安全虚拟化

物联网设备通常存在许多安全隐患,需要进行安全防护和隔离。安全虚拟化技术可以在物联网设备和云端创建安全的虚拟机环境,隔离不同的应用程序和数据,提高系统的安全性。

5. 边缘计算虚拟化

在物联网边缘计算场景中,需要在设备端进行数据处理和分析,以提高响应速度和降低网络带宽占用。边缘计算虚拟化技术可以在设备端创建虚拟机,运行数据处理和分析应用程序,提高边缘计算的效率和可靠性。

12.8.3 虚拟机技术的发展趋势

虚拟机技术作为计算机技术领域的重要分支,其发展正日益显现出深远影响。

(1)随着云计算、大数据和人工智能的不断发展,虚拟机技术的性能将不断提升。在硬件辅助虚拟化技术的推动下,虚拟机的性能成本将进一步降低,使得虚拟机可以达到甚至超过物理机的性能水平。这不仅提升了虚拟机的运行效率,也使得更多的应用场景可以在虚拟机环境中得到实现。

(2)安全性强化是虚拟机技术发展的另一重要方向。借助内建的安全机制和安全隔离技术,虚拟机可以提供比物理机更高的安全保障,有效防止数据泄露和非法访问。随着网络攻击的不断增多,这种安全性的提升将使虚拟机在更多场景中得到广泛应用。

(3)虚拟机的跨平台特性也将得到进一步强化。未来,虚拟机将能更好地支持不同的操作系统和应用场景,实现无缝迁移和切换,这不仅提升了虚拟机的灵活性,也使得用户可以更便捷地使用和管理虚拟机。

(4)随着绿色计算和可持续发展理念的深入人心,虚拟机的能效优化将成为重要的发展趋势。未来的虚拟机技术将更加注重资源的高效利用和能源的节省,以降低虚拟机的运行成本和对环境的影响。

(5)虚拟机和容器技术的融合也将成为未来的重要趋势。通过结合虚拟机的隔离性和容器的轻量级特性,可以为用户提供一种既安全又高效的计算环境,满足不断变化的业务需求。

总体而言,虚拟机技术的发展趋势可以概括为性能提升、安全性强化、跨平台性增强、能效优化和与容器技术的融合。随着这些趋势的不断发展,虚拟机技术将在未来的计算机技术领域中发挥更重要的作用。

【工作任务 12】 用 Axure RP 设计 App 对话框

跟着小龙补充学习了物联网的相关开发工具以后,你是否也有自己感兴趣的学习方向呢,我们从前端的绘制入手吧,尝试用 Axure RP 软件,设计出你理想中的智能家居控制端的前端结构。

练习题

一、单选题

1. 在 Axure RP 中,可以帮助用户创建动态的交互式原型的功能是( )。
   A. 变量设置　　　B. 条件逻辑　　　C. 场景构建　　　D. 自适应设计
2. 在基于 Arduino 的物联网开发技术中,常用于实现设备之间的无线连接的通信协议是( )。
   A. MQTT　　　　B. HTTP　　　　C. Zigbee　　　　D. Modbus
3. 在使用 Visual Studio 进行物联网开发时,可以帮助开发者实时监视和调试物联网设备的功能是( )。
   A. 设备模拟器　　B. 云端部署　　　C. 远程调试　　　D. 代码分析
4. Android 安装包文件简称 APK,其后缀名是( )。
   A. .apk　　　　　B. .exe　　　　　C. .txt　　　　　D. .app
5. Java "一次编译,随处运行"的特点在于其( )。
   A. 跨平台性　　　B. 面向对象型　　C. 多线程性　　　D. 安全性

二、多选题

1. 在 Android 物联网开发技术中,用于实现设备与设备之间通信的技术是( )。
   A. Bluetooth(蓝牙)　　　　　　　B. Wi-Fi Direct(Wi-Fi 直连)
   C. NFC(近场通信)　　　　　　　D. GPS(全球定位系统)
2. 在 Android 物联网开发技术中,用于实现设备与云端之间数据传输的技术是( )。
   A. MQTT(消息队列遥测传输)　　　B. CoAP(受限应用协议)
   C. HTTP/HTTPS　　　　　　　　D. SSH(安全外壳协议)
3. 在基于鸿蒙的物联网开发技术中,鸿蒙操作系统提供的核心功能有( )。
   A. 分布式架构　　B. 多设备协同　　C. 云端一体化　　D. 人工智能支持
4. 在基于鸿蒙的物联网开发技术中,用于实现物联网设备安全性的重要机制的是( )。
   A. 安全启动　　　B. 数据加密　　　C. 访问控制　　　D. 远程更新
5. Docker 容器技术主要的优势和应用场景是( )。
   A. 轻量级和可移植性,适用于微服务架构
   B. 提供沙箱环境,增强应用隔离和安全性
   C. 自动化应用部署和管理的便利性
   D. 支持所有操作系统和硬件平台

三、简答题

在基于 Visual Studio 的物联网开发技术中,请简述如何利用 Visual Studio 的工具和特性实现物联网设备的远程监控和管理?

第13章 物联网商务运营与管理技术

学习目标

- 了解物联网产品经理的工作内容。
- 了解物联网项目运营和管理的内容。

学习重难点

重点：产品经理的岗位要求。

难点：物联网项目运营和管理的能力要求。

课程案例

数字经济下的新职业：数字化解决方案设计师

2022年，人力资源和社会保障部向社会公示18个新职业，这些新职业反映了数字经济发展的需要，数字化解决方案设计师被列入其中，它指的是从事产业数字化需求分析与挖掘、数字化解决方案制定、项目实施与运营技术支撑等工作的人员。

小章目前就职于福州物联网开放实验室有限公司，从2019年开始，一直从事的就是数字化解决方案的工作。近年来，小章一直专注于数字化技术创新应用，取得了不少成果。由他负责总体方案设计和提供技术支撑的城市物联网路灯智慧照明技术服务项目，已在福建省内一些城市落地，且运行平稳。

小章说，作为新职业的从业者，需要时刻保持创新意识，及时更新技能，丰富知识储备，以适应行业日新月异的发展变化。

(资料来源：林凯，宓盈婷.数字经济下的新职业：数字化解决方案设计师[EB/OL].[2023-04-26]. http://www.news.cn/2023-04/26/c_1129566152.htm.)

知识点导图

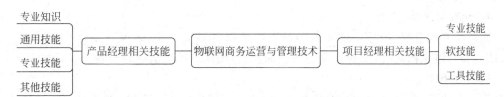

学习情景

小龙进入这家物联网公司有一段时间了,跟了一两个项目,对物联网有了更加全面的认识。但是由于他更关注自己从事的设备运维这一具体的工作内容,因此对于项目经理的工作安排经常会出现理解不到位的地方,导致工作的推进总是遇到这样或者那样的问题。为此,项目总经理找到小龙,让小龙认真去阅读项目管理的资料,要求小龙从管理的角度,以全局化的视角去重新认识自己的岗位和工作。果然,当小龙从公司战略的角度,从整个物联网工程的全局去思考自己的岗位工作和相关能力要求以后,小龙对自己的工作有了全新的认识,也对自己提出了进一步的专业学习计划和要求。

知识学习

一个物联网企业能够在市场上生存,除了依靠核心的研发人员外,还需要大量的商务运营与管理人员,去完成产品到市场这个过程中的所有工作。本章内容将重点介绍产品经理和项目经理两个重要的商务端岗位的作用和相关能力,让读者简单了解物联网商务端人员的基本技能要求。

13.1 认识产品经理岗位技能

13.1.1 了解产品经理岗位

产品经理(product manager,PM)也称产品企划,是指在公司中针对某一项或是某一类的产品进行规划和管理的人员,主要负责产品的研发、制造、营销、渠道等工作。产品经理是一个需要具备较强的沟通能力、分析能力、创新思维和团队协作能力的岗位。其职责是确保产品在各个环节中得到有效推进和管理,最终为用户创造价值。

1. 市场调研

产品经理需要通过市场调研来了解用户需求、竞争对手情况,以及市场趋势,为产品研发提供决策支持。

2. 需求分析

根据市场调研结果和用户需求,产品经理需要深入分析和挖掘用户的真实需求,将其转化为可执行的产品需求。

3. 产品设计

基于需求分析结果,产品经理需要与设计团队、技术团队等协作,完成产品原型设计、交互设计以及视觉设计等工作。

4. 开发与测试

在产品开发阶段,产品经理需要与开发团队保持紧密沟通,确保开发进度和质量。同时,还需要与测试团队合作,对产品进行全面测试,确保产品功能完善且符合设计要求。

5. 上线推广

产品上线后,产品经理需要关注产品的市场表现,收集用户反馈,对产品进行持续优化和迭代。同时,还需要与市场团队合作,制定产品推广策略,提高产品知名度和市场占有率。

6．数据分析

产品经理需要定期分析产品运营数据，了解产品的运行状况和用户行为，以便及时调整产品策略和优化产品体验。

13.1.2　产品经理的专业知识

产品经理需要掌握的专业知识包括以下几个方面。

1．行业和市场知识

了解所在行业的趋势、竞争格局、市场规模、政策法规等信息，有助于产品经理更好地理解用户需求和市场环境，为产品研发提供决策支持。

2．用户研究知识

通过用户调研、用户访谈、问卷调查等方法，深入了解用户的真实需求、使用场景、行为习惯等信息，有助于产品经理挖掘用户的痛点，设计出更符合用户需求的产品。

3．需求分析知识

掌握需求分析方法，如SWOT分析、5W1H分析等，能够将收集到的用户需求转化为可执行的产品需求，明确产品的功能、性能、安全等方面的要求。

4．产品设计知识

熟悉产品设计原则和方法，如用户体验设计、交互设计、视觉设计等，能够与设计团队协作完成产品原型设计、流程图设计等工作。

5．技术知识

了解产品开发所涉及的技术原理、开发流程、技术选型等信息，有助于产品经理与开发团队更好地沟通和协作，确保产品开发进度和质量。

6．数据分析知识

掌握数据分析方法和工具，如Google Analytics、Excel等，能够对产品运营数据进行深入挖掘和分析，了解产品的运行状况和用户行为，为产品优化提供决策支持。

7．项目管理知识

熟悉项目管理流程和方法，如敏捷开发、Scrum等，能够协助团队制订项目计划、跟进项目进度、管理项目风险等工作。

8．营销知识

了解产品推广策略、市场定位、品牌建设等方面的知识，有助于产品经理更好地与市场团队合作，提高产品的知名度和市场占有率。

此外，产品经理还需要具备良好的沟通能力、创新思维和团队协作能力等非专业知识方面的能力。这些能力能够帮助产品经理更好地理解用户需求和市场环境，推动产品研发进程，提高产品的质量和用户体验。

13.1.3　产品经理的通用技能

1．沟通能力

产品经理需要与不同部门、不同背景的人员进行有效沟通，包括开发人员、设计师、测试人员、市场人员等。沟通能力包括清晰表达需求、听取反馈、协调资源等方面的能力。

2. 分析能力

产品经理需要具备强大的分析能力,能够从海量数据中提取有用的信息,进行深入的分析和挖掘,发现问题的本质,提出有效的解决方案。

3. 项目管理能力

产品经理需要熟悉项目管理的流程和方法,能够制订项目计划、分配任务、控制进度、管理风险,确保项目的顺利进行。

4. 领导能力

产品经理需要具备一定的领导能力,能够带领团队朝着共同的目标前进,激发团队的积极性和创造力,解决团队中出现的问题。

5. 创新思维

产品经理需要具备创新思维和敏锐的市场洞察力,能够发现新的市场机会和用户需求,提出创新的产品理念和解决方案。

6. 用户导向思维

产品经理需要具备用户导向思维,始终将用户需求和体验放在首位,能够从用户的角度出发,设计出符合用户期望的产品。

7. 快速学习能力

产品经理需要快速掌握新的技术、工具和方法,不断更新自己的知识体系,适应不断变化的市场环境。

13.1.4 产品经理的专业技能

1. 市场分析与调研能力

通过市场调研和分析,了解行业趋势、竞争格局、目标用户等,为产品决策提供依据。

2. 需求分析与规划能力

深入挖掘和理解用户需求,将用户需求转化为可执行的产品需求,并制定产品规划。

3. 产品设计与规划能力

根据产品需求和规划,与设计团队协作完成产品原型设计、交互设计、视觉设计等工作,确保产品符合用户期望。

4. 项目管理与协调能力

制订项目计划、分配任务、跟进进度,协调各方资源,确保产品开发按照预定时间和质量标准完成。

5. 数据分析与优化能力

通过数据分析工具和方法,对产品运营数据进行深入挖掘和分析,发现问题和机会,提出优化建议,推动产品持续改进。

6. 竞品分析与取长补短能力

对同行业或跨行业的优秀产品进行深入分析,了解其优点和不足,借鉴其成功经验,改进自身产品。

7. 用户测试与反馈处理能力

组织用户测试,收集用户反馈,分析问题原因,制定解决方案,持续提升用户体验。

8. 危机应对与风险管理能力

对产品开发过程中可能出现的风险进行预测和管理，制定应对措施，确保产品的稳定和安全。

9. 营销与推广能力

协助市场团队制定产品推广策略，提高产品的知名度和市场占有率，扩大用户规模。

10. 持续学习与创新能力

关注行业动态和新技术发展，不断更新知识体系，提出创新性的产品理念和解决方案。

13.1.5 产品经理的其他技能

1. 商业敏感度

理解商业模式和业务流程，能够分析市场趋势和竞争态势，为产品制定合适的商业策略。

2. 审美能力

对设计美学有基本的认识和理解，能够对产品对话框和交互设计提出合理的建议和要求。

3. 技术认知能力

对相关的技术原理和开发流程有所了解，能够更好地与开发团队进行协作和沟通。

4. 跨部门沟通能力

与其他部门（如运营、市场、销售等）保持良好的沟通，确保产品的顺利推进和协同工作。

5. 快速适应能力

适应不断变化的市场环境和用户需求，调整产品策略，迅速响应市场变化。

6. 时间管理能力

合理安排工作进度，处理多个任务和项目，确保产品按时交付。

7. 情绪管理能力

在面对压力、困难和挑战时保持冷静和乐观，带领团队共同解决问题。

8. 自主学习能力

持续学习新知识、新技能和新工具，提升自己的综合素质和竞争力。

9. 责任心和执行力

对自己的工作负责，按时按质完成任务，确保产品的稳定和可靠。

10. 同理心

站在用户的角度思考问题，理解用户的需求和期望，设计出更符合用户需求的产品。

13.2 认识项目经理岗位技能

13.2.1 了解项目经理岗位

从职业角度，项目经理（project manager，PM）是指企业建立以项目经理责任制为核心，对项目实行质量、安全、进度、成本管理的责任保证体系和全面提高项目管理水平设立的重要管理岗位。项目经理要负责处理所有事务性质的工作，也可称为执行制作人（executive producer)。项目经理是为项目的成功策划和执行负总责的人。项目经理是项目团队的领导者,其首要职责是在预算范围内按时优质地领导项目小组完成全部项目工作内容,并使客户满意。为此项目经理必须在一系列的项目计划、组织和控制活动中做好领导工作,从而实现项目目标。

13.2.2　项目经理的专业技能

1. 项目管理能力

掌握项目管理的知识体系和方法论,能够制订项目计划、预算和资源需求,监控进度,确保项目目标的实现。

2. 团队协作和领导能力

擅长组建和管理项目团队,分配任务和责任,激发团队成员的积极性和创造力,带领团队协同工作。

3. 决策和问题解决能力

能够在复杂和不确定的环境中做出明智的决策,解决项目过程中的问题和挑战。

4. 沟通和协调能力

具备良好的沟通技巧,能够与项目相关的利益者(如客户、供应商、团队成员等)进行有效沟通和协调,确保项目的顺利进行。

5. 质量管理和风险控制能力

能够制定和执行项目质量标准,确保项目交付的成果符合质量要求,同时识别和管理项目潜在的风险和问题,制定应对措施。

6. 时间管理和资源管理能力

能够制订合理的项目时间表,监控项目进度,确保项目按时完成,同时有效管理项目资源,确保资源的充分利用。

7. 文档管理和报告能力

能够妥善保存和管理项目过程中的文档和资料,定期向相关利益者报告项目进展情况和问题。

8. 持续学习和创新能力

关注行业动态和新技术发展,不断更新自己的知识体系和技能,提出创新性的解决方案和方法。

13.2.3　项目经理的软技能

1. 适应性和灵活性

能够快速适应项目环境的变化和要求,灵活调整项目计划和策略,以应对不可预见的情况和挑战。

2. 情绪管理和抗压能力

能够在面对项目压力、困难和挑战时保持冷静和乐观,有效地管理团队的情绪和士气,化解冲突和紧张氛围。

3. 倾听和理解能力

善于倾听团队成员和相关利益者的意见和需求,理解他们的观点和关切,以促进更好的合作和共识。

4. 同理心和人际关系能力

具备同理心,能够站在他人的角度思考问题,理解他们的需求和期望,建立和维护良好的人际关系。

5. 谈判和冲突解决能力

擅长在多方利益之间进行谈判和协商,寻求共赢的解决方案,有效解决项目过程中的冲突和问题。

6. 激励和鼓舞团队能力

能够激发团队成员的积极性和创造力,认可和鼓励他们的贡献和成就,营造积极向上的团队氛围。

7. 持续学习和自我提升能力

具备持续学习的意识,关注行业动态和最佳实践,不断提升自己的项目管理知识和技能。

8. 责任心和可靠性

对项目和工作负责,勇于承担责任和风险,保持高度的可靠性和诚信度,赢得团队成员和相关利益者的信任和尊重。

13.2.4 项目经理的工具技能

1. 项目管理软件应用能力

熟练掌握常用的项目管理软件,如 Microsoft Project、Jira、Trello 等,能够运用这些软件进行项目计划制订、任务分配、进度跟踪、资源管理等活动。

2. 数据分析和可视化工具应用能力

掌握 Excel、Power BI、Tableau 等数据分析和可视化工具,能够对项目数据进行深入分析,制作报表和图表,为项目决策提供数据支持。

3. 敏捷开发工具和方法应用能力

了解并实践敏捷开发工具和方法,如 Scrum、Kanban 等,能够适应快速变化的项目需求,提高项目交付速度和质量。

4. 沟通和协作工具应用能力

熟悉常用的沟通和协作工具,如 Slack、Microsoft Teams、Zoom 等,能够高效地与团队成员和相关利益者进行在线沟通和协作。

5. 风险管理工具应用能力

掌握风险管理相关的工具和技术,如 SWOT 分析、PESTLE 分析等,能够识别、评估和应对项目潜在的风险和问题。

6. 文档管理和共享工具应用能力

熟练使用 Google Docs、SharePoint 等文档管理和共享工具,确保项目文档的及时更新、共享和安全存储。

7. 版本控制和代码管理工具应用能力

了解版本控制和代码管理工具,如 Git、SVN 等,能够与开发团队协同工作,管理项目代码和版本。

8. 自动化和集成工具应用能力

学习并应用自动化和集成工具,如 Zapier、IFTTT 等,能够提高工作效率,减少重复性工作,实现项目信息的自动同步和更新。

【工作任务 13】 调研你的目标岗位技能需求

了解到物联网商务运营与管理的相关能力要求以后,你是否也在思考你自己的未来就业岗位呢?请你调研一下目前物联网行业的岗位需求吧,形成一份你未来的职业发展岗位计划。

练习题

一、单选题

1. 不属于产品经理的主要职责是( )。
   A. 负责产品的需求分析、设计、开发、测试和推广
   B. 与开发团队紧密合作,确保产品按时交付
   C. 负责产品的市场调研和竞争分析
   D. 制定产品的销售策略和价格策略
2. 产品经理需要具备的技能是( )。
   A. 项目管理能力   B. 编程能力
   C. 营销能力   D. 客户服务能力
3. 以下不是产品经理在产品开发过程中需要考虑的因素的是( )。
   A. 用户需求和反馈   B. 技术实现难度和成本
   C. 市场趋势和竞争态势   D. 公司内部政治斗争和人际关系
4. 项目经理在项目过程中主要负责的工作是( )。
   A. 产品设计和开发   B. 项目需求分析和规划
   C. 项目进度控制和资源管理 D. 团队成员的招聘和培训
5. 不属于项目经理需要具备的技能是( )。
   A. 项目管理能力和经验   B. 良好的沟通和协调能力
   C. 技术实现和编程能力   D. 风险识别和控制能力

二、多选题

1. 产品经理在产品生命周期中需要关注的关键点有( )。
   A. 需求分析和用户调研   B. 竞争对手分析和市场趋势预测
   C. 产品设计和用户体验优化 D. 项目进度控制和资源管理
   E. 产品销售和客户服务支持
2. 产品经理需要具备的技能有( )。
   A. 市场分析和商业敏感度   B. 项目管理能力和团队协作能力
   C. 编程和技术实现能力   D. 数据分析和可视化能力
   E. 创新思维和问题解决能力
3. 产品经理在产品开发过程中可能需要与之合作的团队或部门有( )。
   A. 开发团队   B. 设计团队

C. 销售和市场团队 　　　　　　　D. 客户支持团队
   E. 高层管理团队
4. 项目经理在项目执行阶段需要关注（　　）。
   A. 项目进度控制和调整 　　　　　B. 团队成员的培训和招聘
   C. 项目成本管理和预算控制 　　　D. 产品设计和用户体验优化
   E. 沟通和协调团队成员及相关利益相关者
5. 项目经理成功管理项目所必需的技能有（　　）。
   A. 领导力和决策能力 　　　　　　B. 项目管理工具和软件的熟练应用
   C. 技术实现和编程能力 　　　　　D. 沟通和协调能力
   E. 创新思维和问题解决能力

三、简答题
简述产品经理如何进行有效的需求管理，以确保产品的成功开发和满足用户期望？

参考文献

[1] 周文武,宋巧玲,吴旭东.物联网技术在智慧农业中的应用[J].南方农机,2023,54(10):71-73.
[2] 李诗濛,李俊青,王斌,等.迈向"6S"智慧家居:智能科技与智慧生活[J].电器,2021(9):46-51.
[3] 郭成东.面向智慧城市的智慧交通建设研究[J].智能建筑与智慧城市,2023(4):166-168.
[4] 强景军,张江.智慧医疗,未来已至[J].科技评论,2023(2):58-61.
[5] 李耀业,王鹏,张银博,等.物联网技术在项目管理领域研究综述[J].建筑经济,2023,44(3):72-78.